21 世纪高职高专机电系列技能型规划教材

自动生产线调试与维护

主　编　吴有明　曹登峰

副主编　岑方卫　叶远坚

玉　河　莫振栋

北京大学出版社

PEKING UNIVERSITY PRESS

内 容 简 介

目前，高等职业院校广泛采用亚龙 YL-335(A、B)系列自动生产线(仿真)开展自动生产线技术相关教学。本书以这条典型自动生产线(仿真)为实例，以自动生产线调试与维护的工作过程为导向，以工作单元为载体，分解为若干项目，围绕项目工作任务，综合讲述机械技术、电子技术、气动技术、传感器技术、PLC 控制技术、变频技术、步进控制技术等知识，通过理论实践一体化的项目式教学，掌握机电一体化综合应用技术。主要内容包括自动生产线基础、供料工作单元调试、加工工作单元调试、装配工作单元调试、分拣工作单元调试、输送工作单元调试、自动生产线总调试、自动生产线维护等。

本书可作为高职高专院校相关课程的教材、自动线安装与调试技能大赛训练教材、企业相关工作岗位人员岗前培训教材，也可作为相关工程技术人员研究自动生产线的参考书。

图书在版编目(CIP)数据

自动生产线调试与维护/吴有明，曹登峰主编. —北京：北京大学出版社，2013.1

(21 世纪高职高专机电系列技能型规划教材)

ISBN 978-7-301-20654-6

Ⅰ. ①自…　Ⅱ. ①吴…②曹…　Ⅲ. ①自动生产线—调试方法—高等职业教育—教材②自动生产线—维修—高等职业教育—教材　Ⅳ. ①TP278

中国版本图书馆 CIP 数据核字(2012)第 096070 号

书　　名：自动生产线调试与维护

著作责任者：吴有明　曹登峰　主编

策 划 编 辑：张永见　赖　青

责 任 编 辑：张永见

标 准 书 号：ISBN 978-7-301-20654-6/TH・0292

出 版 发 行：北京大学出版社

地　　址：北京市海淀区成府路 205 号　100871

网　　址：http://www.pup.cn　新浪官方微博：@北京大学出版社

电 子 邮 箱：编辑部 pup6@pup.cn　总编室 zpup@pup.cn

电　　话：邮购部 010-62752015　发行部 010-62750672　编辑部 010-62750667

印　刷　者：北京虎彩文化传播有限公司

经　销　者：新华书店

787mm×1092mm　16 开本　15 印张　347 千字

2013 年 1 月第 1 版　　2023 年 1 月修订　　2025 年 1 月第 6 次印刷

定　　价：45.00 元

前　言

“自动生产线调试与维护”是一门巩固和综合已学过的机电一体化知识的课程，包括机械技术、电子技术、气动技术、传感器技术、PLC 控制技术、变频技术、步进控制技术等，使这些知识能真正融合在一起，应用于生产实践中。本书是机电一体化技术综合应用的典型，为后续课程“毕业设计”提供一个范例，同时也为在自动生产线的调试与维护岗位上的毕业顶岗实习生提供必需的知识与技能准备。

本书的编写以自动生产线调试与维护的工作过程为导向，以亚龙 YL-335(A、B)自动生产线(仿真)为载体，以项目的形式展开学习：项目学习目标明确分解为专业能力目标和社会能力目标；每个项目给出工作任务分析，指出所需知识点，列出工作计划，将项目分解为多个工作任务开展学习；设有检查与评估环节，对项目学习完成情况进行检查与评估。使用本书可以真正实现理论实践一体化教学。

本书涉及知识面广、信息量大，由于教学课时有限，因此编者搜集和制作了大量图片、过程仿真资料、视频等学习资源，力争做到内容丰富、图文并茂、条理清晰，以提高学生的学习兴趣，有效地解决课时少与知识量大的矛盾。

本书的建议课时为 100 课时，内容及课时安排如下，可根据教学实际情况对内容及课时进行调整。

项　目	课 程 内 容	教 学 方 式	要　求	建 议 课 时
项目 1	自动生产线基础	教学做一体化	了解	16
项目 2	供料工作单元调试	教学做一体化	掌握	12
项目 3	加工工作单元调试	教学做一体化	掌握	12
项目 4	装配工作单元调试	教学做一体化	掌握	12
项目 5	分拣工作单元调试	教学做一体化	掌握	12
项目 6	输送工作单元调试	教学做一体化	掌握	12
项目 7	自动生产线总调试	教学做一体化	掌握	12
项目 8	自动生产线维护	教学做一体化	掌握	12
合计学时				100

本书由南宁职业技术学院吴有明、曹登峰任主编，柳州职业技术学院岑方卫、南宁职业技术学院叶远坚、广西电力职业技术学院玉河、柳州铁道职业技术学院莫振栋任副主编。本书编写人员均有企业工作经验，从事多年工业自动化类专业教学，多次担任全国职业院校技能大赛高职组自动线安装与调试技能项目及机器人项目指导教师。

由于编者水平有限，书中难免有疏漏和不妥之处，恳请广大读者批评指正。

编　者

2012 年 8 月

目　　录

项目1

自动生产线基础

项目目标

专业能力目标	(1) 认识自动生产线及应用； (2) 认识 YL-335B（仿真）自动生产线；掌握气动技术基础及应用、传感技术基础及应用、S7-200 编程软件使用； (3) 了解 YL-335B 自动生产线的生产工艺流程，掌握自动生产线的操作技能
方法能力目标	培养查阅资料，通过自学获取新技术的能力，培养分析问题、制定工作计划的能力，评估工作结果（自我、他人）的能力
社会能力目标	培养良好的工作习惯，严谨的工作作风，健康的工作心态；培养自信心、自尊心和成就感，培养语言表达力

任务引入

自动生产线调试与维护技术是一门知识综合性很强的课程，是对前续相关专业课程知识的综合应用。本项目对前续相关专业课程知识进行梳理、复习，为学习自动生产线调试与维护技术的知识做准备。

任务分析

1. 自动生产线基础的主要任务

任务 1.1：了解自动生产线及应用。主要了解自动生产线的定义、发展过程、技术特点。

任务 1.2：认识 YL-335B 自动生产线。YL-335B 自动生产线是本课程学习的主要载体，认识它的组成、功能、常用的机械结构、技术特点。

任务 1.3：传感技术基础及应用。YL-335B 自动生产线中应用了机械技术、气动技术、传感技术、位置控制、驱动技术、PLC 等多项技术，针对这些主要的专项技术应用情况进行介绍。

任务 1.4：气动技术基础及应用。

任务 1.5：S7-200 编程软件使用。

任务 1.6：YL-335B 自动生产线操作。开机检查；自动线操作特点；自动线操作注意点；自动线安全注意事项；自动线操作原则；观察整线动作流程；描述表达这些动作流程；自动运行操作。

2. 自动生产线基础的工作计划

自动生产线基础的工作计划表见表 1-1。

表 1-1　自动生产线基础工作计划表

任务	工作内容	计划时间	实际完成时间	完成情况
任务 1.1　了解自动生产线及应用	了解自动生产线的定义、发展过程、技术特点			
任务 1.2　认识 YL-335B 自动生产线	1. 自动生产线的基本组成			
	2. 各单元基本结构及功能			
	3. 辨认各工作单元的执行元件、传感器			
任务 1.3　传感技术基础及应用	学习传感技术基础，了解 YL-335B 自动生产线中传感技术的应用			
任务 1.4　气动技术基础及应用	学习气动技术基础，了解 YL-335B 自动生产线中传感技术的应用			
任务 1.5　S7-200 编程软件使用	学习 S7-200 编程软件使用			

续表

任　务	工作内容	计划时间	实际完成时间	完成情况
任务 1.6　YL-335B 自动生产线的操作	1. 操作			
	2. 描述自动生产线的工作流程并记录下来			
	3. 描述自动生产线各工作单元的工作流程并记录下来			

相关知识

任务 1.1　了解自动生产线及应用

1. 工业自动化生产(流水)线的定义

工业自动化生产(流水)线是指大批量自动或半自动连续加工一种工业产品的一种生产方式，它是将复杂产品或复杂的加工过程分解为相应若干个单件或简单加工的生产过程，并且将单个零件或简单的加工过程用某种传输 (皮带、滚道、吊链) 方式连接，直至加工结束。

自动生产线的任务就是实现自动生产，综合应用了机械技术、控制技术、传感技术、驱动技术、网络技术等，通过一些辅助装置按工艺顺序将各种机械加工装置连成一体，并控制液压、气动系统和电气控制系统将各个部分动作联系起来，完成预定的生产加工任务。

2. 工业自动化生产(流水)线发展过程

人类在制造工具过程中得到发展，人类发展需要越来越好的工具。人类自从学会利用天然工具，更好地维持生命后，就一直没有停止对工具的渴望和不懈的追求。在这个过程中，人类的创新能力也在不断地提高。生产线就是人类生产活动的一种工具。它体现了人类的智慧。世界上任何事物的发展都经历了从低级到高级的过程，人类社会生产力的发展也是如此。1913 年，福特汽车公司在底特律的小作坊里生产出第一辆轿车。此后，由于市场需求量扩大，原有的小作坊生产模式不能满足市场需求，必须寻求新的生产模式，生产(流水)线生产方式就是在这个时期问世的。

生产(流水)线生产方式的优点是：它能使复杂的汽车装配工作变得简单，各个岗位上的工人只要经过短期、简单的培训就可以上岗了。这样就免去了 3～5 年学徒时间，简单的工作岗位还可以少出差错、易熟练操作、提高效率。可以想象到，一位操作工记住几百至上千的零件安装顺序是多么不容易！

20 世纪初，美国汽车制造业兴起，生产汽车急需新的生产方式。要想让一个工人短时间内熟练掌握相应的加工技能，提高生产率和质量，最好的方法就是将复杂的加工及组装内容分解为简单、容易操作的。例如，在一间很长的车间内组装汽车，工人被安排在组装线两侧的各个工位上，每位工人只加工或组装一个或几个零件。本工位上加工或组装好的部件被传送装置送到下一个工位上，再由下一个工位的工人继续加工或组装，直到整部汽车被组装结束。这就是真正意义上的生产(流水)线式的生产。由于它的优势明显，具有很强的竞争力，所以，很快就在其他加工行业普及开来。例如电视生产线、冰箱生产线、包装生产线、啤酒灌装生产线、手机生产线等。这种生产方式还影响了其他许多产业的发展，如机械制造、冶金、电子、仪表、化工、造纸、航空、家电、食品、医药等。可以说，目前70%的工业产品都是在生产(流水)线上生产的。

现代生产(流水)线生产方式还改变了人们传统的劳动模式，技能全面与单一相辅相成，从个人掌握全面技能向单一纵深技能转变。

现代生产(流水)线生产方式还改变了传统的用工制度。由于技能向单一纵深转变，人才实现了流动；企业在流动人才的过程中得到发展。生产方式的发展成为国家发达与否的标志。制造、在线检测等理念和技术保证后续加工完全机械化地进行，使产品能够最快的交到用户手中。这代表着制造业的水平。

现代生产(流水)线生产方式是人类创造力的充分体现，也是人类智慧的结晶。

3. 现代生产线的特点

(1) 规模越来越大。例如美国福特、德国大众、日本丰田等汽车生产线；美国可口可乐灌装生产线；松下电器在新加坡生产激光唱机生产线等，每条生产线上都有上千人在工作。

(2) 单个工位上的加工内容简单化。例如钻孔、拧螺栓、安装单个零件等。

(3) 单个工位上的加工速度提高。时间短，只有几秒钟。

(4) 产品的复杂程度在提高。每个产品由成千上万个零件组成。

(5) 生产线自动化程度的提高。如无人车间，机械手参与的程度提高。

(6) 生产线的柔性程度提高。可编程化，适应性强，改产容易。

(7) 生产线控制方式更人性化。如可视化、友好化、简约化、统计化。

总之，现代生产(流水)线生产方式朝着生产结构国际化、产品技术电子化、生产方式经营化；当然还有生产集约化、专业化、自动化、连续化等方向发展。

任务 1.2　认识 YL-335B 自动生产线

亚龙 YL-335B 自动生产线是本课程学习的主要载体，实物如图 1-1 所示。

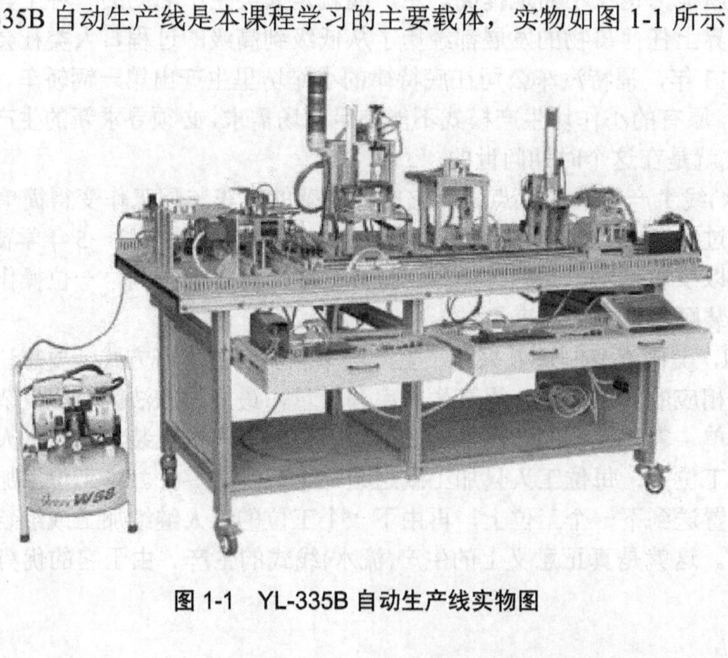

图 1-1　YL-335B 自动生产线实物图

下面我们来认识它的组成、功能、常用的机械结构、技术特点。

1. YL-335B 的基本结构及功能

YL-335B 各工作单元在实训台上的分布如图 1-2 所示。

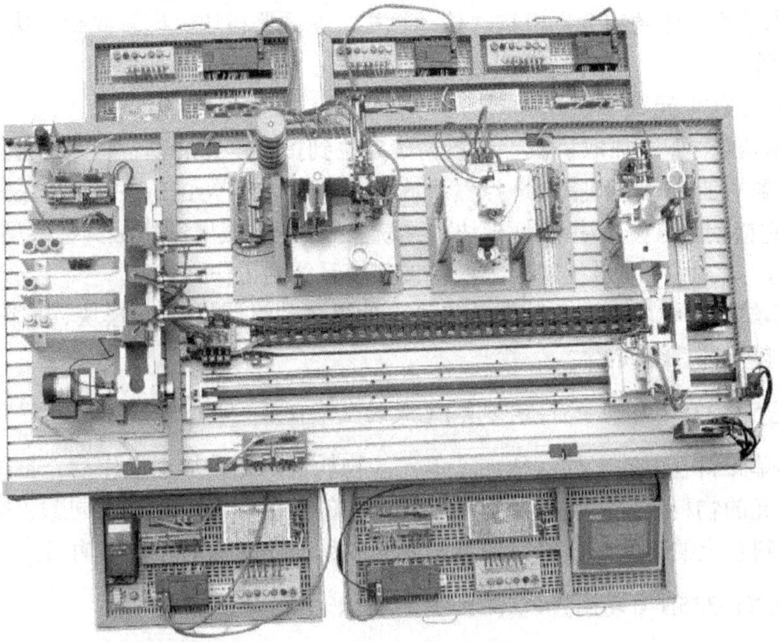

图 1-2 YL-335B 俯视图

各工作单元的基本功能及结构如下。

(1) 供料工作单元。

① 基本功能。供料单元是 YL-335B 中的起始单元，在整个系统中，起着向系统中的其他单元提供原料的作用。其工作任务是：按照需要，将放置在料仓中待加工工件(原料)自动地推出到物料台上，以便输送单元的机械手将其抓取，输送到其他单元上。

② 基本结构。进料模块和物料台、电磁阀组、接线端口、PLC 模块、急停按钮和启动/停止按钮、走线槽、底板等。

(2) 加工工作单元。

① 基本功能。把该单元物料台上的工件(工件由输送单元的抓取机械手装置送来)送到冲压机构下面，完成一次冲压加工动作，然后再送回到物料台上，等待输送单元的抓取机械手装置取出。

② 基本结构。物料台及滑动机构、加工(冲压)机构、电磁阀组、接线端口、PLC 模块、底板等。

(3) 装配工作单元。

① 基本功能。将该单元料仓内的黑色或白色小圆柱工件嵌入到已加工的工件中。

② 基本结构。简易物料仓库、物料分配机构、被分配物料位置变换机构、机械手、半成品工件的定位机构、气动系统及其阀组、信号采集及其自动控制系统，以及用于电器连接的端子排组件、整条生产线状态指示的信号灯和用于其他机构安装的铝型材支架及底板、

传感器安装支架等其他附件。

(4) 分拣单元的基本功能。

① 基本功能。将上一单元送来的已加工、装配的工件进行分拣，使不同颜色的工件从不同的滑槽分流。

② 基本结构。传送和分拣机构、传动机构、变频器模块、电磁阀组、接线端口、PLC 模块、底板等。

(5) 输送工作单元。

① 基本功能。驱动抓取机械手装置精确定位到指定单元的物料台，在物料台上抓取工件，把抓取到的工件输送到指定地点然后放下。同时，该单元在 PPI 网络系统中担任着主站的角色，它接收来自按钮/指示灯模块的系统主令信号，读取网络上其他各站的状态信息，加以综合后，向各从站发送控制要求，协调整个系统的工作。

② 基本结构。抓取机械手装置、步进电动机传动组件、PLC 模块、按钮/指示灯模块和接线端子排等部件组成。

2. 亚龙 YL-335B 自动生产线(仿真)完成的生产任务

将供料单元料仓内的工件送往加工单元的物料台，完成加工操作后，把加工好的工件送往装配单元的物料台，然后把装配单元料仓内的白色和黑色两种不同颜色的小圆柱形工件嵌入到物料台上的工件中，将完成装配后的成品送往分拣单元分拣输出。

3. 亚龙 YL-335B 自动生产线(仿真)技术特点

1) 每一工作单元都可自成一个独立的系统，同时也都是一个机电一体化的系统

(1) YL-335B 设备中各工作单元的机械装置和电气控制部分相对分离。每一工作单元机械装置整体安装在底板上，而控制工作单元生产过程的 PLC 装置则安装在工作台两侧的抽屉板上。机械装置上的各电磁阀和传感器的引线均连接到装置侧的接线端口上，PLC 的 I/O 引出线则连接到 PLC 侧的接线端口上。

装置侧接线端口如图 1-3 所示，装置侧的接线端口的接线端子采用三层端子结构，上层端子用来连接 DC 24V 电源的+24V 端，底层端子用以连接 DC 24V 电源的 0V 端，中间层端子用以连接各信号线。装置侧的接线端口和 PLC 侧的接线端口之间通过专用电缆连接。其中 25 针接头电缆连接 PLC 的输入信号，15 针接头电缆连接 PLC 的输出信号。

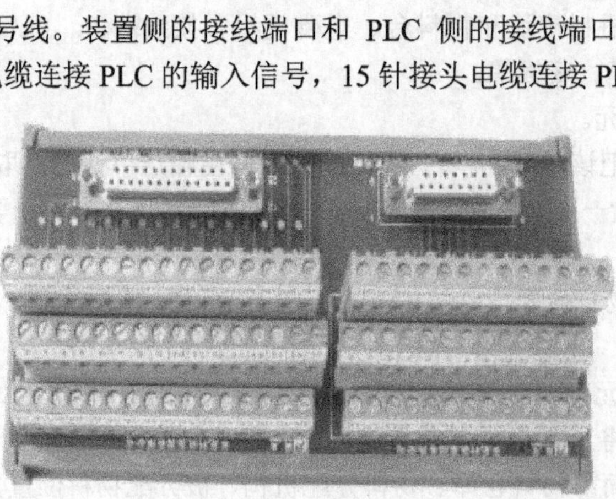

图 1-3　装置侧接线端口

PLC 侧接线端口如图 1-4 所示。PLC 侧的接线端口的接线端子采用两层端子结构，上层端子用以连接各信号线，其端子号与装置侧的接线端口的接线端子相对应。底层端子用以连接 DC 24V 电源的+24V 端和 0V 端。

图 1-4　PLC 侧接线端口

(2) 每个工作单元都有自己独立的主令控制。当工作单元自成一个独立的系统时，其设备运行的主令信号以及运行过程中的状态显示信号，来源于该工作单元按钮指示灯模块，如图 1-5 所示。

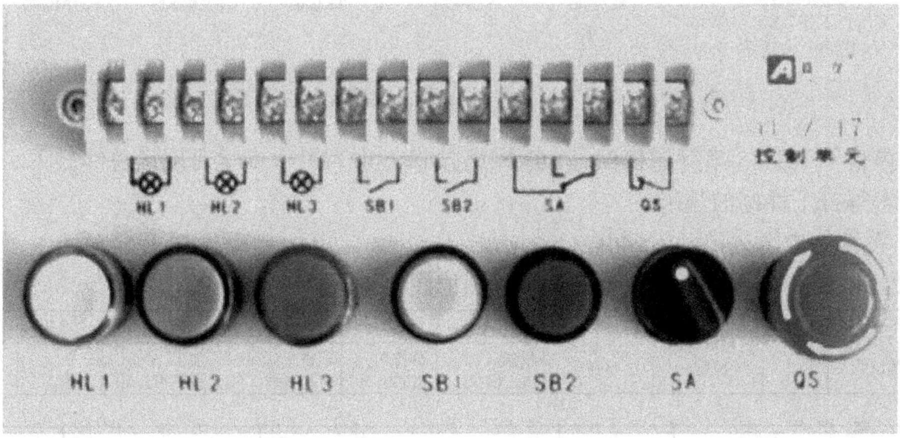

图 1-5　按钮指示灯模块

模块盒上包括以下器件。

指示灯(DC 24V)：黄色(HL1) 、绿色(HL2) 、红色(HL3) 各一个；主令器件：绿色常开按钮 SB1，红色常开按钮 SB2，选择开关 SA(一对转换触点)，急停按钮 QS(一个常闭触点)。模块上的指示灯和按钮的端脚全部引到端子排上。

(3) 各工作单元通过网络互连构成一个分布式的控制系统。系统采用了基于 RS485 串行通信的 PLC 网络控制方案，即每一工作单元由一台 PLC 承担其控制任务，各工作单元 PLC 配置见表 1-2。

表 1-2　各工作单元 PLC 配置

工作单元	PLC 配置	I/O 点数
输送单元	S7-226 DC/DC/DC	共 24 点输入和 16 点晶体管输出
供料单元	S7-224 AC/DC/RLY	共 14 点输入和 10 点继电器输出
加工单元	S7-224 AC/DC/RLY	共 14 点输入和 10 点继电器输出
装配单元	S7-226 AC/DC/RLY	共 24 点输入和 16 点继电器输出
分拣单元	S7-224 XP AC/DC/RLY	共 14 点输入和 10 点继电器输出

各 PLC 之间通过 RS485 串行通信实现互联的分布式控制方式，用户可根据需要选择不同厂家的 PLC 及其所支持的 RS485 通信模式，组建成一个小型的 PLC 网络。对于采用西门子 S7-200 系列 PLC 的 YL-335B 的标准配置是采用 PPI 协议的通信方式，PPI 网络如图 1-6 所示。

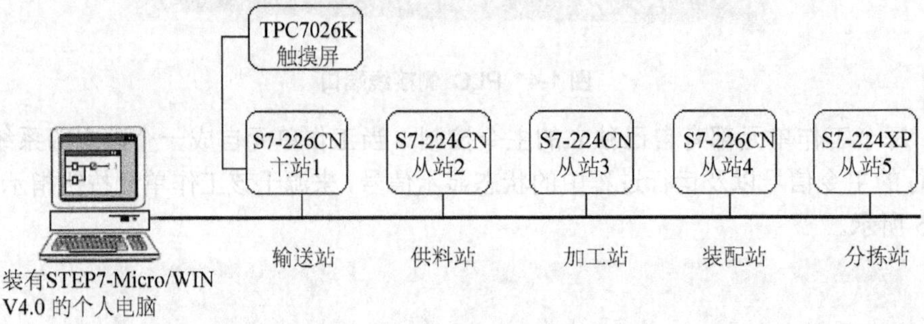

图 1-6　YL-335B 的 PPI 网络

掌握基于 RS485 串行通信的 PLC 网络技术，将为进一步学习现场总线技术、工业以太网技术等打下良好的基础。

2) 系统的电源供电

YL-335B 自动生产线的电源供电原理图如图 1-7 所示。

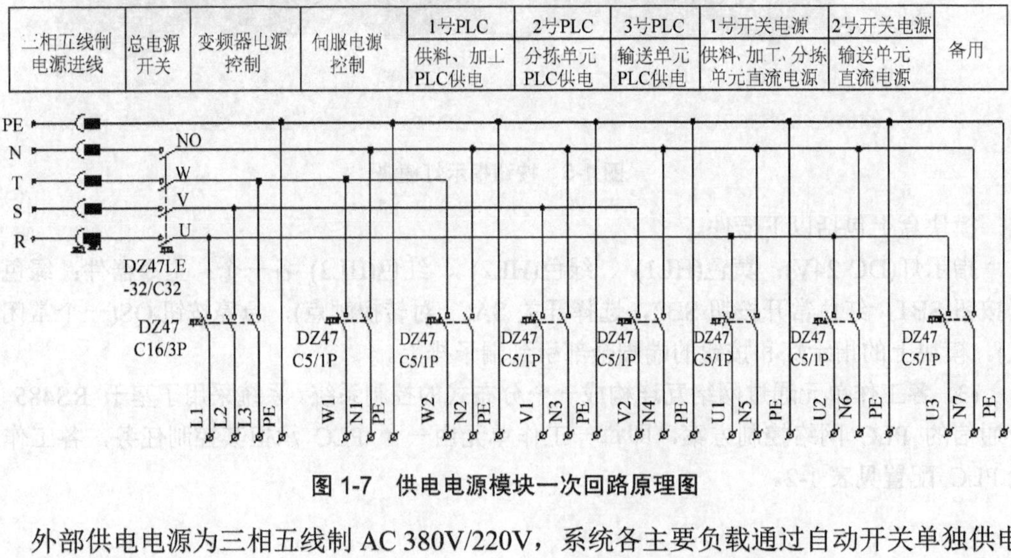

图 1-7　供电电源模块一次回路原理图

外部供电电源为三相五线制 AC 380V/220V，系统各主要负载通过自动开关单独供电，配电箱如图 1-8 所示。

系统还配置 4 台 DC 24V 6A 开关稳压电源分别用作供料、加工和分拣单元及输送单元的直流电源。

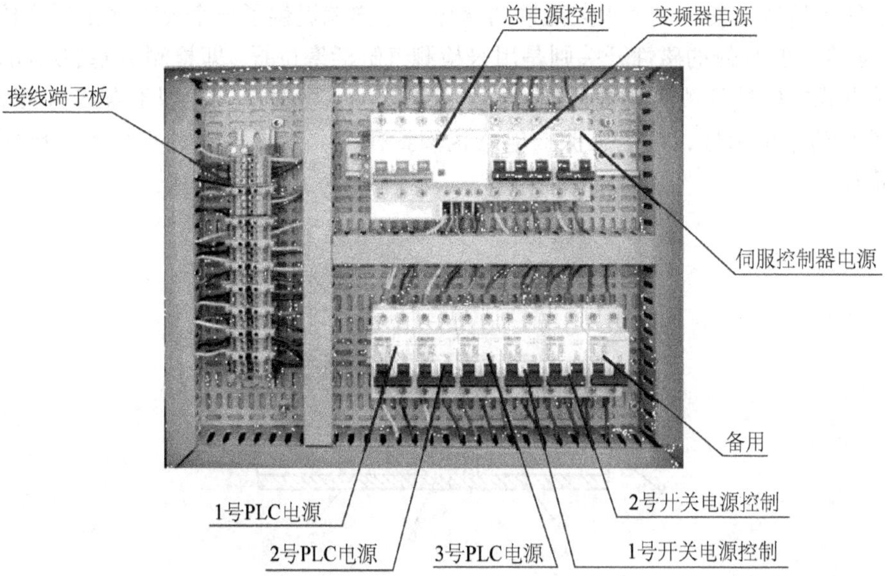

图 1-8　配电箱设备安装图

3) 执行机构

(1) 各个单元的执行机构以气动执行机构为主。

(2) 输送单元的机械手装置的直线运动传动组件可选用步进电动机驱动或伺服电动机驱动，分拣单元的传送带驱动则采用通用变频器驱动三相异步电动机的交流传动装置。位置控制和变频器技术是现代工业企业应用最为广泛的电气控制技术。

4) 传感器

在 YL-335B 自动生产线上应用了多种类型的传感器，分别用于判断物体的运动位置、物体通过的状态、物体的颜色及材质等。传感技术是机电一体化技术中的关键技术之一，是现代工业实现高度自动化的前提之一。

任务 1.3　传感技术基础及应用

在自动化系统中，传感器是用于测量设备运行中工具或工件的位置、速度、温度、力等各种物理参数，并将这些被测量参数转换为相应的信号，以一定的接口形式输入控制器。

在 YL-335B 自动生产线中各工作单元所使用的传感器都是接近传感器，它利用传感器对所接近的物体具有的敏感特性来识别物体的接近，并输出相应开关信号，接近传感器通常也称为接近开关。接近传感器有多种检测方式，YL-335B 自动生产线应用到的有磁感应式接近开关(或称磁性开关)、电感式接近开关、光电式接近开关和光纤型光电传感器等。下面对这些传感器进行介绍。

1. 磁性开关

磁性开关是一种非接触式位置检测开关，这种非接触位置检测不会损伤检测对象，响应速度高。YL-335B 自动生产线中磁性开关用于各类气缸的位置检测，所使用的气缸都是带磁性开关的气缸。这些气缸的缸筒采用导磁性弱、隔磁性强的材料，如硬铝、不锈钢等。在非磁性体的活塞上安装一个永久磁铁的磁环，这样就提供了一个反映气缸活塞位置的磁场。而安装在气缸外侧的磁性开关则是用来检测气缸活塞位置，即检测活塞的运动行程的。

有触点式的磁性开关用舌簧开关做磁场检测元件。舌簧开关成型于合成树脂块内，并且一般还有动作指示灯、过电压保护电路也塑封在内。带磁性开关气缸的工作原理图如图 1-9 所示。

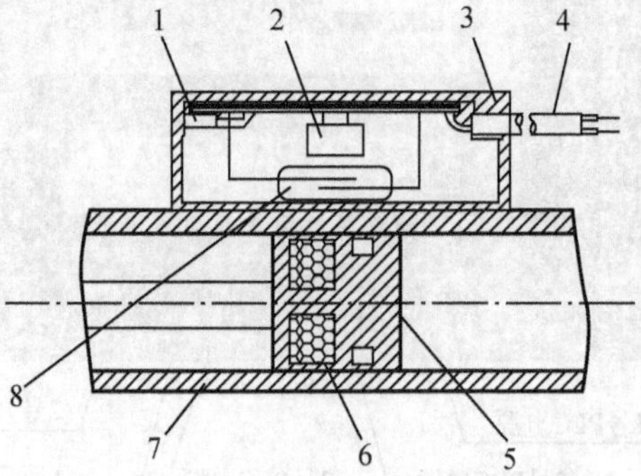

图 1-9　带磁性开关气缸的工作原理图

1—动作指示灯；2—保护电路；3—开关外壳；4—导线；

5—活塞；6—磁环(永久磁铁)；7—缸筒；8—舌簧开关

当气缸中随活塞移动的磁环靠近开关时，舌簧开关的两根簧片被磁化而相互吸引，触点闭合；当磁环移开开关后，簧片失磁，触点断开。触点闭合或断开时发出电控信号，在 PLC 的自动控制中，可以利用该信号判断推料及顶料缸的运动状态或所处的位置，以确定工件是否被推出或气缸是否返回。

磁性开关的内部电路如图 1-10 中虚线框内所示。

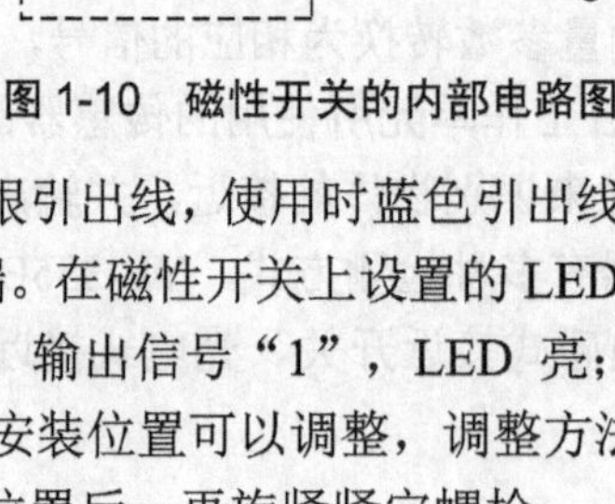

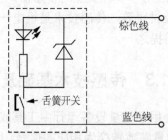

图 1-10　磁性开关的内部电路图

磁性开关有蓝色和棕色两根引出线，使用时蓝色引出线应连接到 PLC 输入公共端，棕色引出线应连接到 PLC 输入端。在磁性开关上设置的 LED 显示用于显示其信号状态，供调试时使用。磁性开关动作时，输出信号“1”，LED 亮；磁性开关不动作时，输出信号“0”，LED 不亮。磁性开关的安装位置可以调整，调整方法是松开它的紧定螺栓，让磁性开关顺着气缸滑动，到达指定位置后，再旋紧紧定螺栓。

2. 电感式接近开关

电感式接近开关是利用电涡流效应制造的传感器。电涡流效应是指，当金属物体处于一个交变的磁场中，在金属内部会产生交变的电涡流，该涡流又会反作用于产生它的磁场的一种物理效应。如果这个交变的磁场是由一个电感线圈产生的，则这个电感线圈中的电流就会发生变化，用于平衡涡流产生的磁场。

电感式接近传感器工作原理框图如图 1-11 所示。

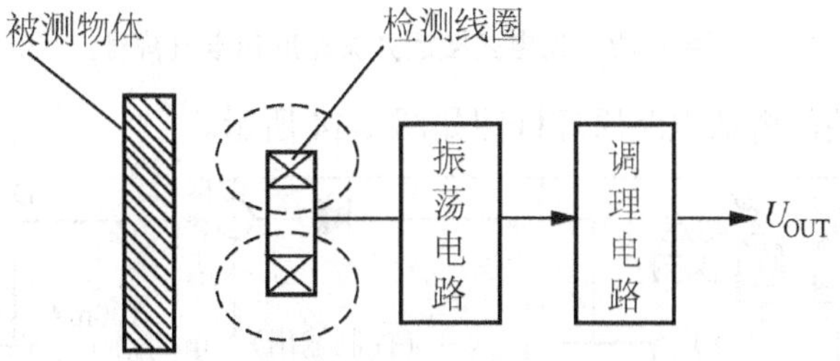

图 1-11　电感式接近传感器工作原理框图

利用这一原理，以高频振荡器(LC 振荡器)中的电感线圈作为检测元件，当被测金属物体接近电感线圈时产生了涡流效应，引起振荡器振幅或频率的变化，由传感器的信号调理电路(包括检波、放大、整形、输出等电路)将该变化转换成开关量输出，从而达到检测目的。在接近开关的选用和安装中，必须认真考虑检测距离、设定距离，保证生产线上的传感器可靠动作。安装距离注意说明如图 1-12 所示。

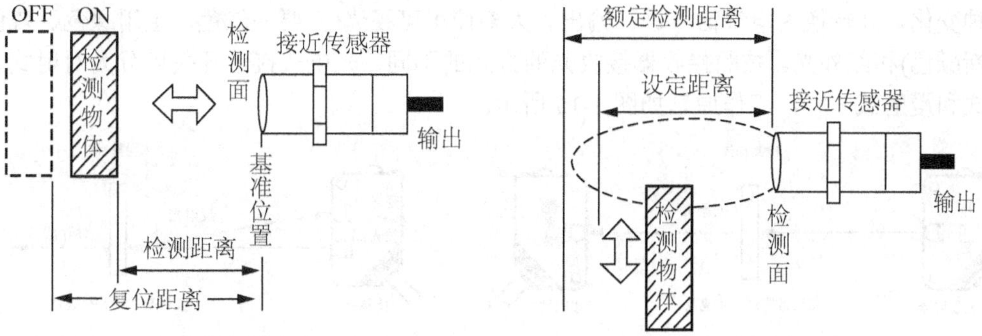

(a) 检测距离　　(b) 设定距离

图 1-12　电感式接近传感器安装距离注意说明

3. 光电式接近开关

光电传感器是利用光的各种性质，检测物体的有无和表面状态变化等的传感器。其中输出形式开关量的传感器为光电式接近开关。光电式接近开关用在环境比较好、无灰尘、无粉尘污染的场合，为非接触式测量，对被测物体无任何影响，在工业生产过程中得到广泛的应用。光电式接近开关外形和电气符号如图 1-13 所示。

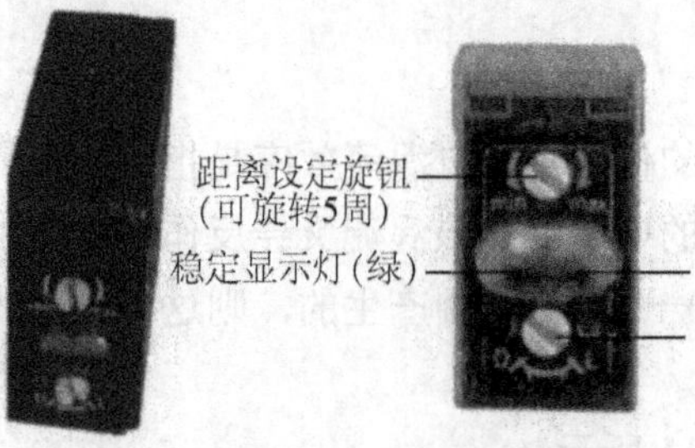

(a) 光电式接近开关外形

(b) 光电式接近开关电气符号

图 1-13　光电式接近开关外形和电气符号

光电式接近开关的内部电路原理框图如图 1-14 所示。

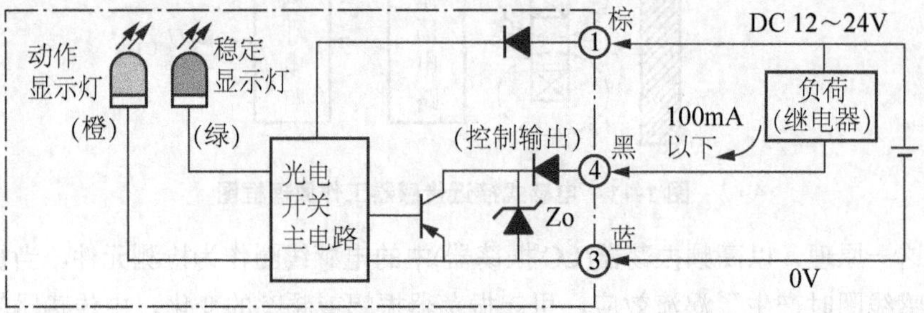

图 1-14　光电式接近开关的内部电路原理框图

光电式接近开关主要由光发射器和光接收器构成。如果光发射器发射的光线因检测物体不同而被遮掩或反射，到达光接收器的量将会发生变化。光接收器的敏感元件将检测出这种变化，并转换为电气信号进行输出。大多使用可视光(主要为红色，也用绿色、蓝色来判断颜色)和红外光。按照接收器接收光的方式的不同，光电式接近开关可分为对射式、反射式和漫射式 3 种，工作原理如图 1-15 所示。

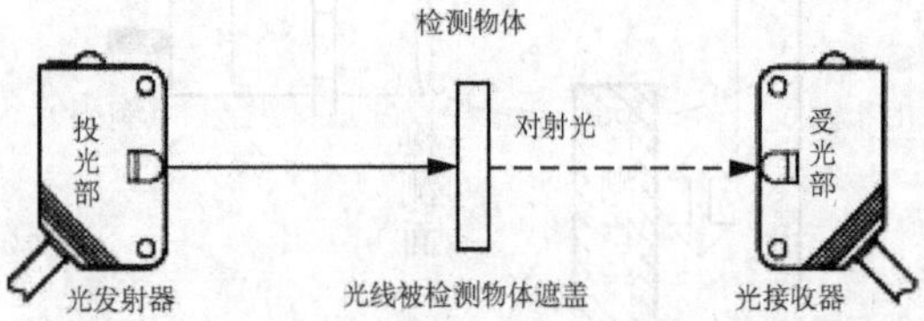

(a) 对射式光电接近开关

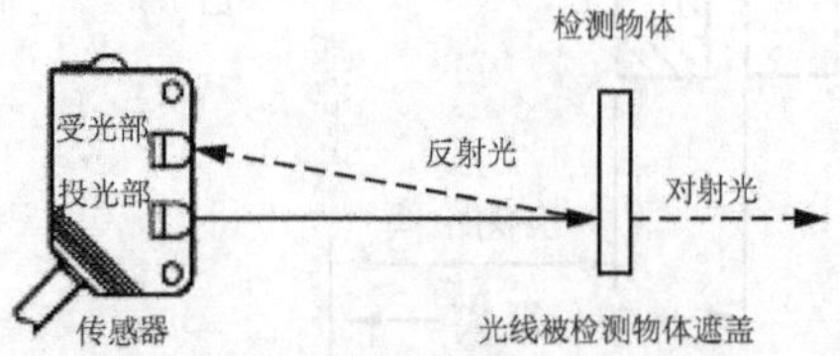

(b) 漫射式(漫反射式)光电接近开关

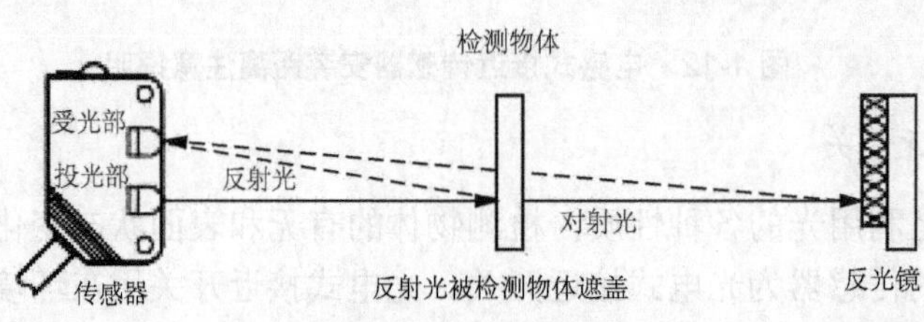

(c) 反射式光电接近开关

图 1-15　光电式接近开关工作原理

图 1-15 中漫射式光电接近开关是利用光照射到被测物体上后反射回来的光线而工作

的，由于物体反射的光线为漫射光，故称为漫射式光电接近开关。它的光发射器与光接收器处于同一侧位置，且为一体化结构。在工作时，光发射器始终发射检测光，若接近开关前方一定距离内没有物体，则没有光被反射到接收器，接近开关处于常态而不动作；反之，若接近开关的前方一定距离内出现物体，只要反射回来的光强度足够，则接收器接收到足够的漫射光就会使接近开关动作而改变输出状态。

4. 光纤型传感器

光纤型传感器由光纤检测头、光纤放大器两部分组成，放大器和光纤检测头是分离的两个部分，光纤检测头的尾部分成两条光纤，使用时分别插入放大器的两个光纤孔。光纤传感器组件如图 1-16 所示。

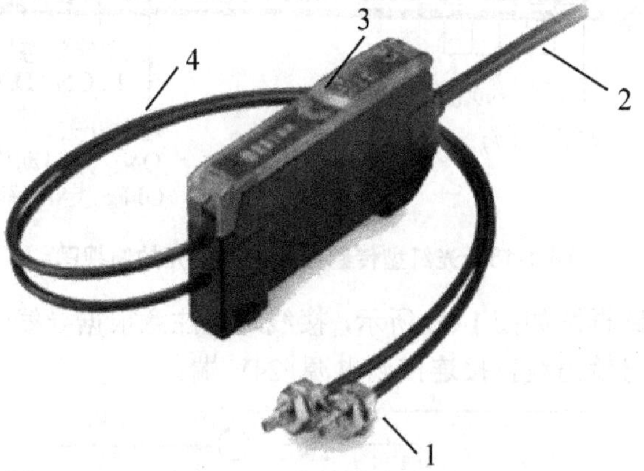

图 1-16　光纤型传感器组件

1—光纤检测头；2—信号线；3—放大器；4—光纤

光纤型传感器也是光电传感器的一种。光纤型传感器具有下述优点：抗电磁干扰、可工作于恶劣环境、传输距离远、使用寿命长。此外，由于光纤头的体积较小，所以可以安装在空间很小的地方。放大器的安装示意图如图 1-17 所示。

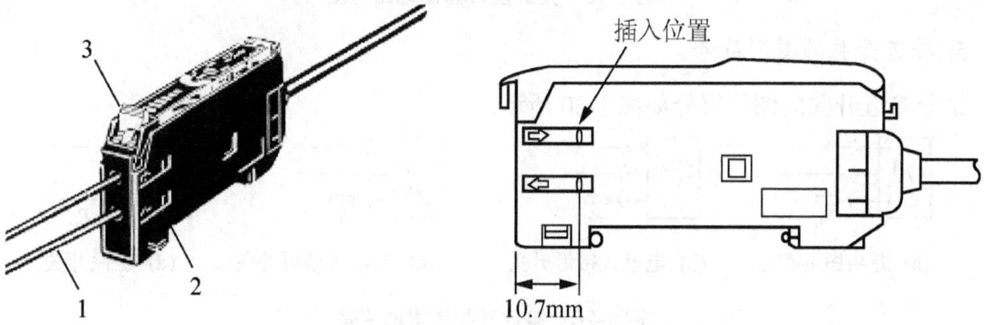

图 1-17　光纤型传感器组件外形及放大器的安装示意

1—光纤；2—光纤插入位置记号；3—固定按钮

光纤型光电传感器的放大器的灵敏度调节范围较大。当光纤型传感器灵敏度调得较小时，反射性较差的黑色物体，光电探测器无法接收到反射信号；而反射性较好的白色物体，光电探测器就可以接收到反射信号。反之，若调高光纤传感器灵敏度，则即使对反射性较差的黑色物体，光电探测器也可以接收到反射信号。放大器单元的俯视图如图 1-18 所示，调节其中部的 8 旋转灵敏度高速旋钮就能进行放大器灵敏度调节(顺时针旋转灵敏度增大)。调节时，会看到“入光量显示灯”发光的变化。当探测器检测到物料时，“动作显示灯”会亮，提示检测到物料。

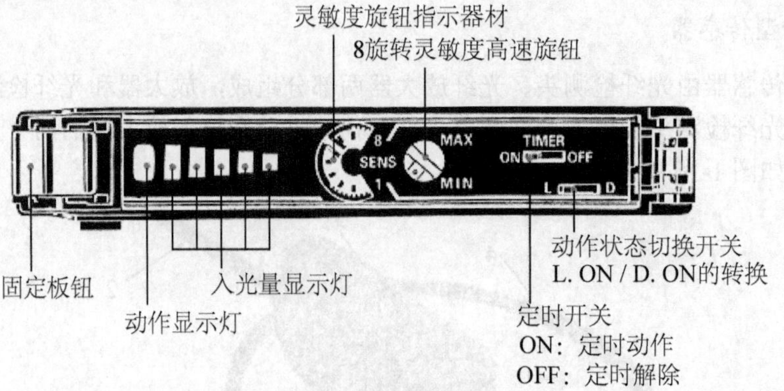

图 1-18　光纤型传感器放大器单元的俯视图

光纤型传感器电路框图如图 1-19 所示，接线时请注意根据导线颜色判断电源极性和信号输出线，切勿把信号输出线直接连接到电源+24V 端。

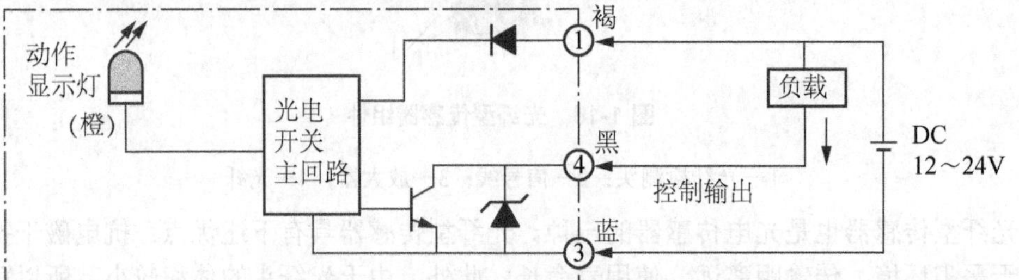

图 1-19　光纤型传感器电路框图

5. 接近开关的图形符号

部分接近开关的图形符号如图 1-20 所示。

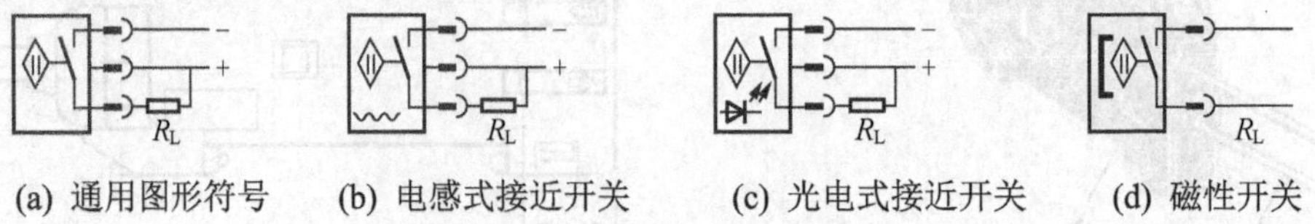

图 1-20　接近开关的图形符号

图中三种情况均使用 NPN 型三极管集电极开路输出。如果是使用 PNP 型的，正负极性应反过来。

任务 1.4　气动技术基础及应用

1. 系统及空气净化处理装置

由产生、处理和贮存压缩空气的设备组成的系统称为气源系统。气源系统为气动装置提供满足一定要求的压缩空气。气源系统一般由气压发生装置、压缩空气的净化装置和传输管道系统组成。

1) 空气压缩站

空气压缩站(简称空压站)是气动自动化控制系统的重要组成部分，为气动设备提供满足要求的压缩空气动力源。空压站的主要组成装置有气压发生装置(空气压缩机，简称空压机)、贮气罐和后冷却器。典型的空压站组成如图 1-21 所示。

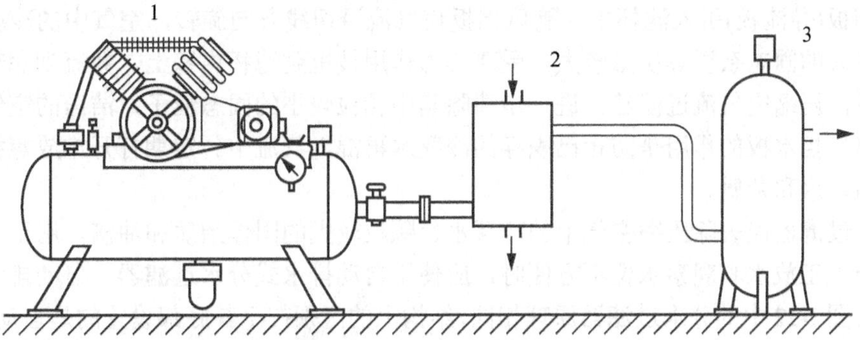

图 1-21　空压站组成示意图

1—空压机；2—后冷却器；3—贮气罐

空压机是气压发生装置，是将机械能转换为气体压力能的转换装置。

贮气罐的作用之一是用来贮存一定量的压缩空气，调节空压机输出气量与用户耗气量之间的不平衡状况，保证连续、稳定的气流输出。作用之二是当出现空压机停顿、突然停电等意外事故时，可用贮气罐中贮存的压缩空气实施紧急处理，保证安全。作用之三是减小空压机输出气流脉动，稳定空压站管道中的压力。此外，还能降低压缩空气温度，分离压缩空气中的部分水分和油分。贮气罐应装有安全阀、压力表，以控制和指示其内部压力，底部装有排污阀，并定时排放。贮气罐属于压力容器，其设计、制造和使用应遵守国家有关压力容器的规定。

后冷却器的作用是使温度高达 120～180 ℃之间的空压机排出气体冷却到 40～50 ℃之间，并使其中的水蒸气和油雾冷凝成水滴和油滴，以便对压缩空气实施进一步净化处理。后冷却器有风冷式和水冷式两大类。风冷式是靠风扇产生的冷空气吹向带散热片的热空气管道，经风冷后的压缩空气的出口温度大约比环境温度高 15 ℃。水冷式是通过强迫冷却水沿压缩空气流动方向的反方向流动来进行冷却，压缩空气出口温度比环境温度高 10 ℃左右。冷却器上装有自动排水器，以排除冷凝水和油滴等杂质。

2) 空气净化处理装置

(1) 干燥器。干燥器的作用是去除空气中的水分，主要有两种，其各自的工作原理不同。

冷冻式空气干燥器的工作原理：使湿空气冷却到其露点温度以下，使空气中水蒸气凝结成水滴并清除出去，然后再将压缩空气加热至环境温度输送出去。

吸附式空气干燥器是利用具有吸附性能的吸附剂(如硅胶、活性氧化铝、分子筛等)吸附空气中水蒸气的一种空气净化装置。

湿空气从中空的分子膜纤维内部流过，空气中的水分透过分子膜向外壁析出，由此排除了水分的干燥空气得以输出。同时，部分干燥空气与透过分子膜外壁的水分一起排向大气，使分子膜能连续地排除湿空气中的水分。

(2) 分水过滤器。分水过滤器滤尘能力较强，它和减压阀、油雾器一起被称为气动三联件，是气动系统中不可缺少的辅助装置。

图 1-22 所示为一种分水过滤器，其左下方就是气动三联件组件。分水过滤器的工作原理如下：当压缩空气从过滤器的输入口流入后，气体及其所含的冷凝水、油滴和固态杂质由旋风挡板(导流板)引入滤杯中，旋风挡板使气流沿切线方向旋转，空气中的冷凝水、油滴和颗粒大的固态杂质等质量较大，受离心力作用被甩到滤杯内壁上，并流到底部沉积起来；然后，压缩空气流过滤芯，进一步清除其中颗粒较小的固态粒子，洁净的空气便从输出口输出。挡水板的作用是防止已积存的冷凝水再混入气流中。定期打开排放螺栓，放掉积存的油、水和杂质。

分水过滤器能去除压缩空气中的冷凝水、颗粒较大的固体杂质和油滴，用于空气的粗过滤。当人工放水和观察水位不方便时，应使用自动排水式分水过滤器。自动排水式分水过滤器与图 1-22 中的分水过滤器原理相同，结构上的区别在于其底部设置的是自动排水器。

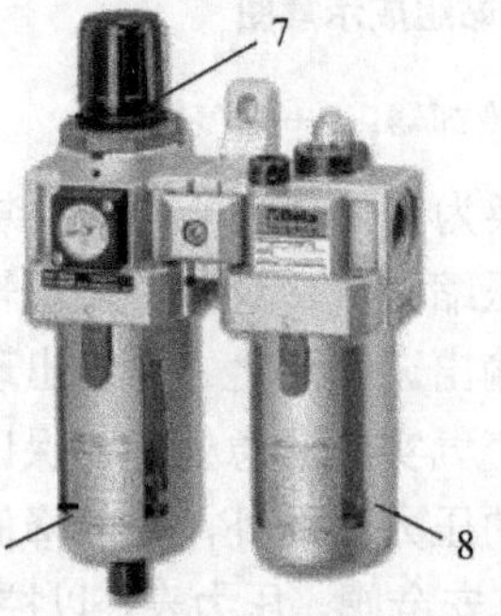

(a) 三联件

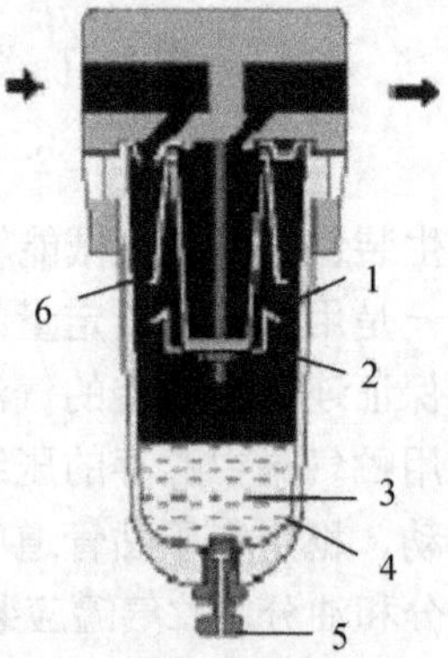

(b) 过滤器

图 1-22 分水过滤器

1—挡水板；2—滤芯；3—冷凝物；4—滤杯；5—排水螺栓；
6—旋风挡板；7—减压阀；8—油雾器；9—过滤器

(3) 油雾器。普通型油雾器也称为全量式油雾器，把雾化后的油雾全部随压缩空气输出，油雾粒径约为 20μm。普通型油雾器又分为固定节流式和自动可变节流式两种，前者输出的油雾浓度随空气流量的变化而变化，后者输出的油雾浓度基本保持恒定，不随空气流量的变化而变化。

自动可变节流式普通型油雾器的工作原理：如图 1-23 所示为普通型油雾器。压缩空气从输入口进入油雾器后，绝大部分经主管道输出，一小部分气流经截止阀进入油杯的上腔，使油面受压，并在油杯和视油器之间形成压差，润滑油在此压差作用下，经吸油管、单向阀滴落到透明的视油器内，并顺着油路经喷射嘴被主管道中的高速气流引射到压缩空气中，雾化后随空气一同输出。

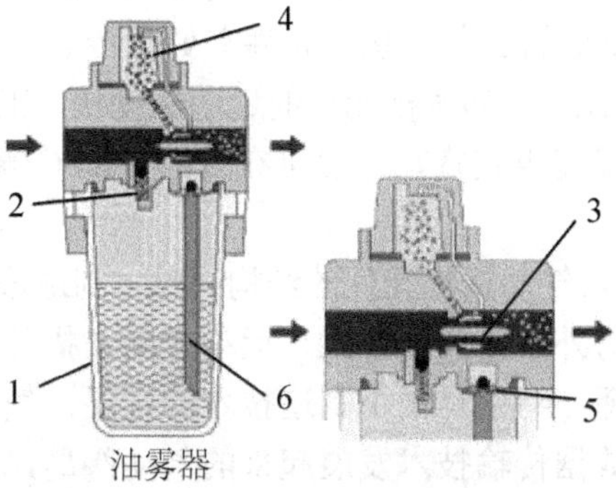

图 1-23　自动可变节流式普通型油雾器

1—油杯；2—截止阀；3—空气流量传感器；4—视油器；5—单向阀；6—吸油管

自动可变节流机构实际上是一个由弹性材料制成的空气流量传感器，如图 1-23 中的空气流量传感器。其主要作用是，当空气流量较小时，传感器的变形量也小，即流通截面小，使空气流经油雾器时产生的压降较大；但随着空气流量变大，其变形量也增大，即流通截面增大，结果使压降增幅减小。

YL-335B 自动生产线中的气源处理组件及其气动原理图如图 1-24 所示。

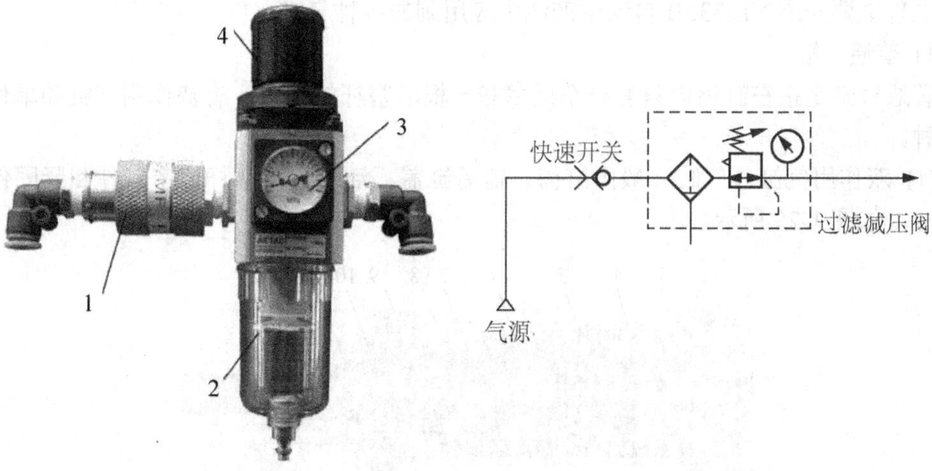

(a) 气源处理组件实物图　　(b) 气动原理图

图 1-24　YL-335B 的气源处理组件及其回路原理图

1—气路快速开关；2—过滤及干燥系统；3—压力表；4—压力调节旋钮

气源处理组件是气动控制系统中的基本组成器件，它的作用是除去压缩空气中所含的杂质及凝结水，调节并保持恒定的工作压力。在使用时，应注意经常检查过滤器中凝结水的水位，在超过最高标线以前，必须排放，以免被重新吸入。气源处理组件的气路入口处安装一个快速气路开关，用于启/闭气源，当把气路快速开关向左拔出时，气路接通气源；反之，则把气路快速开关向右推入时气路关闭。

2. 气动执行元件

在气动自动化系统中，气动执行元件是一种将压缩空气的能量转化为机械能，实现直线、摆动或回转运动的传动装置。气动执行元件有如下特点。

① 与液压执行元件相比，气动执行元件的运动速度快，工作压力低，适用于低输出力的场合。正常工作的环境温度也较宽，一般可在-20～+80℃(耐高温的可达+150℃)的环境下正常工作。

② 相对机械传动来说，气动执行元件的结构简单，制造成本低，维修方便；便于调节其输出力的大小和速度。另外，其安装方式、运动方向及执行元件的数目又可根据机械装置的要求由设计者自由选择，特别是由于制造技术的发展，气动执行元件已向标准化、模块化发展。借助于计算机数据传输技术发展起来的气动阀岛，使气动自动化系统的控制接线大大简化，可靠性提高。这就为简化整个复杂机械的结构设计和控制提供了有利条件。

③ 由于气体的可压缩性使气动执行元件在速度控制、抗负载影响等方面的性能劣于液压执行元件。当需要精确地控制运动速度，减小负载变化对运动影响时，常需要借助气动-液压联合装置来实现。

气动执行元件有三大类：产生直线往复运动的气缸，在一定角度范围内摆动的摆动马达以及产生连续转动的气动马达。

气缸是气动自动化系统中使用最为广泛的一种执行元件。根据使用条件、场合的不同，其结构、功能和形状也不一样，种类繁多。

这里主要介绍 YL-335B 自动生产线中应用到的各种气缸。

1) 普通气缸

普通气缸是指在缸筒内只有一个活塞和一根活塞杆的气缸，有双作用气缸和单作用气缸两种。

(1) 双作用气缸。气缸一般由缸筒、前后缸盖、活塞、活塞杆、密封件和紧固件等零件组成，如图 1-25 所示。

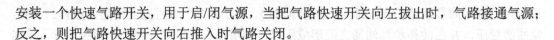

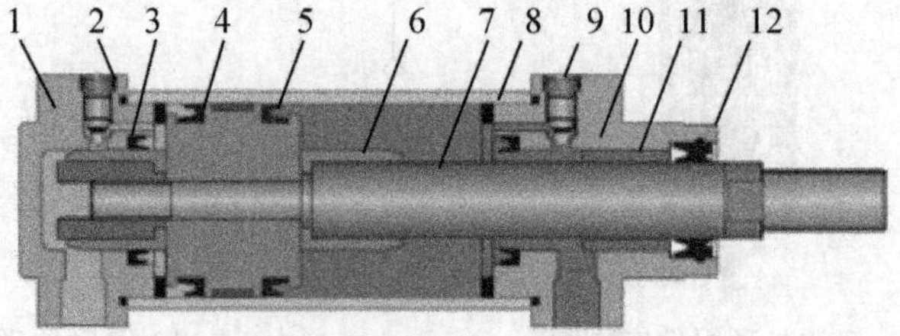

图 1-25　普通型单活塞杆双作用气缸

1—后缸盖；2—密封圈；3—缓冲密封圈；4—活塞密封圈；5—活塞；6—缓冲柱塞；
7—活塞杆；8—缸筒；9—缓冲节流阀；10—导向套；11—前缸盖；12—防尘密封圈

缸筒在前后缸盖之间由四根螺杆将其紧固锁定，缸内有与活塞杆相连的活塞，活塞上装有活塞密封圈。为防止漏气和外部灰尘的侵入，前缸盖上装有活塞杆专用的密封圈和防尘圈。这种双作用气缸被活塞分成两个腔室：有杆腔和无杆腔。

当无杆腔端的气口输入压缩空气时，若气压作用在活塞左面上的力克服了运动摩擦力、负载等各种反作用力，推动活塞前进。有杆腔内的空气经该端气口排入大气，使活塞杆伸出。同样，当有杆腔端气口输入压缩空气，活塞杆退回至初始位置。通过无杆腔和有杆腔的交替进气和排气，使活塞杆伸出和退回，气缸实现往复直线运动。

气缸缸盖上未设置缓冲装置的气缸称为无缓冲气缸，缸盖上设置缓冲装置的气缸称为缓冲气缸。缓冲装置由节流阀、缓冲柱塞和缓冲密封圈等组成。当气缸行程接近终端时，由于缓冲装置的作用，可以防止高速运动的活塞撞击缸盖现象的发生。

(2) 单作用气缸。这种气缸在缸盖一端气口输入压缩空气使活塞杆伸出(或退回)，而另一端靠弹簧、自重或其他外力等使活塞杆恢复到初始位置。图 1-26 所示为弹簧复位的单作用气缸，在活塞的一侧装有使活塞杆复位的弹簧，在另一端缸盖上有呼吸用的气口。除此之外，其结构基本上和双作用气缸相同。单作用气缸的弹簧装在有杆腔内，气缸活塞杆初始位置处于退回的位置，这种气缸称为预缩型单作用气缸；弹簧装在无杆腔内，气缸活塞杆初始位置为伸出位置的，称为预伸型气缸。

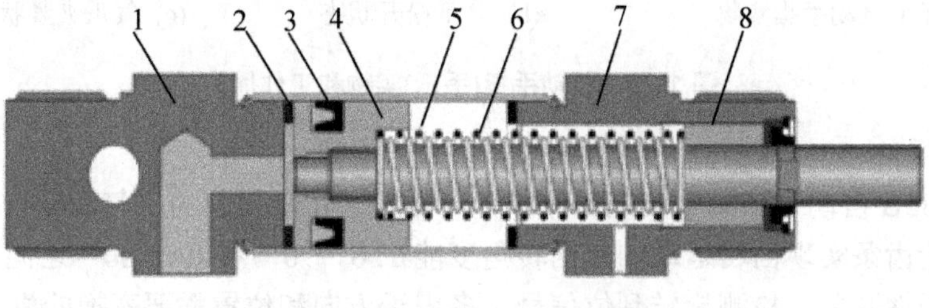

图 1-26　单作用气缸结构原理

1—后缸盖；2—橡胶缓冲垫；3—活塞密封圈；
4—活塞；5—弹簧；6—活塞杆；7—前缸盖；8—导向套

2) 薄型气缸

在 YL-335B 的加工单元应用薄型气缸用于冲压，输送单元中应用薄型气缸用于提升台提升。薄型气缸属于省空间类气缸，即轴向或径向尺寸比标准气缸有较大减小的气缸。具有结构紧凑、重量轻、占用空间小等优点。图 1-27 是薄型气缸的实例图。

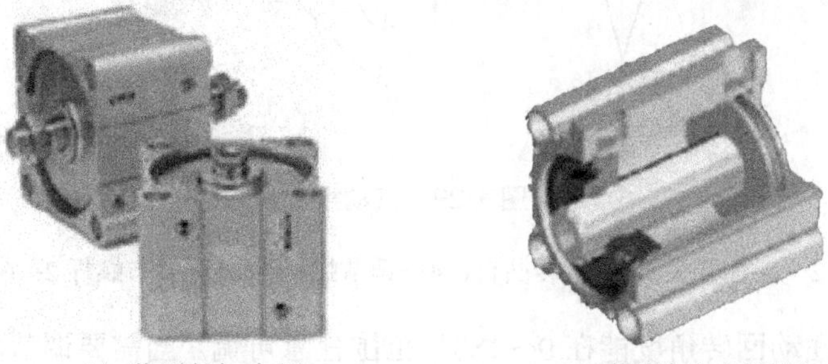

(a) 薄型气缸实例　　(b) 薄型气缸剖视图

图 1-27　薄型气缸的实例图

薄型气缸的特点是：缸筒与无杆侧端盖压铸成一体，杆盖用弹性挡圈固定，缸体为方形。这种气缸通常用于固定夹具和搬运中固定工件等。

3) 气动手指(气爪)

在 YL-335B 自动生产线中加工工作单元、输送工作单元、装配工作单元都应用了气动手指(气爪)用于抓取、夹紧工件。气爪通常有滑动导轨型、支点开闭型和回转驱动型等工作方式。YL-335B 的加工单元所使用的是滑动导轨型气动手指，如图 1-28 所示。

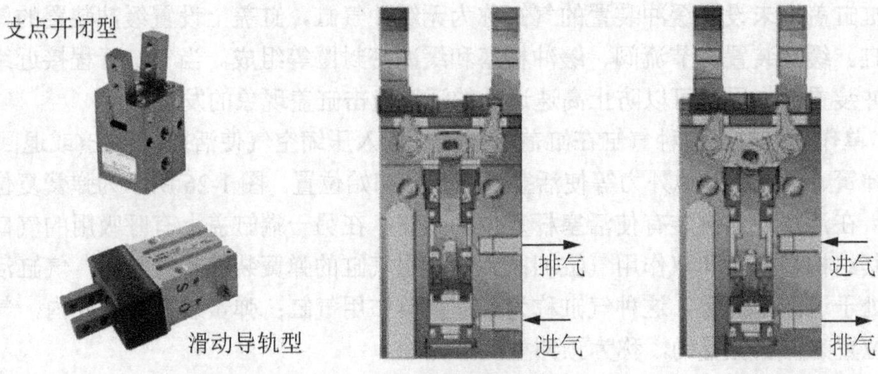

(a) 气动手指实物　　(b) 气爪松开状态　　(c) 气爪夹紧状态

图 1-28　气动手指(手爪)实物和工作原理

4) 气动摆台

在 YL-335B 自动生产线中装配工作单元、输送工作单元应用了气动摆台，它是由直线气缸驱动齿轮齿条实现回转运动的，回转角度能在 0～90° 和 0～180° 之间任意可调，而且可以安装磁性开关，检测旋转到位信号，多用于方向和位置需要变换的机构。如图 1-29 所示。

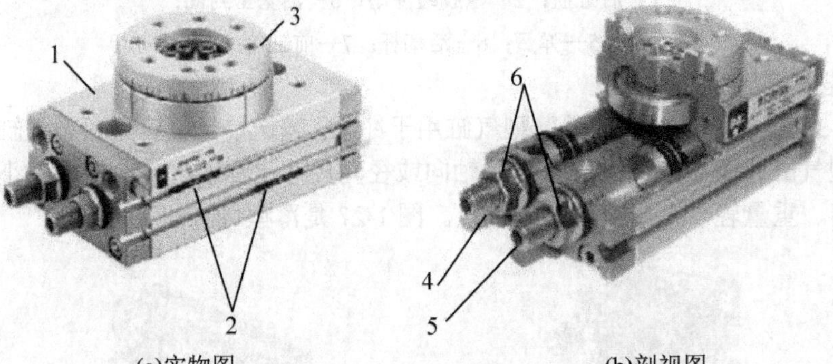

(a)实物图　　(b)剖视图

图 1-29　气动摆台

1—基体；2—磁性开关；3—回转凸台；4—调节螺杆 1；5—调节螺杆 2；6—反扣螺母

气动摆台的摆动回转角度能在 0～180° 范围任意可调。当需要调节回转角度或调整摆动位置精度时，应首先松开调节螺杆上的反扣螺母，通过旋入和旋出调节螺杆，改变回转凸台的回转角度，调节螺杆 1 和调节螺杆 2 分别用于左旋和右旋角度的调整。当调整好摆动角度后，应将反扣螺母与基体反扣锁紧，防止调节螺杆松动，以免造成回转精度降低。

5) 导向气缸

导向气缸是指具有导向功能的气缸。一般为标准气缸和导向装置的集合体。导向气缸具有导向精度高、抗扭转力矩强、承载能力强、工作平稳等特点。装配单元用于驱动装配机械手水平方向移动的导向气缸外形如图 1-30 所示。该气缸由直线运动气缸带双导杆和其他附件组成。

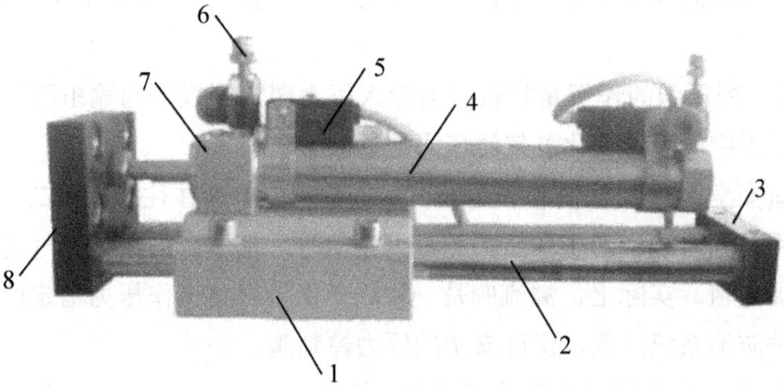

图 1-30　导向气缸

1—安装支架；2—导杆；3—行程调整板；　4—直线气缸；
5—磁性开关；6—截流阀；7—直流气缸安装板；8—连接件安装板

安装支架用于导杆导向件的安装和导向气缸整体的固定，连接件安装板用于固定其他需要连接到该导向气缸上的物件，并将两导杆和直线汽缸活塞杆的相对位置固定。当直线气缸的一端接通压缩空气后，活塞被驱动做直线运动，活塞杆也一起移动，被连接件安装板固定到一起的两导杆也随活塞杆伸出或缩回，从而实现导向气缸的整体功能。安装在导杆末端的行程调整板用于调整该导杆气缸的伸出行程。具体调整方法是：松开行程调整板上的紧定螺钉，让行程调整板在导杆上移动，当达到理想的伸出距离以后，再完全锁紧紧定螺钉，完成行程的调节。

3. 气动控制元件

气动控制阀是指在气动自动化系统中控制气流压力、流量和流动方向，保证气动执行元件或机构按规定程序正常工作的各类气动元件。控制和调节空气压力的称为压力控制阀；控制和调节空气流量的称为流量控制阀；改变气流流动方向和控制气流通断的称为方向控制阀。

除上述三类控制阀外，还有能实现一定逻辑功能的逻辑元件。在结构原理上，气动逻辑元件基本上是和方向控制阀相同，仅仅是体积、通径较小，一般用来实现信号的逻辑运算功能。近年来，随着气动元件小型化以及 PLC 可编程控制器在气动自动化系统中的大量应用，气动逻辑元件的应用范围日益减少。

从控制方式来分，气动控制可分为断续控制和连续控制两类。在断续控制系统中，通常要用压力控制阀、流量控制阀和方向控制阀来实现程序动作。在连续控制系统中，除了要用压力、流量控制阀外，还要采用比例、伺服控制阀等，以便对系统进行连续控制。

1) 压力控制阀

气压与液压传动不同，一个空压站输出的压缩空气通常可供多台气动装置使用。空压站的空气压力都高于每台装置所需的压力，且压力波动较大。因此每台气动装置的供气压力都需要用减压阀减压，并保持稳定。对于低压控制系统(如气动测量)，除用减压阀减压外，还需用精密减压阀以获得更稳定的供气压力。 压力控制阀有减压阀、溢流阀(安全阀)和顺序阀三类。

(1) 减压阀。减压阀的作用是将较高的输入压力调定到规定的输出压力，并能保持输出压力稳定，不受空气流量变化及气源压力波动的影响。

(2) 溢流阀(安全阀)。溢流阀和安全阀在结构和功能方面往往是相似的，有时不加以区别。他们的作用是当系统中的工作压力超过调定值时，把多余的压缩空气排入大气，以保持进口压力的调定值。实际上，溢流阀是一种用于保持回路工作压力恒定的压力控制阀；而安全阀是一种防治系统过载、保证安全的压力控制阀。

图 1-31 所示为一种常用的直动式减压阀结构。

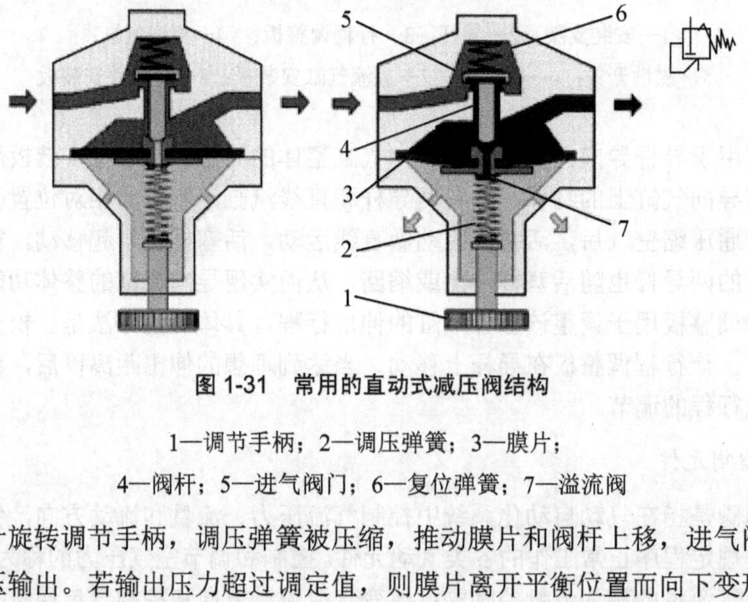

图 1-31　常用的直动式减压阀结构

1—调节手柄；2—调压弹簧；3—膜片；

4—阀杆；5—进气阀门；6—复位弹簧；7—溢流阀

若顺时针旋转调节手柄，调压弹簧被压缩，推动膜片和阀杆上移，进气阀门打开，在输出口有气压输出。若输出压力超过调定值，则膜片离开平衡位置而向下变形，使得溢流阀打开，多余的空气经溢流口排入大气。当输出压力降至调定值时，溢流阀关闭，膜片上的受力保持平衡状态。

若逆时针旋转手柄，调压弹簧放松，作用在膜片上的气压力大于弹簧力，溢流阀打开，输出压力降低直至为零。

(3) 顺序阀。顺序阀也称压力连锁阀，是依靠回路中压力的变化来控制顺序动作的一种压力控制阀，如图 1-32 所示。

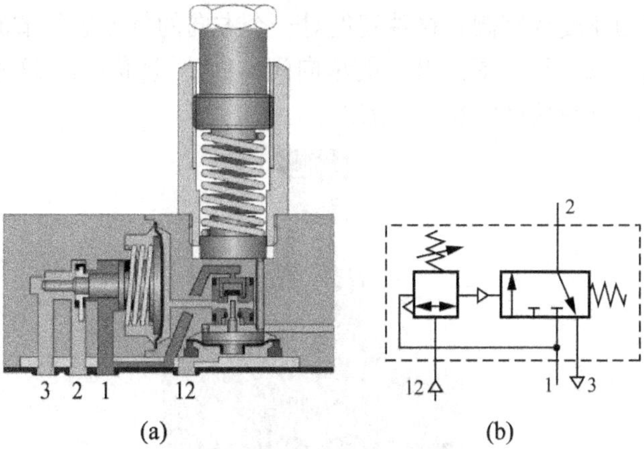

图 1-32　可调式顺序阀

应用举例

如图 1-33 所示的气缸往复回路，只要手动阀启动后，气缸就能完成一次往复动作。

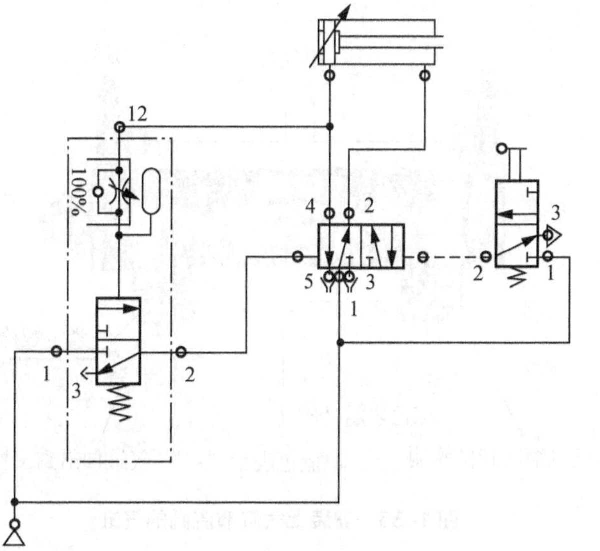

图 1-33　气缸往复回路

2) 流量控制阀

在气动自动化系统中，通常需要对压缩空气的流量进行控制，如气缸的运动速度，延时阀的延时时间等。对流过管道(或元件)的流量进行控制，只需改变管道的截面积就可以了。从流体力学的角度看，流量控制是在管路中制造一种局部阻力，改变局部阻力的大小，就能控制流量的大小。实现流量控制的方法有两种：一种是固定的局部阻力装置，如毛细管、孔板等；另一种是可调节的局部阻力装置，如节流阀。节流阀是依靠改变阀的流通面积来调节流量的。要求节流阀流量的调节范围较宽，能进行微小流量调节，调节精确，性能稳定，阀芯开度与通过的流量成正比。常用节流阀有平板阀、针阀和球阀。

图 1-34 所示为单向节流阀，是由单向阀和节流阀组合而成的流量控制阀，常用作气缸

的速度控制，又称为速度控制阀。这种阀仅对一个方向的气流进行节流控制，旁路的单向阀关闭，在反方向上气流可以通过开启的单向阀自由流过(满流)。这种阀用于气动执行元件的速度调节时应尽可能直接安装在气缸上。

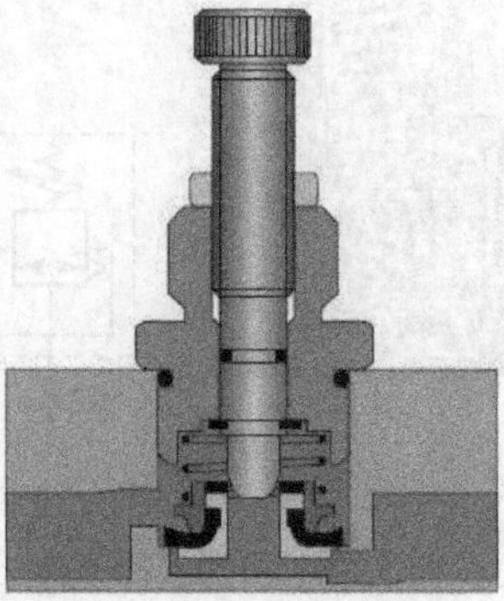

图 1-34　单向节流阀

在 YL-335B 自动生产线各工作单元中气动控制系统中安装气缸节流阀的气缸如图 1-35 所示。

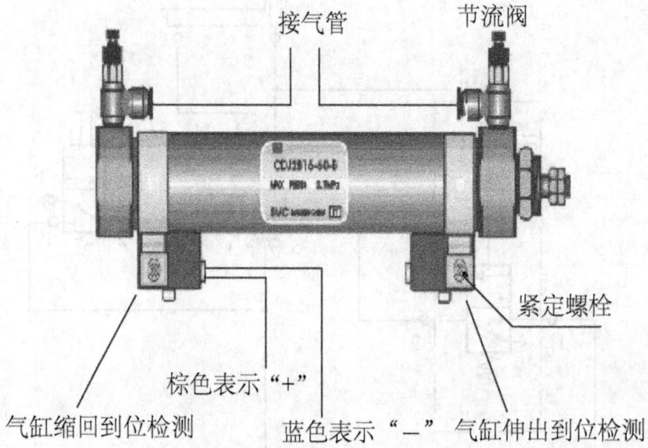

图 1- 35　安装上气缸节流阀的气缸

节流阀连接和调整原理如图 1-36 所示。

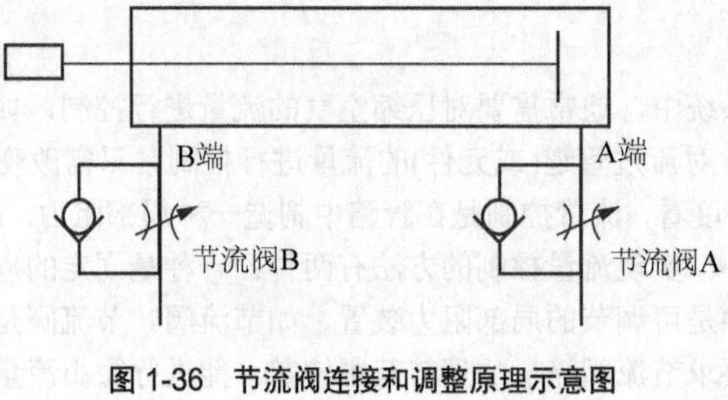

图 1-36　节流阀连接和调整原理示意图

3) 方向控制阀

在各类气动元件中，方向控制阀的品种和规格最为繁多，了解元件的分类，熟悉掌握元件的特性(原理、结构、性能及参数)以便于选用。主要分类如下。

(1) 按阀内气流的作用方向分类。可分为换向型方向控制阀和单向型方向控制阀两大类。可以改变气流流动方向的控制阀称为换向型控制阀，简称换向阀，如气控阀、电磁阀等。气流只能沿着一个方向流动的控制阀称为单向型控制阀，如单向阀、梭阀、双压阀和快速排气阀等。

(2) 按控制方式分类。常用的有气压控制、电磁控制、人力控制和机械控制四类。

(3) 按阀的通口数目分类。这里所指的阀的通口数目是阀的切换通口数目，不包括控制口数目。阀的切换通口包括输入口、输出口和排气口。按切换通口数目分，有二通阀、三通阀、四通阀和五通阀等。

(4) 按切换状态数分类。方向控制阀的切换状态称为“位置”，有几个切换状态就称为几位阀(如二位阀、三位阀)。阀的静止位置(即未加控制信号时的状态)称为零位。电磁阀的零位是指断电时的状态。阀的切换状态是由阀芯的工作位置决定的。阀芯具有两个工作位置的阀称为二位阀。有两个通口的二位阀称为二位二通阀，它可以实现气路的通或断。有三个通口的二位阀称为二位三通阀，在不同的工作位置，可实现进气口(P)、工作口(A)相通，或工作口(A)、排气口(R)相通。阀芯具有三个工作位置的阀称为三位阀。当阀芯处于中间位置时，各通口成关断状态则称中间封闭式；若输出口全部与排气口接通则称中间卸压式；若输出口都与输入口接通则称中间加压式。

(5) 按阀芯结构分类，有截止式、滑柱式和同轴截止式三类。常用的电控阀如图 1-37 所示。

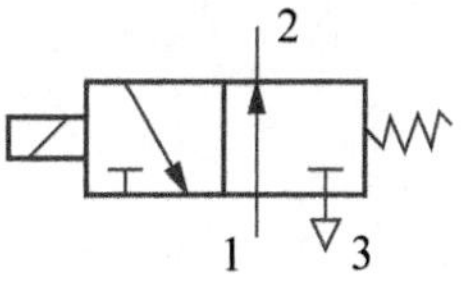

(a) 二位三通阀

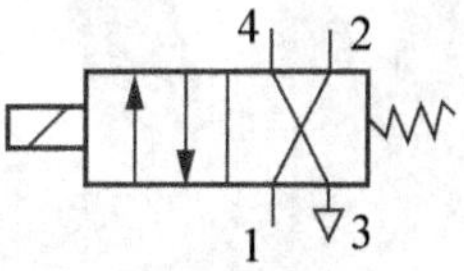

(b) 二位四通阀

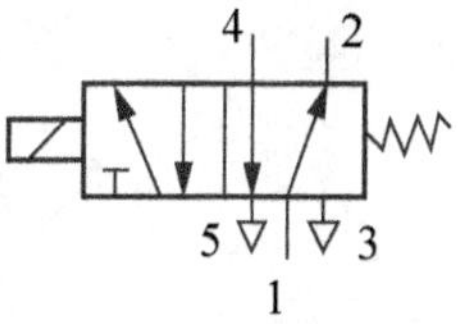

(c) 二位五通阀

图 1-37 部分常用的电控阀

图形中有几个方格就是几位，方格中的“┬”和“┴”符号表示各接口互不相通。

在这里主要介绍 YL-335B 自动生产线中应用到的方向控制阀。

(1) 单电控电磁换向阀、电磁阀组。顶料或推料气缸，其活塞的运动是依靠向气缸一端进气，并从另一端排气，再反过来，从另一端进气，一端排气来实现的。气体流动方向的改变则由能改变气体流动方向或通断的控制阀即方向控制阀加以控制。在自动控制中，方向控制阀常采用电磁控制方式实现方向控制，称为电磁换向阀。

电磁换向阀是利用其电磁线圈通电时，静铁芯对动铁芯产生电磁吸力使阀芯切换，达到改变气流方向的目的。图 1-38 所示是一个单电控二位三通电磁换向阀的工作原理。

YL-335B 所有工作单元的执行气缸都是双作用气缸，因此控制它们工作的电磁阀需要有两个工作口和两个排气口以及一个供气口，所使用的电磁阀均为二位五通电磁阀。电磁阀带有手动换向和加锁钮，有锁定(LOCK)和开启(PUSH)两个位置。用小螺丝刀把加锁钮旋到在 LOCK 位置时，手控开关向下凹进去，不能进行手控操作。只有在 PUSH 位置，可用工具向下按，信号为“1”，等同于该侧的电磁信号为“1”；常态时，手控开关的信号为

"0"。在进行设备调试时，可以使用手控开关对阀进行控制，从而实现对相应气路的控制，以改变推料缸等执行机构的控制，达到调试的目的。

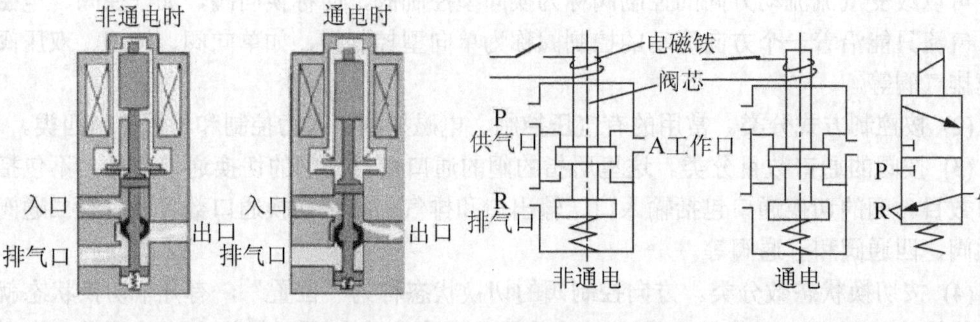

图 1-38　单电控电磁换向阀的工作原理

各工作单元使用的电磁阀数量根据各工作单元生产的需要来确定，供料单元用了两个二位五通的单电控电磁阀。这两个电磁阀是集中安装在汇流板上的。汇流板中两个排气口末端均连接了消声器，消声器的作用是减少压缩空气在向大气排放时的噪声。这种将多个阀与消声器、汇流板等集中在一起构成的一组控制阀的集成称为阀组，而每个阀的功能是彼此独立的。供料工作单元阀组的结构如图 1-39 所示。

图 1-39　供料工作单元阀组的结构图

1—汇流板；2—电源插针；3—手动换向加锁组；
4—消声器；5—气管接口；6—电磁阀

(2) 双电控电磁换向阀。在 YL-335B 自动生产线输送工作单元的气动控制回路中，驱动摆动气缸和气动手指气缸的电磁阀采用的是二位五通双电控电磁阀，电磁阀外形如图 1-40 所示。

双电控电磁阀与单电控电磁阀的区别在于，对于单电控电磁阀，在无电控信号时，阀芯在弹簧力的作用下会被复位，而对于双电控电磁阀，在两端都无电控信号时，阀芯的位置是取决于前一个电控信号。

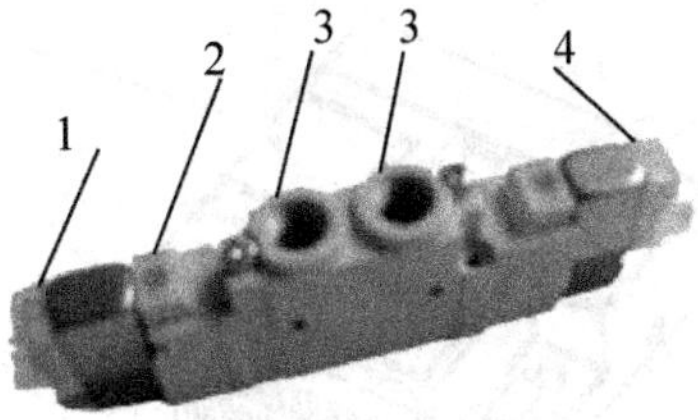

图 1-40　双电控电磁阀示意图

1—驱动线圈 1；2—手控开关；3—气管接口；4—驱动线圈 2

特别提示

双电控电磁阀的两个电控信号不能同时为“1”，即在控制过程中不允许两个线圈同时得电，否则，可能会造成电磁线圈烧毁，当然，在这种情况下阀芯的位置是不确定的。

4) 快排阀

图 1-41 所示为快速排气阀。当 1 口进气后，阀芯关闭排气 3 口，1、2 通路导通，2 口有输出。当 1 口无气时，输出管路中的空气使阀芯将 1 口封住，2、3 接通，排气。

快排阀用于使气动元件和装置需快速排气的场合。例如，把它装在换向阀和气缸之间(应尽量靠近气缸排气口，或直接拧在气缸排气口上)，使气缸排气时不用通过换向阀而直接排出。

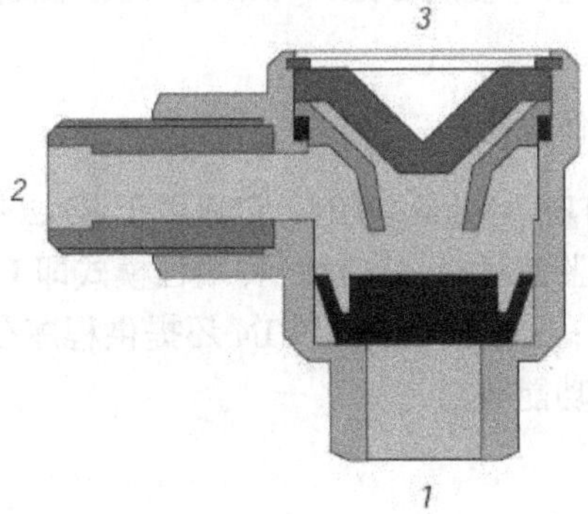

图 1-41　快速排气阀图

任务 1.5　STEP7-Micro/WIN 编程软件的使用

在 YL-335B 自动生产线中每一个工作单元都可自成一个独立的系统，这主要取决于每一个工作单元都安装了一个西门子 S7-200 系列的 PLC，是该工作单元的“大脑”。西门子 S7-200 CPU 模块如图 1-42 所示。

S7-200 系列 PLC 是针对简单控制系统而设计的小型 PLC，采用集成式、紧凑型结构，它提供多种具有不同 I/O 点数的 CPU 模块和数字量、模拟量 I/O 扩展模块供用户选用，一般适用于 I/O 点数为 100 左右的单机设备或小型应用系统。

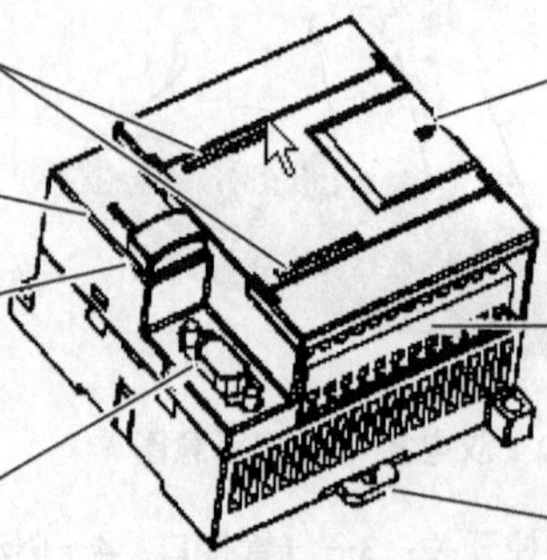

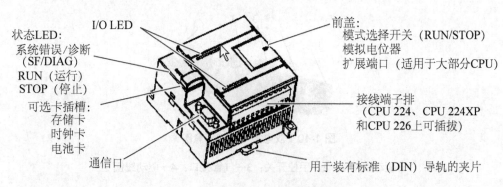

图 1-42　S7-200 CPU 模块外形图

YL-335B 自动生产线各工作单元中 S7-200 PLC 选用情况见表 1-3。

表 1-3　YL-335B 自动生产线各工作单元中 S7-200 PLC 选用情况表

序号	工作单元	PLC 型号/规格/编号	I/O 点数	数量
1	供料工作单元	S7-200-224CN AC/DC/RLY	14/10	1 台
2	加工工作单元	S7-200-224CN AC/DC/RLY	14/10	1 台
3	装配工作单元	S7-200-226CN AC/DC/RLY	24/16	1 台
4	分拣工作单元	S7-200-224CN XPAC/DC/RLY	14/10	1 台
5	输送工作单元	S7-200-226CN DC/DC/DC	24/16	1 台

S7-200 系列 PLC 的编程软件使用 STEP7-Micro/Win，在这里着重介绍该编程软件的使用方法。

1. STEP7-Micro/WIN 软件概述

S7-200 的编程软件是 STEP7-Micro/WIN，它适用于 S7-200 系列 PLC 的系统设置(CPU 组态)、用于程序开发和实时监控运行。支持三种编程模式即 LAD(梯形图)、FBD(功能图)、STL(语句表)，便于用户选用；STEP7-Micro/WIN 还提供程序在线编程、调试、监控，以及 CPU 内部数据的监视、修改功能等。

2. 编程软件的安装

编程软件 STEP7-Micro/WIN 可以安装在 PC(个人计算机及 SIMATIC 编程设备 PG70) 上。安装方法如下。

(1) 打开“Setup.exe”文件。关闭所有应用程序，包括 Microsoft Office 快捷工具栏，在光盘驱动器内插入安装光盘，在 Windows 资源管理器中双击安装光盘上的“Setup.exe”文件。

(2) 按照安装程序的提示完成安装。按照安装程序的提示完成安装，STEP7-Micro/WIN 的 SP 升级包(Service Pack)可以从西门子公司网站上下载，只须安装一次最新的 SP 升级包就可以将软件升级到当前最新版本。

3. 建立 S7-200 CPU 的通信

(1) S7-200CPU 与 PC 之间的通信连接方式。S7-200CPU 与 PC 之间有两种通信连接方式，一种是采用专用的 PC/PPI 电缆，另一种是采用 MPI 卡和普通电缆。可以使用 PC 作为主站设备，通过 PC/PPI 电缆或 MPI 卡与一台或多台 PLC 连接，实现主、从设备之间的通信。

① PC/PPI 电缆通信。PC/PPI 电缆是一条支持 PC、按照 PPI 通信协议设置的专用电缆线，电缆线中间有通信模块，模块外部设有波特率设置开关，两端分别为 RS-232 和 RS-485 接口。PC/PPI 电缆的 RS-232 端接到个人计算机的 RS-232 通信口 COM1 和 COM2 接口上，PC/PPI 的另一端(RS-485) 接到 S7-200 CPU 通信口上。

② MPI 通信。多点接口(MPI)卡提供了一个 RS-485 端口，可以用直通电缆和网络连接，在建立 MPI 通信之后，可以把 STEP7-Micro/WIN32 连接到包括许多其他设备的网络上，每个 S7-200 可作为主设备且都有一个地址。先将 MPI 卡安装在 PC 的 PLC 插槽内，然后启动安装文件，将该设置文件放在 Windows 目录下，CPU 与 PC 的 RS-485 接口用电缆线连接。

(2) 连接 S7-200 CPU。

①S7-200CPU 供电。第一个步骤就是要给 S7-200 的 CPU 供电，如图 1-43 所示，给出了直流供电和交流供电两种 CPU 模块的接线方式。

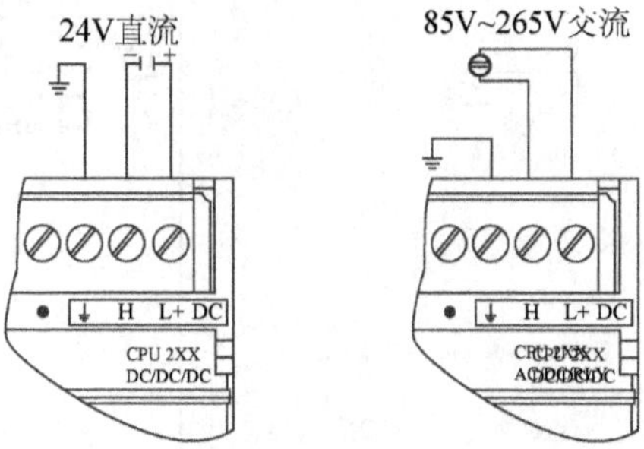

(a)直流供电　　　　(b)交流供电

图 1-43　S7-200 CPU 供电

在安装和拆除任何电器设备之前，必须确认该设备的电源已断开，在安装或拆除 S7-200 之前，必须遵守相应的安全防护规范，并务必将其电源断开。

② 连接 RS-232/PPI 多主站电缆。首先连接 RS-232/PPI 多主站电缆 RS-232 端(标识为"PC")到编程设备的通讯口上。

其次连接 RS-232/PPI 多主站电缆 RS-485 端(标识为"PPI")到 S7-200 的端口 O 或端口 I。

然后如图 1-44 所示设置 RS232/PPI 多主站电缆的 DIP 开关。

(3) 打开 STEP 7-Micro/WIN。点击 STEP 7-Micro/WIN 的图标，打开一个新的项目。注意左侧的操作栏。可以用操作栏中的图标，打开 STEP 7-Micro/WIN 项目中的组件。点击操作栏中的通讯图标进入通讯对话框。可以用这个对话框为 ST EP7-Micro/WIN 设置通讯参数。

(4) 通信参数设置。通信参数设置的内容有 S7-200 CPU 地址、PC 软件地址和接口(PORT)等设置。

如图 1-45 所示的是设置通信参数的对话框。打开检视菜单单击通信(M)，出现通信参数。系统编程器的本地地址默认值为 0。远程地址的选择项按实际 PC/PPI 电缆所带 PLC 的地址设定，需修改其他通信参数时，双击 PC/PPI Cable(电缆)图标，可以重新设置通信参数。

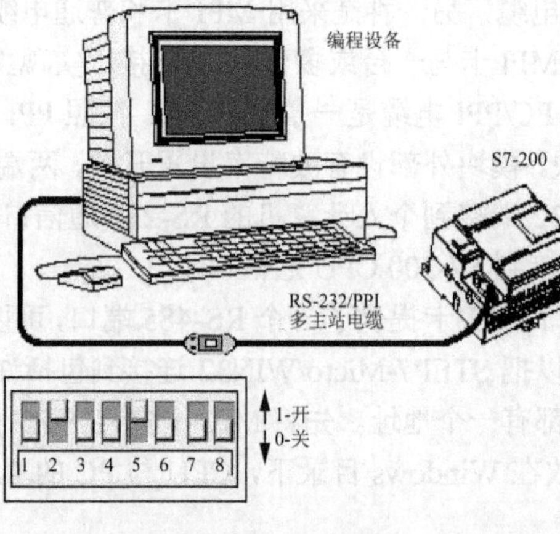

图 1-44　连接 RS-232/PPI 多主站电缆

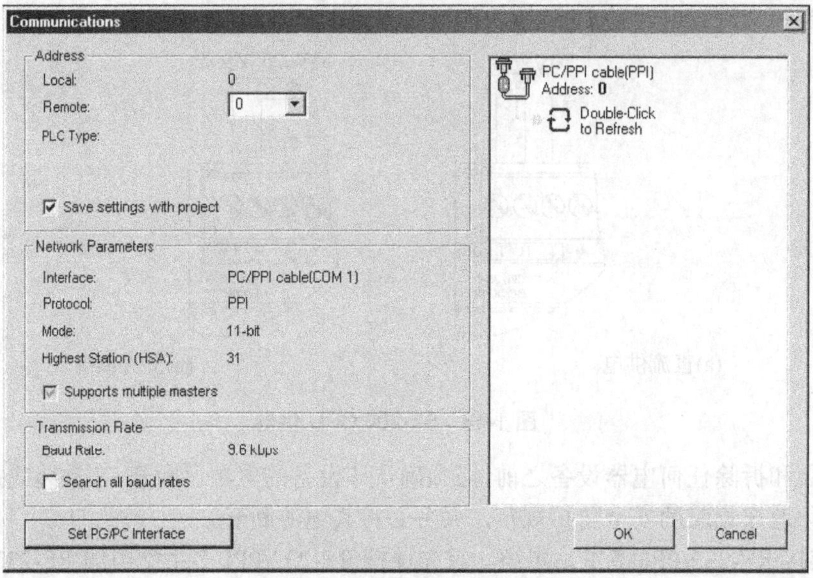

图 1-45　通信参数设置的对话框

(5) 与 S7-200 建立通信。用通信对话框与 S7-200 建立通信。

① 在通信对话框中双击刷新图标。STEP 7-Micro/WIN 搜寻并显示所连接的 S7-200 站的 CPU 图标。

② 选择 S7-200 站并点击 OK。如果 STEP 7-Micro/WIN 未能找到 S7-200 CPU，需再核对通信参数设置。

建立与 S7-200 的通信之后，就可以创建并下载示例程序。

(6) 下载示例程序。可以点击工具条中的下载图标或者在命令菜单中选择 File>Download 来下载程序，如图 1-46 所示，下载程序到 S7-200。如果 S7-200 处于运行模式，将有一个对话框提示 CPU 将进入停止模式，单击对话框中的 Yes 按钮将 S7-200 置于 STOP 模式。

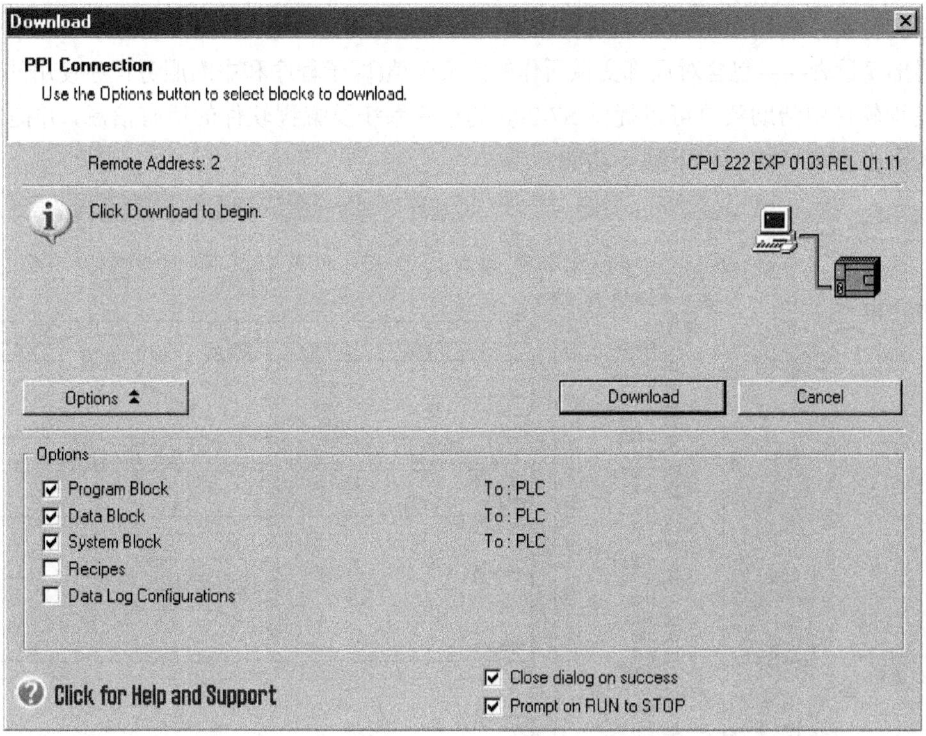

图 1-46　下载程序

4. STEP7-Micro/WIN32 窗口组件及功能

STEP7-Micro/WIN32 窗口如图 1-47 所示。首行主菜单包括有文件、编辑、查看、PLC、调试、工具、窗口、帮助等，主菜单下方两行为工具条快捷按钮，其他为窗口信息显示区。

窗口信息显示区分别为程序数据显示区、浏览栏、指令树和输出视窗显示区。当在检视菜单子目录项的工具栏中选中浏览栏和指令树时可在窗口左侧垂直地依次显示出浏览栏和指令树窗口；选中工具栏的输出视窗时，可在窗口的下方横向显示输出视窗框。非选中时为隐藏方式。输出视窗下方为状态条，提示 STEP7-Micro/WIN32 的状态信息。

浏览栏——显示常用编程按钮群组：其中查看(View)显示程序块、符号表、状态表、数据块、系统块、交叉引用及通信按钮；工具(Tools)显示指令向导、TD200 向导、位置控制向导、EM253 控制面板和扩展调制解调器向导的按钮。

指令树——提供所有项目对象和当前程序编辑器(LAD、FBD 或 STL)的所有指令的树型视图。可以在项目分支里对所打开项目的所有包含对象进行操作；利用指令分支输入编程指令。

状态图——允许将程序输入、输出或变量置入图表中，监视其状态。可以建立多个状态图，方便分组查看不同的变量。

输出窗口——在编译程序或指令库时提供消息。当输出窗口列出程序错误时，可双击错误信息，会自动在程序编辑器窗口中显示相应的程序网络。

状态栏——提供在 Steep7-Micro/WIN32 中操作时的操作状态信息。

程序编辑器——包含用于该项目的编辑器(LAD、FBN 或 STL)的局部变量表和程序视图。如果需要，可以拖动分割条以扩充程序视图，并覆盖局部变量表。单击程序编辑器窗口底部的标签，可以在主程序、子程序和中断服务程序之间移动。

局部变量表——包含对局部变量所作的定义赋值(即子程序和中断服务程序使用的变量)。

编程软件中帮助菜单可以提供 S7-200 的指令系统及编程软件的所有信息，并提供在线帮助和网上查询、访问、下载等功能。

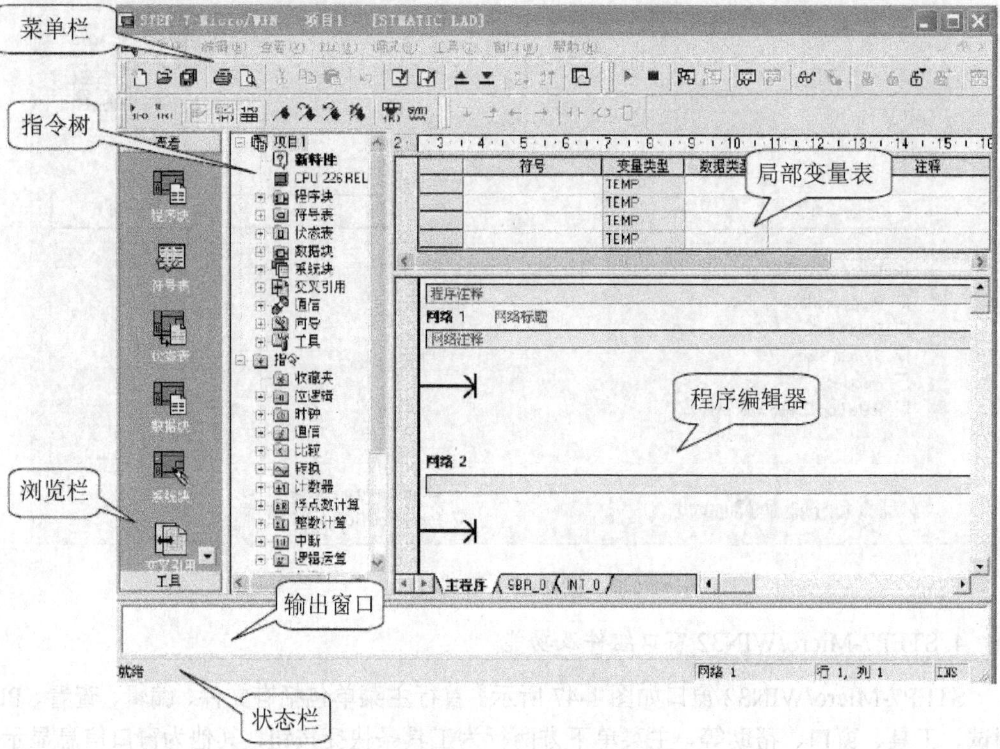

图 1-47　STEP7-Micro/WIN32 窗口组件

5. 程序编制及运行

1) 程序的基本组件

(1) 主程序。主程序中包括控制应用的指令。S7-200 在每一个扫描周期中顺序执行这些指令。主程序也被表示为 OB1。

(2) 子程序。子程序是应用程序中的可选组件。只有被主程序、中断服务程序或者其他子程序调用时，子程序才会执行。当需要重复执行某项功能时，子程序是非常有用的。与其在主程序中的不同位置多次使用相同的程序代码，不如将这段程序逻辑写在子程序中，然后在主程序中需要的地方调用。

(3) 中断服务程序。中断服务程序是应用程序中的可选组件。当特定的中断事件发生时，中断服务程序执行。可以为一个预先定义好的中断事件设计一个中断服务程序。当特定的事件发生时，S7-200 会执行中断服务程序。中断服务程序不会被主程序调用。只有当中断服务程序与一个中断事件相关联，且在该中断事件发生时，S7-200 才会执行中断服务程序。

(4) 程序中的其他组件。其他块中也包含了 S7-200 的信息。当下载程序时，可以选择同时下载这些块：系统块允许为 S7-200 配置不同的硬件参数；数据块存储应用程序中所使用的不同变量值(V 存储器)。可以用数据块输入数据的初始值。

2) 建立项目(用户程序)

(1) 打开已有的项目文件。常用的方法有两种：

① 由文件菜单打开，引导到现在项目，并打开文件；

② 由文件名打开，最近工作项目的文件名在文件菜单下列出，可直接选择而不必打开对话框。另外，也可以用 Windows 资源管理器寻找到适当的目录，项目文件在使用.mwp 扩展名的文件中。

(2) 创建新项目(文件)。创建新项目的方法有 3 种：

① 单击“新建”按钮；

② 拉开文件菜单，单击“新建”按钮，建立一个新文件；

③ 点击浏览条中程序块图标，新建一个 STEP7-Micro/WIN32 项目。

(3) 确定 CPU 类型。一旦打开一个项目，开始写程序之前可以选择 PLC 的类型，确定 CPU 类型有两种方法：一种是在指令树中右击项目 1(CPU)，在弹出的对话框中左击“类型(T)…”即弹出 PLC 类型对话框，选择所用 PLC 型号后，确认；另一种是用 PLC 菜单选择“类型(T)…”项，弹出 PLC 类型对话框，然后选择正确的 CPU 类型。

3) 梯形图编辑器

(1) 梯形图元素的工作原理。触点代表电源可通过的开关；线圈代表有使能位充电的继电器或输出；方框(指令盒)代表使能位到达此框(指令盒)时执行方框(指令盒)的一项功能，例如，计数、定时或数学运算；网络由以上元素组成并代表一个完整的线路，在梯形图中程序被划分为称为网络(Network)的独立段，编程软件按顺序自动地给网络编号，一个网络中只能有一块独立电路。

(2) 梯形图排布规则。网络必须从触点开始，以线圈或没有 ENO 端的指令盒结束。指令盒有 ENO 端时，电流扩展到指令盒以外，能在指令盒后放置指令。网络中不能有短路、开路和反向的能流，电源从左边的电源杆流过(在梯形图中由窗口左边的一条垂直线代表)闭合触点，为线圈或方框充电。

特别提示

每个用户程序，一个线圈或指令盒只能使用一次，并且不允许多个线圈串联使用。

4) 在梯形图中输入指令(编程元件)

(1) 进入梯形图(LAD)编辑器。拉开查看菜单，单击“阶梯(L)”选项，可以进入梯形图编辑状态，程序编辑窗口显示梯形图编辑图标。

(2) 编程元件的输入方法。编程元件包括线圈、触点、指令盒及导线等。程序一般是顺序输入，即自上而下、自左而右地在光标所在处放置编程元件(输入指令)，也可以移动光标在任意位置输入编程元件。每输入一个编程元件光标自动向前移到下一列。换行时点击下一行位置移动光标，如图 1-48 所示，图中方框即为光标。

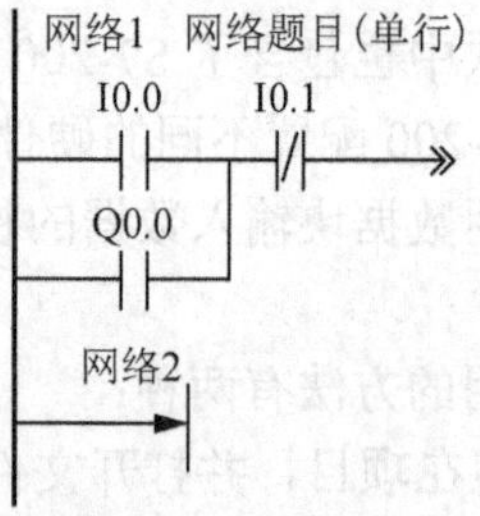

图 1-48 梯形图指令

编程元件的输入首先是在程序编辑窗口中将光标移到需要放置元件的位置，然后输入编程元件。编程元件的输入有两种方法。①用左键输入编程元件，例如输入触点元件，将光标移到编程区域，单击工具条的触点按钮，出现下拉菜单，单击选中编程元件，按回车键，输入编程元件图形，再单击编程元件符号上方的“？？？”，输入操作数；②采用功能键(F4、F6、F9)、移位键和回车键配合使用安放编程元件。例如安放输出触点，按 F6 键，弹出一个下拉菜单，在下拉菜单中选择编程元件(可使用移位键寻找需要的编程元件)后，按回车键，编程元件出现在光标处，再次按回车键，光标选中元件符号上方的“？？？”，输入操作数后按回车键确认，然后用移位键将光标移到下一层，输入新的程序。当输入地址、符号超出范围或与指令类型不匹配时，在该值下面出现红色波浪线。

(3) 梯形图功能指令的输入。采用指令树双击的方式可在光标处输入功能指令。

(4) 程序的编辑及参数设定。程序的编辑包括程序的剪切、复制、粘贴、插入和删除，字符串替换、查找等。

(5) 程序的编译及上、下载。

① 编译：用户程序编辑完成后，用 CPU 的下拉菜单或工具条中编译快捷按钮对程序进行编译，经编译后在显示器下方的输出窗口显示编译结果，并能明确指出错误的网络段，可以根据错误提示对程序进行修改，然后再次编译，直至编译无误。

② 下载：用户编译成功后，单击标准工具条中下载快捷按钮或拉开文件菜单，选择下载项，弹出下载对话框，经选定程序块、数据块、系统块等下载内容后，单击确认按钮，将选中内容下载到 PLC 的存储器中。

③ 载入(上载)：载入指令的功能是将 PLC 中未加密的程序或数据送入编辑器(PC)。

载入方法是单击标准工具条中载入快捷键或拉开文件菜单选择上载项，弹出载入对话框。选择程序块、数据块、系统块等载入内容后，可在程序显示窗口载入 PLC 内部程序和数据。

(6) 程序的运行。当PLC工作方式开关在TERM或RUN位置时，操作STEP7-Micro/WIN的菜单命令或快捷按钮都可以对 CPU 工作方式进行软件设置。

S7-200 有两种操作模式：停止模式和运行模式。CPU 面板上的 LED 状态显示了当前的操作模式。在停止模式下，S7-200 不执行程序，可以下载程序、数据和 CPU 系统设置。在运行模式下，S7-200 运行程序。

将 S7-200 转入运行模式：如果想通过 STEP7-Micro/WIN 软件将 S7-200 转入运行模式，S7-200 的模式开关必须设置为 TERM 或者 RUN，当 S7-200 处于 RUN 模式时，执行程序：首先单击工具条中的运行图标 或者在命令菜单中选择 PLC>RUN。然后单击 Yes 切换模式，如图 1-49 所示。

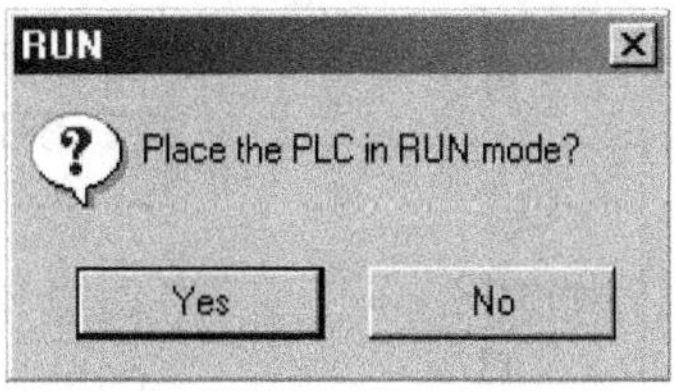

图 1-49　转入运行模式

可以通过选择 Debug>Program Status 来监控程序，STEP7-Micro/WIN 显示执行结果，要想终止程序，可以单击 STOP 图标或选择菜单命令 PLC>STOP 将 S7-200 置于 STOP 模式。

6. 用编程软件监视与调试程序

1) 程序监视

程序编辑器都可以在 PLC 运行时监视程序执行的过程和各元件的状态及数据。

梯形图监视功能：拉开调试菜单，选中程序状态，这时闭合触点和通电线圈内部颜色变蓝(呈阴影状态)。在 PLC 的运行(RUN)工作状态，随输入条件的改变、定时及计数过程的运行，每个扫描周期的输出处理阶段将各个器件的状态刷新，可以动态显示各个定时、计数器的当前值，并用阴影表示触点和线圈通电状态，以便在线动态观察程序的运行，如图 1-50 所示。

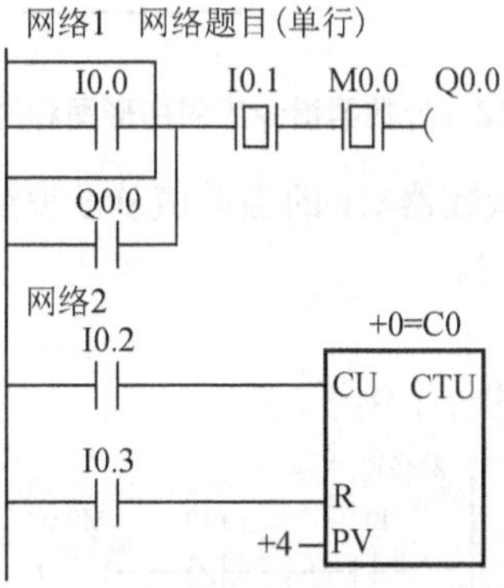

图 1-50　梯形图运行状态的监视

2) 动态调试

结合程序监视运行的动态显示，分析程序运行的结果，以及影响程序运行的因素，然后退出程序运行和监视状态，在 STOP 状态下对程序进行修改编辑，重新编译、下载、监视运行，如此反复修改调试，直至得出正确运行结果。

还可以通过其他方法如用状态表监视与调试程序。

7. 基本指令训练

1) 定时器指令

如图 1-51 所示为接通延时定时器，图中定时器 T37 在 I0.0 接通时开始计时，计时到预置 1s 时状态 Bit 置 1，其常开触点接通，驱动 Q0.0 输出；其后当前值仍增加，但不影响状态 Bit。当 I0.0 分断时，T37 复位，当前值清零，状态 Bit 也清零，即恢复原始状态。若 I0.0 接通时间未到预置值就断开，则 T37 跟随复位，Q0.0 不会输出。

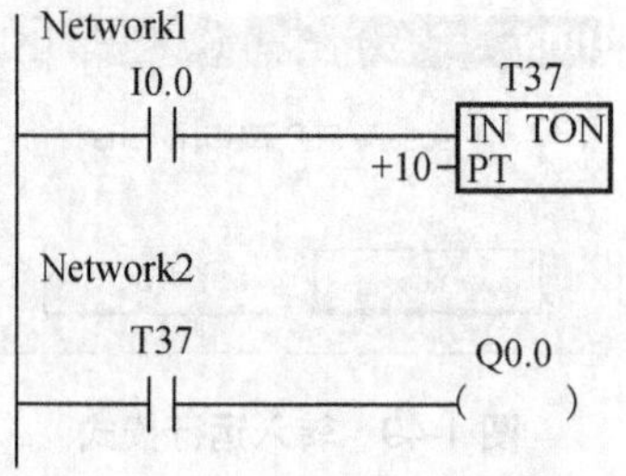

图 1-51　定时器应用梯形图

2) 计数器指令

图 1-52 是计数器指令应用的一个例子。

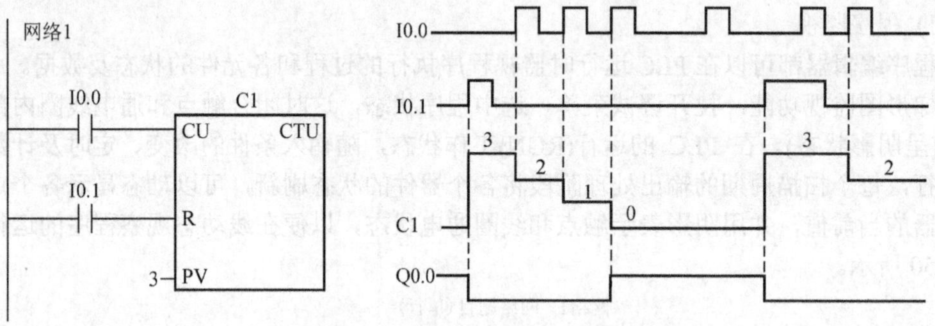

图 1-52　计数器指令应用梯形图和时序图

图 1-52 中当 I0.1 断开时，减数器 C1 的当前值从 3 变到 0。I0.0 的上升沿使 C1 的当前值递减。I0.1 接通时装载项置值 3。

3) 位操作指令程序

图 1-53 为位操作指令应用的一个例子。

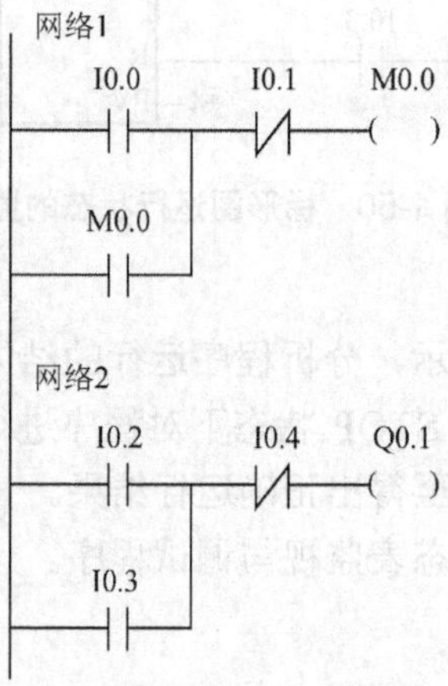

图 1-53　位操作指令应用梯形图

梯形图逻辑关系：网络 1 M0.0=(I0.0+M0.0)I0.1

网络 2 Q0.1=(I0.2+I0.3) I0.4

网络段 1：当输入点 I0.0 有效(I0.0=1 态)、输入端 I0.1 无效(I0.1=0 → I0.1=1 状态)状态时，线圈 M0.0 通电(内部标准位 M0.0 置 1)，其常开触点闭合自锁，即使 I0.0 复位无效

(I0.0=0 态)，M0.0 线圈维持导电。M0.0 线圈断电的条件是常闭触点 I0.1 闭合(I0.1=1 → I0.1=0)，M0.0 自锁回路打开，线圈断电。

网络段 2：当输入点 I0.2 或 I0.3 有效、I0.4 无效时，满足网络段 2 的逻辑关系，输出线圈 Q0.1 通电。

4) 顺序控制指令

图 1-54 是顺序控制指令应用的一个例子。当 I0.0 输入有效时，启动 S0.0，执行程序的第一步，输出点 Q0.0 置 1(点亮红灯)，Q0.1 置 0(熄灭绿灯)，同时启动定时器 T37，经过 2s，步进转移指令使得 S0.1 置 1，S0.0 置 0，程序进入第二步，输出点 Q0.1 置 1(点亮绿灯)，Q0.0 置 0(熄灭红灯)，同时启动定时器 T38，经过 2s，步进转移指令是 S0.0 置 1，S0.1 置 0，程序进入第一步执行。如此周而复始，循环工作。

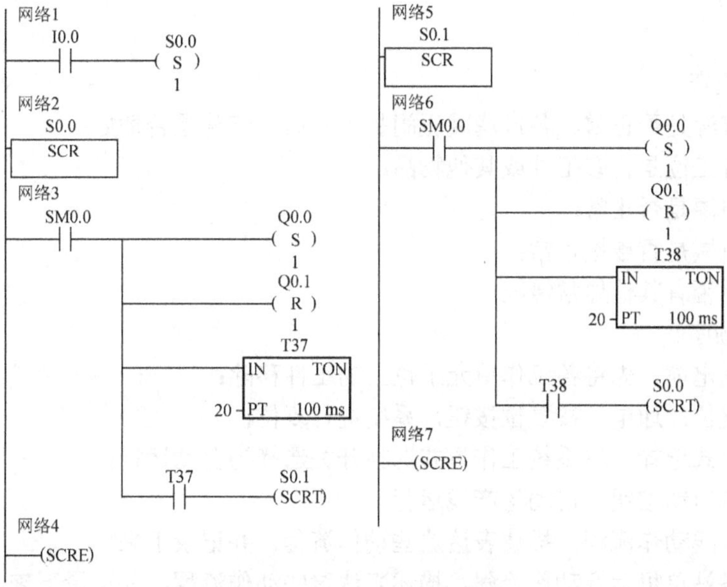

图 1-54　顺序控制指令应用梯形图

5) 跳转指令

图 1-55 是跳转指令应用的一个例子。

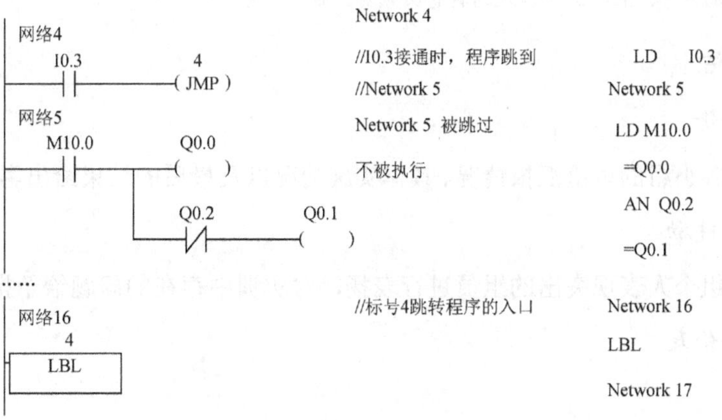

图 1-55　跳转指令应用梯形图

Network 4 中的跳转指令使程序流程跨过一些程序分支(Network 5-15) 跳转到标号 4 处接续运行。跳转中的“N”与标号指令中的“N”相同。在跳转发生的扫描周期中，被跳过的程序段停止运行，该程序段涉及的各输出器件的状态保持跳转前的状态不变，不响应程序相关的各种工作条件的变化。

任务 1.6 自动生产线的操作

1. 布置任务要求

(1) 安全进行整线自动运行操作。观察整线动作流程，描述表达这些动作流程。

(2) 安全进行各站单机运行操作。观察动作流程，描述表达这些动作流程。

2. 操作

(1) 开机检查。

① 检查气源是否正常、各过滤减压阀是否开启、气管是否插好；

② 检查各工位是否有工件或其他物品；

③ 检查电源是否正常；

④ 检查机械是否连接正常；

⑤ 检查是否有其他异常情况。

(2) 操作顺序。

① 系统通电前，先将各工作单元工位上的工件移除；

② 系统复位：通电，按复位按钮，系统进行复位；

③ 工作方式选择：将系统工作方式选择开关选择为自动运行；

④ 按系统启动按钮，自动生产线运行；

⑤ 观察整线动作流程，描述表达这些动作流程，并记录下来；

⑥ 观察各站单机运行动作流程，描述表达这些动作流程，并记录下来。

特别提示

供料工作单元料仓、装配工作单元的料仓必须有工件。

检查与评估

1. 客观评价

根据现场各小组的讨论汇报情况、具体实施情况以及最后的结果给出客观评价并记录。

2. 指导和鼓励

对现场各组个人表现突出的组员进行表扬，对实训中存在的问题给予指导和鼓励。

3. 学习评价表

见表 1-4。

表 1-4　学习评价表

姓名：　　　　　　　　　　　　　　组别：　　　　　　　　　班别：

项目 1　自动生产线基础(YL-335B 自动生产线的操作)　　　评价时间：　　年　　月　　日

<table>
<tr><th>任　务</th><th>工作内容</th><th>评价要点</th><th>配分</th><th>学生自评</th><th>学生互评</th><th>教师评分</th></tr>
<tr><td rowspan="2">任务 1.2 认识 YL-335B 自动生产线</td><td>1. 自动线的基本组成</td><td>是否能准确描述出自动生产线各工作单元的名称</td><td rowspan="2">40</td><td></td><td></td><td></td></tr>
<tr><td>2. 各工作单元的基本功能及结构</td><td>是否能准确描述出自动生产线各工作单元的基本功能及结构。对照实物，是否能辨认各种执行机构、传感器</td><td></td><td></td><td></td></tr>
<tr><td rowspan="3">任务 1.6 自动生产线的操作</td><td>1. 操作</td><td>是否符合操作规程</td><td rowspan="3">50</td><td></td><td></td><td></td></tr>
<tr><td>2. 描述自动线工作流程</td><td>描述是否清楚、准确</td><td></td><td></td><td></td></tr>
<tr><td>3. 描述自动线各工作单元的工作流程</td><td>描述是否清楚、正确</td><td></td><td></td><td></td></tr>
<tr><td rowspan="4">职业素养与安全意识</td><td rowspan="4">职业素养与安全意识</td><td>1. 现场操作安全保护是否符合安全操作规程</td><td rowspan="4">10</td><td></td><td></td><td></td></tr>
<tr><td>2. 工具摆放、包装物品、导线线头等的处理是否符合职业岗位的要求</td><td></td><td></td><td></td></tr>
<tr><td>3. 是否有分工又有合作，配合紧密</td><td></td><td></td><td></td></tr>
<tr><td>4. 遵守纪律，尊重老师，爱惜实训设备和器材，保持工位的整洁</td><td></td><td></td><td></td></tr>
<tr><td colspan="4">评分小计</td><td></td><td></td><td></td></tr>
</table>

习　题

1. 描述 YL-335B 自动生产线工作流程及各工作单元的工作流程。

2. 请查阅本自动生产线中涉及的传感器产品手册，说明每种传感器的特点，如何选择及安装。

3. 安装 S7-200 编程软件 STEP7-Micro/WIN，打开并识读 YL-335B 自动生产线例程。

项目 2

供料工作单元调试

项目目标

专业能力目标	了解供料工作单元的基本结构、工艺流程、传感器的工作原理，电气以及气动回路的连接，对特定的模块进行 PLC 编程，掌握供料工作单元调试技能
方法能力目标	培养查阅资料，通过自学获取新技术的能力，培养分析问题、制定工作计划的能力，评估工作结果（自我、他人）的能力
社会能力目标	养成良好的工作习惯，严谨的工作作风；培养较强的社会责任心和环境保护意识；培养自信心、自尊心和成就感；培养语言表达力

引言

供料工作单元是 YL-335B 自动生产线中的起始工作单元，在整个系统中，起着向系统中的其他工作单元提供原料的作用。具体的功能是：按照需要将放置在料仓中待加工工件(原料)自动地推出到物料台上，以便输送工作单元的机械手将其抓取，输送到其他工作单元上。如图 2-1 所示为供料工作单元实物的全貌。

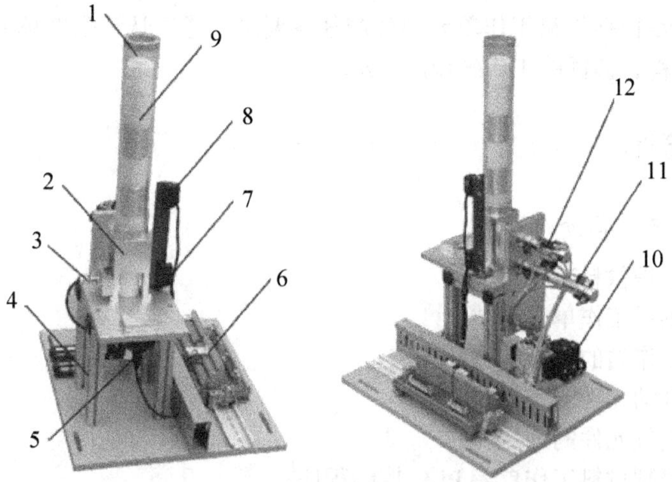

(a)正视图　　(b)侧视图

图 2-1　供料工作单元实物的全貌

1—管形料仓；2—料仓底座；3—金属传感器；4—支架；5—光电传感器 3；6—接线端口
7—光电传感器 2；8—光电传感器 1；9—工件；10—电磁阀组；11—推料气缸；12—顶料气缸

任务引入

自动生产线中的供料环节由供料工作单元来执行，本项目以 YL-335B 自动生产线的供料工作单元为学习载体，我们给供料工作单元设定的生产任务是供料单元作为独立设备运行完成供料生产任务，具体生产要求如下。

(1) 正常生产情况。

① 单元工作的主令信号和工作状态显示信号来自 PLC 旁边的按钮、指示灯模块，按钮、指示灯模块上的工作方式选择开关 SA 置于“单站方式”位置。

② 设备上电和气源接通后，工作单元的两个气缸均处于缩回位置，且料仓内有足够的待加工工件，则“正常工作”指示灯 HL1 常亮，表示设备准备就绪。否则，该指示灯以 1Hz 频率闪烁。

③ 若设备准备就绪，按下启动按钮，工作单元启动，“设备运行”指示灯 HL2 常亮。启动后，若出料台上没有工件，则应把工件推到出料台上。出料台上的工件被人工取出后，若没有停止信号，则进行下一次推出工件操作。

④ 若在运行中按下停止按钮，则在完成本工作周期任务后，各工作单元停止工作，HL2 指示灯熄灭。

(2) 异常生产情况。若在运行中料仓内工件不足，则工作单元继续工作，但“正常工作”指示灯 HL1 以 1Hz 的频率闪烁，“设备运行”指示灯 HL2 保持常亮。若料仓内没有工件，则 HL1 指示灯和 HL2 指示灯均以 2Hz 频率闪烁。工作站在完成本周期任务后停止，只有向料仓补充足够的工件后，工作站才能再启动。

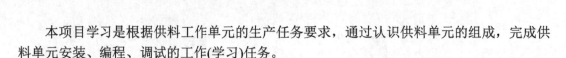

本项目学习是根据供料工作单元的生产任务要求，通过认识供料单元的组成，完成供料单元安装、编程、调试的工作(学习)任务。

任务分析

1. 供料单元主要任务内容

任务 2.1：认识供料工作单元。

任务 2.2：供料工作单元安装。

① 机械：工作站的机械构造、安装。

② 气动：气动元件的连接。

③ 电气：电气元件的连接。

任务 2.3：编制供料工作单元 PLC 控制程序。

任务 2.4：供料工作单元运行调试(传感器、气动系统、PLC 程序)。

2. 供料工作单元调试的工作计划

内容参照表 2-1。

表 2-1　供料工作单元调试的工作计划表

任务	工作内容	计划时间	实际完成时间	完成情况
任务 2.1　认识供料工作单元	1. 单元结构及组成			
	2. 执行元件			
	3. 传感器			
任务 2.2　供料工作单元安装	1. 机械部件			
	2. 气动系统连接			
	3. 电气连接			
任务 2.3　编制供料工作单元 PLC 控制程序	1. 写出 PLC 的 I/O 分配表			
	2. 写出单元初始工作状态			
	3. 写出单元工作流程			
	4. 按控制要求编写 PLC 程序			
任务 2.4　供料工作单元运行调试	1. 机械、气动系统			
	2. 电气(检测元件)			
	3. 相关参数设置			
	4. PLC 程序			
	5. 填写调试运行记录表			

任务 2.1　认识供料工作单元

1. 供料工作单元的结构组成

供料工作单元的结构组成如图 2-1 所示。其主要由光电传感器、支架、金属传感器、料仓底座、管形料仓、工件、接线端口、顶料气缸、推料气缸、电磁阀组等组成。

2. 供料站的动作过程

工件垂直叠放在料仓中，推料气缸处于料仓的底层并且其活塞杆可从料仓的底部通过。当活塞杆在退回位置时，它与最下层工件处于同一水平位置，而顶料气缸则与次下层工件处于同一水平位置。在需要将工件推出到物料台上时，首先使顶料气缸的活塞杆推出，压住次下层工件；然后使推料气缸活塞杆推出，从而把最下层工件推到物料台上。在推料气缸返回并从料仓底部抽出后，再使顶料气缸返回，松开次下层工件。这样，料仓中的工件在重力的作用下，就自动向下移动一个工件，为下一次推出工件做好准备。推料缸把工件推出到出料台上。出料台面开有小孔，出料台下面设有一个圆柱形漫射式光电接近开关，工作时向上发出光线，从而透过小孔检测是否有工件存在，向系统提供出料台有无工件的信号。在输送单元的控制程序中，就可以利用该信号状态来判断是否需要驱动机械手装置来抓取此工件，如图2-2所示。

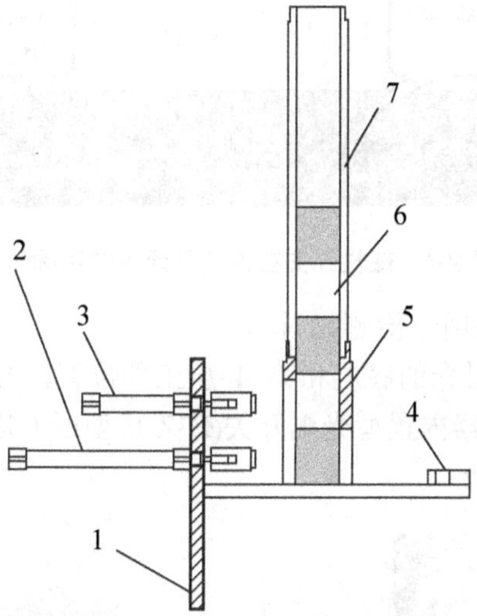

图2-2　供料操作示意图

1—气缸支板；2—推料气缸；3—顶料气缸
4—出料台；5—料仓底座；6—待加工工件；7—管形料仓

3. 供料工作单元中传感器的应用

1) 供料单元中应用到的传感器元件

供料单元用到的传感器主要有磁性开关和漫射式光电接近开关，如图2-3所示。

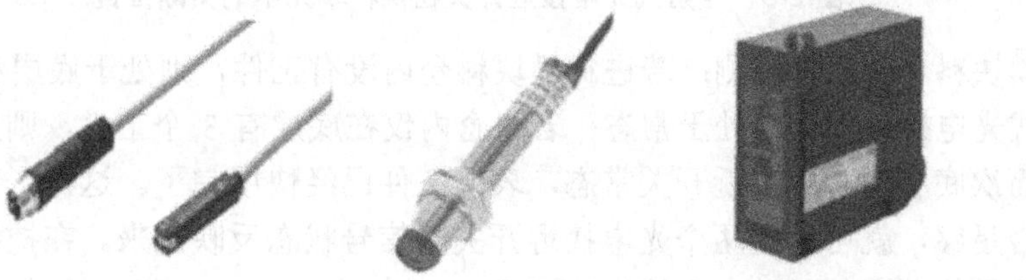

(a)磁性开关　　(b)圆形漫射式光电接近开关　　(c)漫射式光电接近开关

图2-3　供料工作单元中应用到的传感器元件

2) 磁性开关用于检测气缸活塞的运动位置

磁性开关常用来检测气缸活塞的运动位置，控制气缸活塞杆的行程，在供料工作单元中用于检测推料气缸、顶料气缸活塞杆运动位置。如图 2-4 所示，在气缸两端的极限位置上都分别装有一个磁性开关，用来检测气缸活塞的运动位置并控制活塞杆的极限位置。

磁性开关的工作过程：在气缸的活塞(或活塞杆)上安装上磁性物质，在气缸缸筒外面的两端位置各安装一个磁性开关，就可以用这两个传感器分别标识气缸运动的两个极限位置。当气缸的活塞杆运动到一端时，此端的磁性开关就动作并发出电信号。在 PLC 的自动控制中，可以利用该信号判断推料及顶料气缸的运动状态或所处的位置，以确定工件是否被推出或气缸是否返回。在传感器上设置有 LED 显示器用于显示传感器的信号状态，供调试时使用。传感器动作时，输出信号“1”，LED 亮；传感器不动作时，输出信号“0”，LED 不亮。传感器的安装位置可以调整。

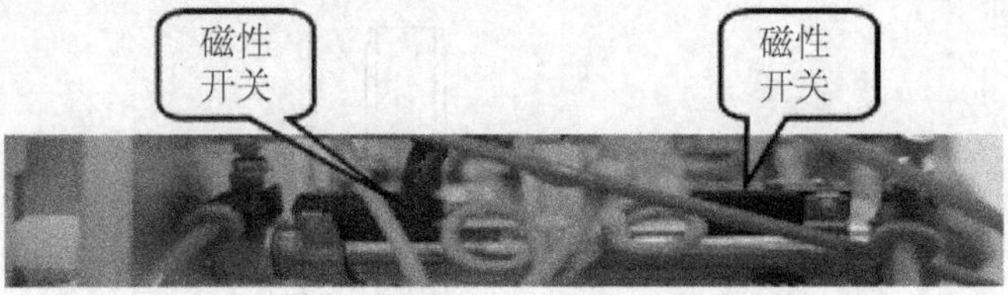

图 2-4　磁性开关在供料单元中的实际位置

3) 漫射式光电接近开关用于检测物料

(1) 料仓中工件检测。料仓的底层和第 4 层工件位置，分别安装一个漫射式光电接近开关，选用细小光束、放大器内置型光电开关(E3Z-L 型或 CX-411 型)，如图 2-5(a)所示，用于检测物料有无和物料不足。

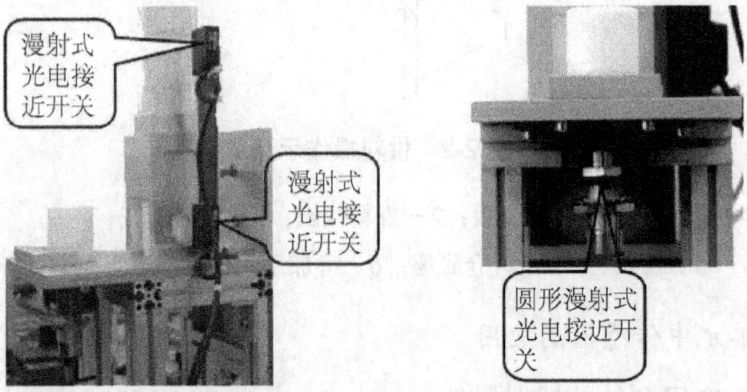

(a)检测料仓中物料不足和物料有无　　(b)检测物料台有无物料

图 2-5　漫射式光电接近开关在供料单元中的实际位置

进料模块料仓内工件检测：若进料模块料仓内没有工件，则处于底层和第 4 层位置的两个漫射式光电接近开关均处于常态；若料仓内仅在底层有 3 个工件，则底层处光电接近开关动作而次底层处光电接近开关常态，表明工件已经快用完了。这样，料仓中有无储料或储料是否足够，就可用这两个光电接近开关的信号状态反映出来。在控制程序中，就可以利用该信号状态来判断料仓中储料的情况。

(2) 物料台(出料台)上物料(工件)检测。被推料气缸推出的工件将落到物料台上，物料台面开有小孔，物料台下面也设有一个漫射式光电接近开关，如图 2-5(b)所示，选用圆柱形光电接近开关(MHT15-N2317 型)，工作时向上发出光线，从而透过小孔检测是否有工件存在，以便向系统提供本单元物料台有无工件的信号。在输送单元的控制程序中，就可以利用该信号状态来判断是否需要驱动机械手装置来抓取此工件。

4. 供料工作单元中气动元件的应用

1) 供料单元应用到的气动元件

供料工作单元中应用的气动元件有笔形气缸、单向节流阀和电磁阀组等，如图 2-6 所示。

(a)笔形气缸　(b)单向节流阀　(c)电磁阀组

图 2-6　供料工作单元中应用到的气动元件

2) 笔形气缸用于推料及顶料

笔形气缸如图 2-6(a)所示，本工作单元应用两只笔形气缸分别完成料仓中物料(工件)的推料和顶料工作，通过相应电磁阀控制其伸缩。

3) 单向节流阀用于调节气缸动作速度

为了使气缸的动作平稳可靠，气缸的工作口都安装单向节流阀，可接成限入型或限出型。气缸节流阀的作用是调节气缸的动作(伸缩)速度。节流阀上带有气管的快速接头，只要将合适外径的气管往快速接头上一插就可以将管连接好了，使用时十分方便。

4) 电磁阀组控制气缸的动作

供料单元的阀组使用两个二位五通的带手控开关的单电控电磁阀，两个阀集中安装在汇流板上，汇流板中两个排气口末端均连接了消声器，消声器的作用是减少压缩空气向大气排放时的噪声。阀组的组装如图 2-7 所示，本单元的两个阀分别对顶料气缸和推料气缸的气路进行控制，以改变其动作状态。

图 2-7　供料工作单元电磁阀组图

1—电磁阀；2—气管接口；3—消声器；4—手动换向、加锁钮；5—电源插针；6—汇流板本单元所采用的电磁阀所带手控开关有锁定(LOCK)和开启(PUSH)两个位置。用小螺丝刀把手控开关旋到在 LOCK 位置时，手控开关向下凹进去，不能进行手控操作。只有在 PUSH 位置，可用工具向下按，信号为“1”，等同于该侧的电磁信号为“1”；常态时，手控开关的信号为“0”。在进行设备调试时，可以使用手控开关对阀进行控制，从而实现对相应气路的控制，以改变推料缸等执行机构的控制，达到调试的目的。

任务 2.2　供料工作单元安装

1. 供料单元机械部件组装

1) 安装要求

按照供料工作单元机械装配图及参照供料工作单元实物全貌图进行组装。

2) 安装的步骤

按照“零件→组件→总装”步骤进行。具体是首先把供料站各组合成整体安装时的组件，然后把组件进行总装。所组合成的组件包括铝合金型材支撑架组件、物料台及料仓底座组件、推料机构组件，如图 2-8 所示。

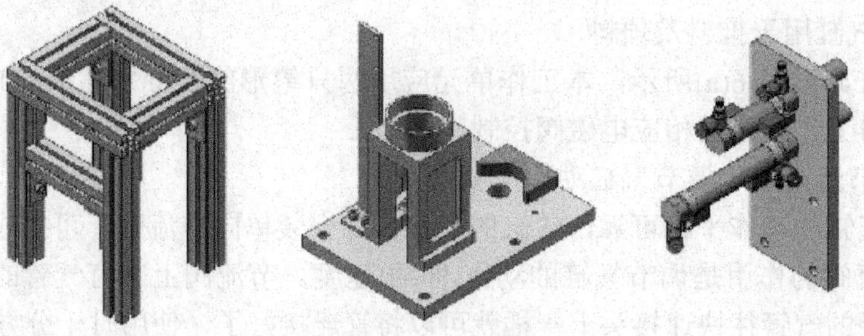

(a)铝合金型材支撑架　(b)物料台及料仓底座　(c)推料机构组件

图 2-8　供料工作单元组件

各组件装配好后，用螺栓把它们连接为总体，再用橡皮锤把装料管敲入料仓底座。然后将连接好供料站机械部分以及电磁阀组、PLC 和接线端子排固定在底板上，最后固定底板完成供料站的安装。

3) 安装注意事项

(1) 装配铝合金型材支撑架时，注意调整好各条边的平行及垂直度，锁紧螺栓。

(2) 气缸安装板和铝合金型材支撑架的连接，是靠预先在特定位置的铝型材“T”型槽中放置预留与之相配的螺母，因此在对该部分的铝合金型材进行连接时，一定要在相应的位置放置相应的螺母。如果没有放置螺母或没有放置足够多的螺母，将造成无法安装或安装不可靠。

(3) 机械机构固定在底板上的时候，需要将底板移动到操作台的边缘，螺栓从底板的反面拧入，将底板和机械机构部分的支撑型材连接起来。

2. 气动系统连接

1) 气路连接

供料工作单元气动控制回路如图 2-9 所示。从汇流排开始，按图进行气动系统连接。

并将气泵与过滤调压组件连接，在过滤调压组件上设定压力为 6×10^5Pa。

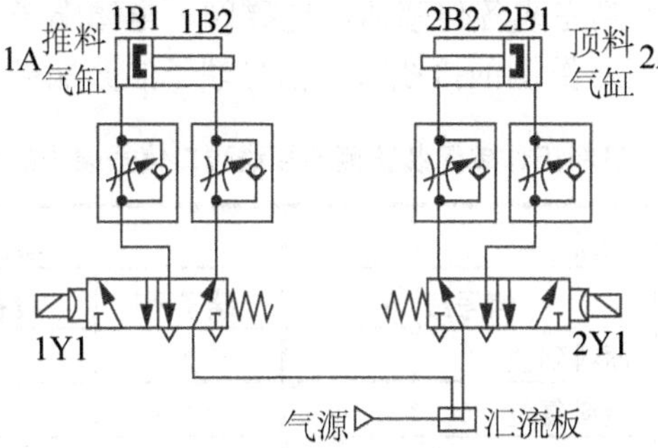

图 2-9　供料工作单元气动控制回路

2) 气动系统安装注意事项

(1) 气体汇流板与电磁阀组的连接要求密封良好，无漏气现象；

(2) 气路连接时，气管一定要在快速接头中插紧，不能够有漏气现象；

(3) 气路气管在连接走向时，应按序排布，均匀美观，不能出现交叉、打折、叠落、顺序凌乱现象，所有外露气管用尼龙扎带进行绑扎，松紧程度以不使气管变形为宜。

3. 电气连接

1) 电气连接

根据供料工作单元生产任务要求，PLC 的 I/O 接线原理图如图 2-10 所示。供料单元 PLC 的 I/O 接线可参照图 2-10 进行连接。

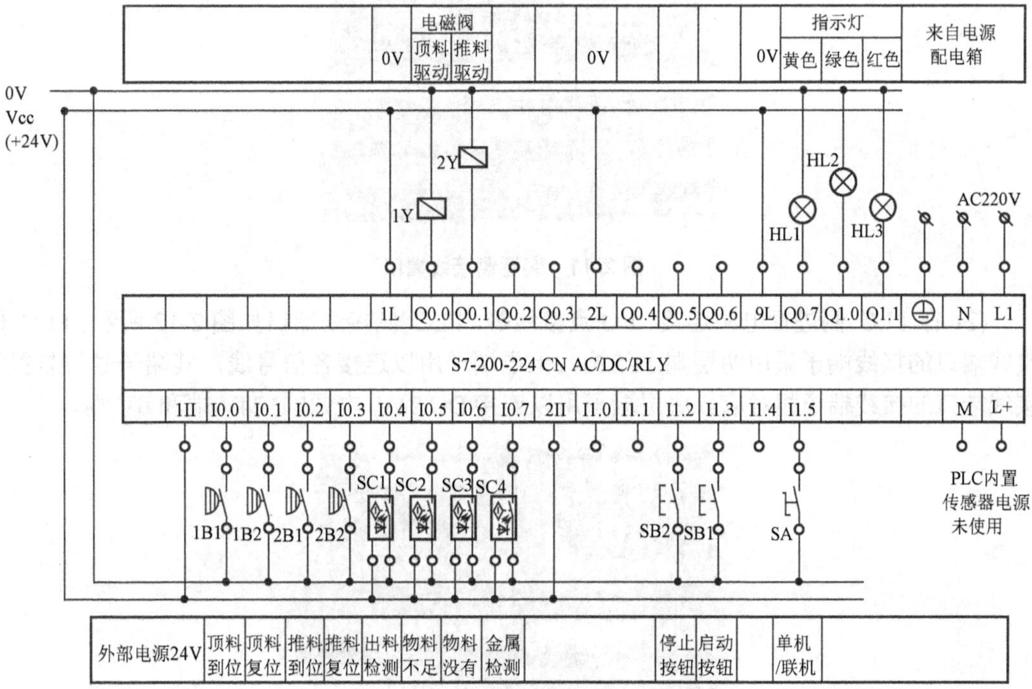

图 2-10　供料单元 PLC 的 I/O 接线原理图

连接的内容如下。

(1) 供料工作单元装置侧完成各传感器、电磁阀、电源端子等引线到装置侧接线端口之间的接线。供料工作单元装置侧的接线端口信号端子的分配见表 2-2。

表 2-2 供料工作单元装置侧的接线端口信号端子的分配表

输入端口中间层			输出端口中间层		
端子号	设备符号	信号线	端子号	设备符号	信号线
2	1B1	顶料到位	2	1Y	顶料电磁阀
3	1B2	顶料复位	3	2Y	推料电磁阀
4	2B1	推料到位			
5	2B2	推料复位			
6	SC1	出料台物料检测			
7	SC2	物料不足检测			
8	SC3	物料有无检测			
9	SC4	金属材料检测			
10#～17#端子没有连接			4#～14#端子没有连接		

装置侧接线端口如图 2-11 所示，装置侧接线端口的接线端子采用三层端子结构，上层端子用以连接 DC 24V 电源的+24V 端，底层端子用以连接 DC 24V 电源的 0V 端，中间层端子用以连接各信号线。装置侧的接线端口和 PLC 侧的接线端口之间通过专用电缆连接。其中 25 针接头电缆连接 PLC 的输入信号，15 针接头电缆连接 PLC 的输出信号。

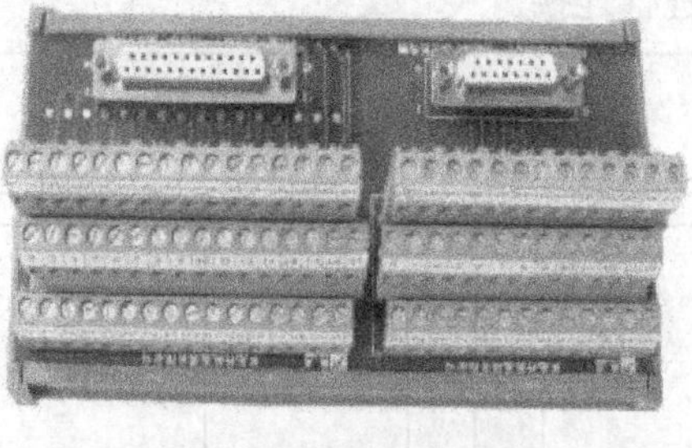

图 2-11 装置侧接线端口

(2) 在 PLC 侧进行电源连接、I/O 点接线等。PLC 侧接线端口如图 2-12 所示。PLC 侧接线端口的接线端子采用两层端子结构，上层端子用以连接各信号线，其端子号与装置侧接线端口的接线端子相对应。底层端子用以连接 DC 24V 电源的+24V 端和 0V 端。

图 2-12 PLC 侧接线端口

2) 电气连接时注意事项

(1) 供料工作单元装置侧接线时应注意，装置侧接线端口中，输入信号端子的上层端子(+24V)只能作为传感器的正电源端，切勿用于电磁阀等执行元件的负载。电磁阀等执行元件的正电源端和 0V 端应连接到输出信号端子下层端子的相应端子上。

特别提示

气缸磁性开关和漫射式光电接近开关的极性不能接反。

(2) PLC 侧的接线，包括电源接线，PLC 的 I/O 点和 PLC 侧接线端口之间的连线，PLC 的 I/O 点与按钮指示灯模块的端子之间的连线，具体接线要求与工作任务有关。

(3) 电气接线的工艺要求应符合国家职业标准的规定：导线连接到端子时，导线端做冷压插针处理，线端套规定的线号；连接线须有符合规定的标号；每一端子连接的导线不超过两根；导线走向应该平顺有序，线路应该用尼龙带进行绑扎，绑扎力度以不使导线外皮变形为宜，力求整齐美观。

任务 2.3　编制供料工作单元 PLC 控制程序

依据供料工作单元的生产任务要求(在任务引入中)，编写供料工作单元单站独立运行 PLC 控制程序。

1. 供料工作单元的控制器 PLC 选用

供料工作单元的控制器 PLC 选用 S7-200-224 AC/DC/RLY。

2. 写出 PLC 的 I/O 地址分配表

参照 PLC 的 I/O 接线原理图，写出 PLC 的 I/O 地址分配表，见表 2-3。

表 2-3　供料工作单元 PLC I/O 地址分配表

序号	PLC 输入点	信号名称	信号来源	序号	PLC 输出点	信号名称	信号来源
1	I0.0			1	Q0.0		
2	I0.1			2	Q0.1		
3	I0.2			3	Q0.2		
4	I0.3			4	Q0.3		
5	I0.4			5	Q0.4		
6	I0.5			6	Q0.57		
7	I0.6			7	Q0.6		
8	I0.7			8	Q0.7		
9	I1.0			9	Q1.0		
10	I1.1			10	Q1.1		
11	I1.2						
12	I1.3						
13	I1.4						
14	I1.5						

3. 写出工作流程(动作顺序)

根据工作单元功能要求，确定初始工作状态，写出工作流程(动作顺序)。

4. 编写 PLC 控制程序

编写供料工作单元单站独立运行 PLC 控制程序，并下载至 PLC。

5. 编程要点

(1) 程序结构：有两个子程序，一个是系统状态显示，另一个是供料控制。主程序在每一扫描周期都调用系统状态显示子程序，当运行状态已经建立才可能调用供料控制子程序。

(2) PLC 上电后应首先进入初始状态检查阶段，确认系统已经准备就绪后，才允许投入运行，这样可及时发现存在的问题，避免出现事故。例如，若两个气缸在上电和气源接入时不在初始位置，这是气路连接错误的缘故，显然在这种情况下不允许系统投入运行。通常的 PLC 控制系统往往有这种常规的要求。

(3) 供料单元运行的主要过程是供料控制，它是一个步进顺序控制过程。

(4) 常见的顺序控制系统正常停止要求是，接收到停止指令后，系统在完成本工作周期任务即返回到初始步后才停止下来。如果没有停止要求，顺控过程将周而复始地不断循环。

(5) 当料仓中最后一个工件被推出后，将发生缺料报警，当推料气缸复位到位，完成本工作周期任务即返回到初始步后，也应停止下来。

(6) 编程参考。为方便编程，给出供料控制子程序流程图(参考)如图 2-13 所示。供料工作单元主程序梯形图(参考)如图 2-14 所示。

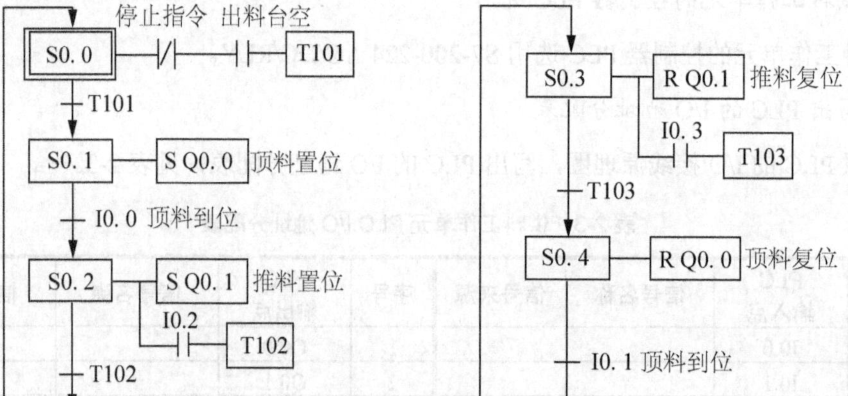

图 2-13 供料控制子程序流程图(参考)

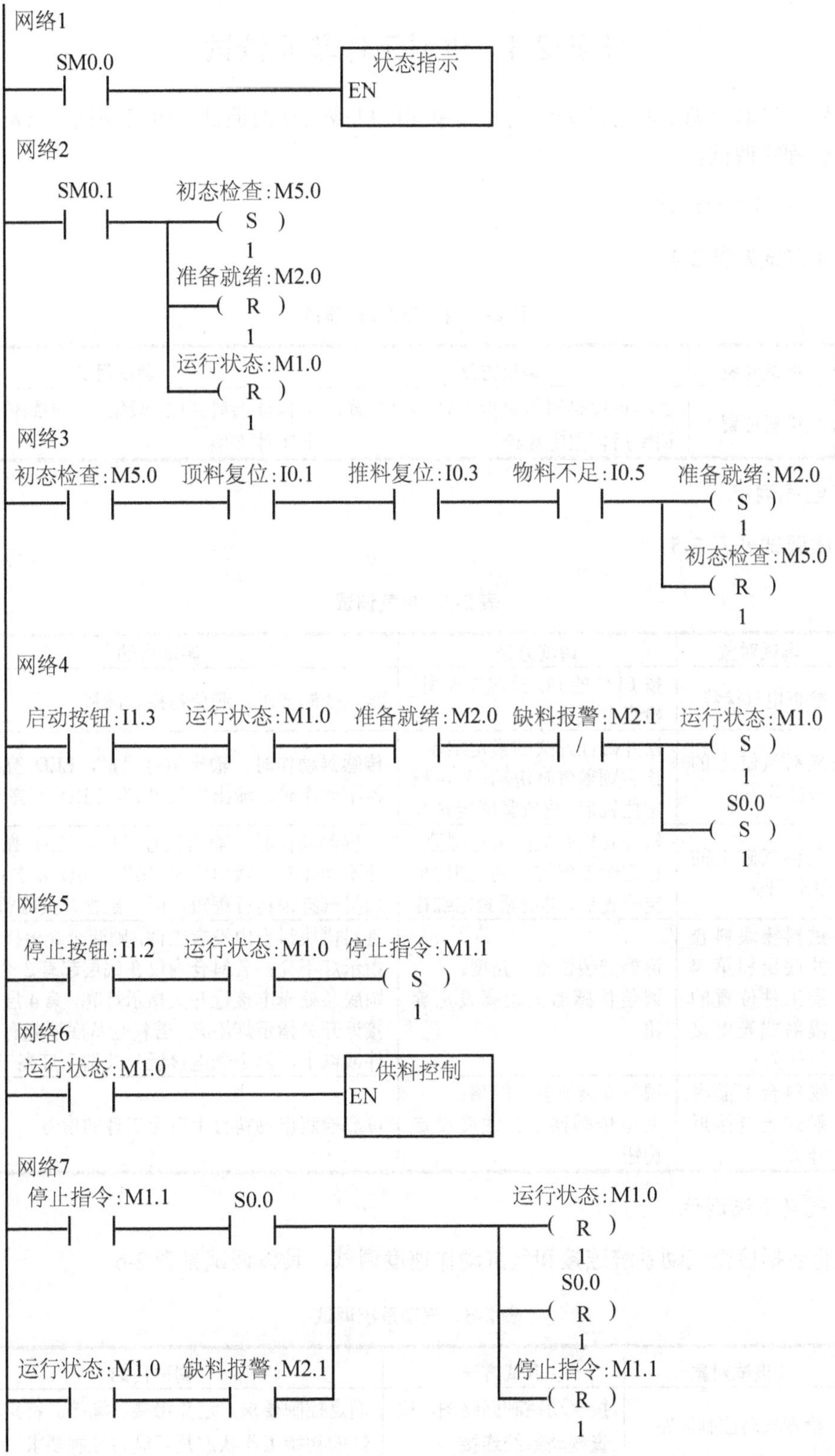

图 2-14 供料工作单元主程序梯形图(参考)

任务 2.4　供料工作单元调试

供料工作单元调试内容分为供料工作单元的机械部件的调试、电气调试、气动系统调试、PLC 程序调试。

1. 机械部件的调试

具体调试见表 2-4。

表 2-4　机械部件的调试

序号	调试对象	调试方法	调试目的
1	推料位置	手动调整推料气缸或者挡料板位置，调整后再固定螺栓	保证推料到位，避免位置不到位将导致工件推偏

2. 电气调试

具体调试见表 2-5。

表 2-5　电气调试

序号	调试对象	调试方法	调试目的
1	检查电气接线	按 PLC 的 I/O 接线原理图，检查电气接线	满足控制要求，避免错接、漏接
2	推料气缸上的磁性开关	松开磁性开关的紧定螺栓，让它顺着气缸滑动，到达指定位置后，再旋紧紧定螺栓	传感器动作时，输出信号“1”，LED 亮；传感器不动作时，输出信号“0”，LED 不亮
3	顶料气缸上的磁性开关	松开磁性开关的紧定螺栓，让它顺着气缸滑动，到达指定位置后，再旋紧紧定螺栓	传感器动作时，输出信号“1”，LED 亮；传感器不动作时，输出信号“0”，LED 不亮；顶料气缸顶料行程短，两个磁性开关靠得很近
4	进料模块料仓的底层和第 4 层工件位置的漫射式光电接近开关	调整安装位置、角度；调整传感器上距离设定旋钮	进料模块料仓内没有工件，则两个光电接近开关指示灯不亮；若料仓内仅在底层起有 3 个工件，则底层处光电接近开关指示灯亮，第 4 层处光电接近开关指示灯不亮；若料仓从底层起有 4 个工件或以上，两个光电接近开关指示灯亮
5	物料台下面漫射式光电接近开关	调整安装位置、距离；调整传感器上灵敏度设定旋钮	可靠检测出物料台上有无工件的信号

3. 气动系统调试

内容包括检查气动系统连接和气缸动作速度调试，具体调试见表 2-6。

表 2-6　气动系统调试

序号	调试对象	调试方法	调试目的
1	检查气动控制回路	按气动控制回路图，检查气动系统连接	满足控制要求，避免错接、漏接。特别注意气缸的初始工作状态是否满足控制要求
2	顶料气缸、推料出气缸上两个节流阀	旋紧或旋松节流螺钉	分别调整气缸伸出、缩回速度，使气缸动作平稳可靠

4. PLC 程序调试

1) 调试步骤

(1) 程序的运行。将 S7-200 CPU 上的状态开关拨到 RUN 位置，CPU 上的黄色 STOP 指示灯灭，绿色 RUN 指示灯点亮。当 PLC 工作方式开关在 TERM 或 RUN 位置时，操作 STEP7-Micro/WIN32 的菜单命令或快捷按钮都可以对 CPU 工作方式进行软件设置。

(2) 程序监视。程序编辑器都可以在 PLC 运行时监视程序执行的过程和各元件的状态及数据。梯形图监视功能：拉开调试菜单，选中程序状态，这时闭合触点和通电线圈内部颜色变蓝(呈阴影状态)。在 PLC 的运行(RUN)工作状态，随输入条件的改变、定时及计数过程的运行，每个扫描周期的输出处理阶段将各个器件的状态刷新，可以动态显示各个定时、计数器的当前值，并用阴影表示触点和线圈通电状态，以便在线动态观察程序的运行。

(3) 动态调试。结合程序监视运行的动态显示，分析程序运行的结果，以及影响程序运行的因素，然后，退出程序运行和监视状态，在 STOP 状态下对程序进行修改编辑，重新编译、下载、监视运行，如此反复修改调试，直至得出正确运行结果。

2) 调试过程注意事项

(1) 下载、运行程序前的工作。必须认真检查程序，重点检查各执行机构之间是否会发生冲突，如何采取措施避免冲突，同一执行机构在不同阶段所做的动作是否能区分开。

(2) 在认真、全面检查了程序，并确保无误后，才可以运行程序，进行实际调试。否则如果程序存在问题，很容易造成设备损坏和人员伤害。

(3) 在调试过程中，仔细观察执行机构的动作，并且在调试运行记录表中做好实时记录，作为分析的依据，从而分析程序可能存在的问题。经调试，如果程序能够实现预期的控制功能，则应多运行几次，检查运行的可靠性，并进行程序优化。

(4) 在运行过程中，应该时刻注意现场设备的运行情况，一旦发生执行机构相互冲突事件，应该及时采取措施，如急停、切断执行机构控制信号、切断气源和切断总电源等，以避免造成设备损坏。

(5) 总结经验，把调试过程中遇到的问题、解决的方法记录下来。

3) 填写调试运行记录表

根据调试运行根据实际情况填写调试运行记录表，见表 2-7。

表 2-7　供料工作单元调试运行记录表

<table>
<tr><td rowspan="3">操作步骤
(动作顺序)</td><td colspan="10">输入信号</td><td colspan="2">输出信号</td></tr>
<tr><td>符号</td><td>物料不足检测</td><td>物料有无检测</td><td>物料台物料检测</td><td>顶料到位</td><td>顶料复位</td><td>推料到位</td><td>推料复位</td><td>启动按钮</td><td>停止按钮</td><td rowspan="2">顶料电磁阀</td><td rowspan="2">推料电磁阀</td></tr>
<tr><td>地址</td><td></td><td></td><td></td><td></td><td></td><td></td><td></td><td></td><td></td></tr>
<tr><td>料仓放入工件(多于 4 个)单元初始工作状态</td><td></td><td></td><td></td><td></td><td></td><td></td><td></td><td></td><td></td><td></td><td></td><td></td></tr>
</table>

续表

按启动按钮，顶料到位												
推料到位												
推料复位												
顶料复位												
顶料到位												

检查与评估

根据每个学生实际完成情况进行客观的评价，评价的内容见表2-8。

表2-8 学习评价表

姓名： 班别： 组别：

项目2 供料工作单元调试 评价时间： 年 月 日

任务	工作内容	评价要点	配分	学生自评	学生互评	教师评分
任务2.1认识供料工作单元	1. 单元结构及组成	能说明各部件名称、作用及单元工作流程	10			
	2. 执行元件	能说明其名称、工作原理、作用				
	3. 传感器	能说明其名称、工作原理、作用				
任务2.2供料工作单元安装	1. 机械部件	按机械装配图，参考装配视频资料进行装配(装配是否完成；有无紧固件松动现象)	30			
	2. 气动连接	识读气动控制回路图并按图连接气路(连接是否完成或有错；有无漏气现象；气管有无绑扎或气路连接是否规范)				
	3. 电气连接	识读电气原理图并按图连接(连接是否完成或有错；端子连接、插针压接质量，同一端子超过两根导线；端子连接处有无线号等；电路接线有无绑扎或电路接线是否凌乱)				
任务2.3编制供料工作单元PLC控制程序	1. 写出PLC的I/O分配表	与PLC的I/O接线原理图是否相符	20			
	2. 写出单元初始工作状态	描述清楚、正确				
	3. 写出单元工作流程	描述清楚、正确				
	4. 按控制要求编写PLC程序	满足控制要求				

续表

任务	工作内容	评价要点	配分	学生自评	学生互评	教师评分
任务 2.4 供料工作单元运行调试	1. 机械	满足控制要求	30			
	2. 电气(检测元件)	满足控制要求				
	3. 气动系统	气动系统无漏气；动作平稳(气缸节流阀调整是否恰当)				
	4. 相关参数设置	满足控制要求				
	5. PLC 程序	满足控制要求(能否按照控制要求正确执行推出工件操作；推料气缸活塞杆返回时有无被卡住；物料不足情况下能否完成推料操作)				
职业素养与安全意识	职业素养与安全意识	1. 现场操作安全保护是否符合安全操作规程	10			
		2. 工具摆放、包装物品、导线线头等的处理是否符合职业岗位的要求				
		3. 是否有分工又有合作，配合紧密				
		4. 遵守纪律，尊重老师，爱惜实训设备和器材，保持工位的整洁				
评分小计						

习　题

1. 请根据本项目给出的供料工作单元工作任务要求，写出供料工作单元工作的初始状态、启动条件、动作过程。

2. 根据实训过程，总结气动连接、电气接线及排除故障的方法。

3. 请按要求编写 PLC 程序：如果按钮/指示灯模块中一个按钮用作其他用途，请编写用一个按钮实现设备启动和停止的 PLC 程序。

项目3

加工工作单元调试

项目目标

专业能力目标	了解加工工作单元的基本结构、工艺流程、传感器的工作原理，电气以及气动回路的连接，对特定的模块进行PLC编程、系统纠错、掌握加工工作单元调试技能
方法能力目标	培养查阅资料、通过自学获取新技术的能力，培养分析问题、制定工作计划的能力，评估工作结果（自我、他人）的能力
社会能力目标	培养良好的工作习惯，严谨的工作作风；培养较强的社会责任心和环境保护意识；培养自信心、自尊心和成就感；培养语言表达力

引言

加工工作单元的主要功能是把待加工工件从物料台移送到加工区域冲压气缸的正下方，完成对工件的冲压加工，然后把加工好的工件重新送回物料台的过程。图3-1所示为加工工作单元实物的全貌。

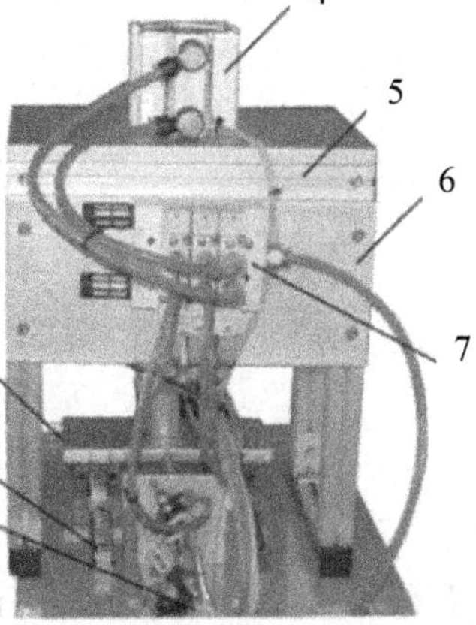

(a)背视图

1，4—气缸；2—导轨；3—滑动底板；
5—气缸安装板；6—安装板；7—阀组

(b)前视图

1—手爪；2—气动手指；3—连接座；4—滑块

图 3-1　加工工作单元实物的全貌

任务引入

自动生产线中的加工环节由加工工作单元来执行，本项目以 YL-335B 自动生产线的加工工作单元为学习载体，我们给加工工作单元设定的生产任务是加工工作单元作为独立设备运行完成加工生产任务，具体生产要求如下：

(1) 主令控制及工作方式。本单元的按钮/指示灯模块上的工作方式选择开关应置于“单站方式”位置。

(2) 加工工作单元初始状态。设备上电和气源接通后，滑动加工台伸缩气缸处于伸出位置，加工台气动手爪松开的状态，冲压气缸处于缩回位置，急停按钮没有按下。若设备在上述初始状态，则“正常工作”指示灯 HL1 常亮，表示设备准备好。否则，该指示灯以 1Hz 频率闪烁。

(3) 正常运行。若设备准备好，按下启动按钮，“设备运行”指示灯 HL2 常亮。当待加工工件送到加工台上并被检出后，设备执行将工件夹紧，送往加工区域冲压，完成冲压动作后返回待料位置的工件加工工序。如果没有停止信号输入，当再有待加工工件送到加工台上时，加工单元又开始下一周期工作。

(4) 停止。在工作过程中，若按下停止按钮，加工单元在完成本周期的动作后停止工作。HL2 指示灯熄灭。

本项目学习是根据加工工作单元的生产任务要求，通过认识加工工作单元的组成，完成加工工作单元安装、编程、调试的工作(学习)任务。

任务分析

1. 加工工作单元调试的主要任务内容

任务 3.1：认识加工工作单元。

任务 3.2：加工工作单元安装。

① 机械：工作站的机械构造、安装。

② 气动：气动元件的连接。

③ 电气：电气元件的连接。

任务 3.3：编制加工工作单元 PLC 控制程序。

任务 3.4：加工工作单元运行调试。调试传感器、气动系统、PLC 程序等。

2. 加工工作单元调试的工作计划

加工工作单元调试的工作计划见表 3-1。

表 3-1　加工工作单元调试的工作计划表

任务	工作内容	计划时间	实际完成时间	完成情况
任务 3.1　认识加工工作单元	1. 单元结构及组成			
	2. 执行元件			
	3. 传感器			
任务 3.2　加工工作单元安装	1. 机械部件			
	2. 气动系统连接			
	3. 电气连接			
任务 3.3　编制加工工作单元 PLC 控制程序	1. 写出 PLC 的 I/O 分配表			
	2. 写出单元初始工作状态			
	3. 写出单元工作流程			
	4. 按控制要求编写 PLC 程序			
任务 3.4　加工工作单元运行调试	1. 机械			
	2. 电气(检测元件)			
	3. 气动系统			
	4. PLC 程序			
	5. 填写调试运行记录表			

任务 3.1　认识加工工作单元

1. 加工工作单元的结构组成

加工工作单元的实物如图 3-1 所示，其主要由加工台及滑动机构、加工(冲压)机构、电磁阀组、接线端口、PLC 模块、底板等几部分组成。

1) 加工台及滑动机构

(1) 组成。加工台及滑动机构如图 3-2 所示。主要由气动手指、配套手爪、伸缩气缸活塞杆、滑动底板、连接座、滑块、光电传感器组成。加工台用于固定被加工件，滑动机构把工件移到加工(冲压)机构正下方进行冲压加工。

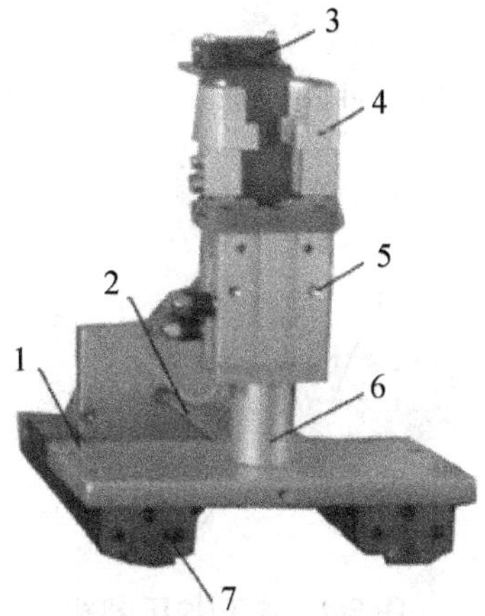

图 3-2　加工台及滑动机构

1—滑动底板；2—伸缩气缸活塞杆；3—光电传感器；
4—配套手爪；5—气动手指；6—连接座；7—滑块

(2) 加工台及滑动机构中的直线导轨。直线导轨是一种滚动导引，它由钢珠在滑块与导轨之间做无限滚动循环，使得负载平台能沿着导轨以高精度做线性运动，其摩擦系数可降至传统滑动导引的 1/50，使之能达到很高的定位精度。在直线传动领域中，直线导轨副一直是关键性的产品，目前已成为各种机床、数控加工中心、精密电子机械中不可缺少的重要功能部件。

直线导轨副通常按照滚珠在导轨和滑块之间的接触牙型进行分类，主要有两列式和四列式两种。YL-335B 上均选用普通级精度的两列式直线导轨副，其接触角在运动中能保持不变，刚性也比较稳定。图 3-3(a)给出导轨副的截面示意图，图 3-3(b)为装配好的直线导轨副。

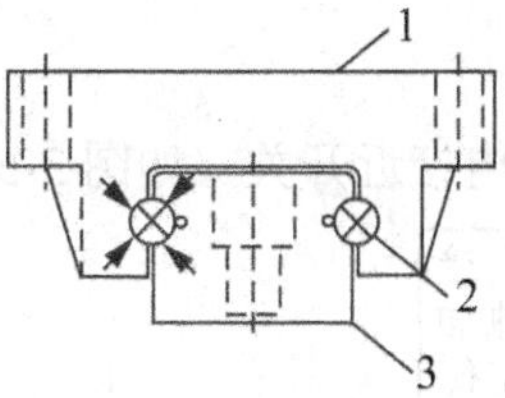

(a)直线导轨副截面图

(b)装配好的直线导轨副

图 3-3　直线导轨副

1—滑块；2—滚珠；3—导轨

(3) 滑动加工台的工作原理。滑动加工台在系统正常工作后的初始状态为伸缩气缸伸出，加工台气动手指为张开的状态，当输送机构把物料送到料台上，物料检测传感器检测到工件后，PLC 控制程序驱动气动手指将工件夹紧→加工台回到加工区域冲压气缸下方→冲压气缸活塞杆向下伸出冲压工件→完成冲压动作后向上缩回→加工台重新伸出→到位后气动手指松开的顺序完成工件加工工序，并向系统发出加工完成信号。

2) 加工(冲压)机构

(1) 组成。加工(冲压)机构如图 3-4 所示。

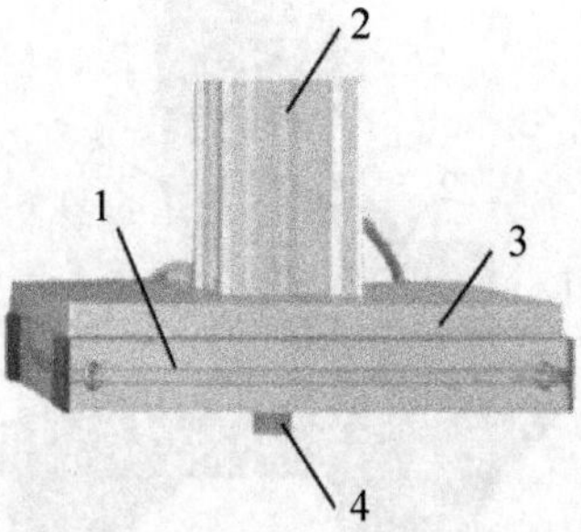
2
1
3
4

图 3-4　加工(冲压)机构

1—铝合金支架；2—冲压气缸；3—安装板；4—冲压头

加工机构用于对工件进行冲压加工。它主要由冲压气缸、冲压头、安装板等组成。冲头安装在冲压气缸头部，冲头根据工件的要求对工件进行冲压加工，安装板用于安装冲压缸，对冲压气缸进行固定。

(2) 冲压台的工作原理。当工件到达冲压位置时，冲压气缸伸出，冲头根据工件的要求对工件进行冲压加工，完成加工动作后冲压气缸缩回，准备下一次冲压。

2. 加工单元的工艺流程

系统正常工作后(即系统初始状态满足滑动加工台为伸缩气缸伸出，加工台气动手指为张开的状态)，当输送机构把物料送到加工台上，物料检测传感器检测到工件后，PLC 控制程序驱动气动手指将工件夹紧→加工台回到加工区域冲压气缸下方→冲压气缸活塞杆向下伸出冲压工件→完成冲压动作后向上缩回→加工台重新伸出→到位后气动手指松开的顺序完成工件加工工序，并向系统发出加工完成信号。

3. 加工工作单元中传感器的应用

加工工作单元中应用的传感器有磁性开关、漫射式光电接近开关，如图 3-5 所示。

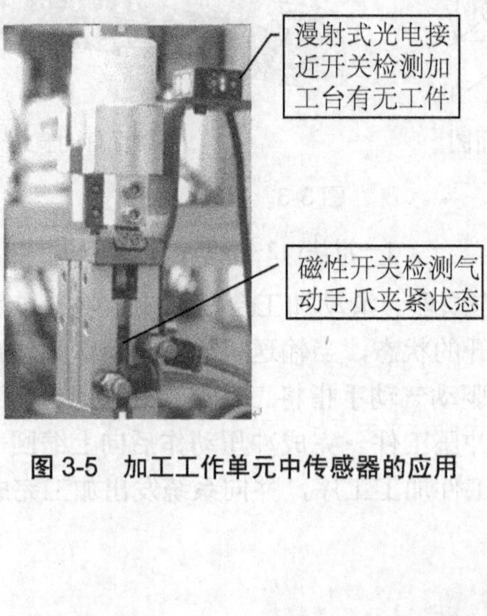
漫射式光电接近开关检测加工台有无工件
磁性开关检测气动手爪夹紧状态

图 3-5　加工工作单元中传感器的应用

1) 磁性开关用于检测气缸活塞的运动位置

(1) 冲压气缸两端的极限位置上都分别装有一个磁性开关，如图3-6所示，用于检测加工压头上限和下限位置。

图3-6　冲压气缸上的磁性开关

(2) 滑动加工台伸缩气缸两端的极限位置上都分别装有一个磁性开关，如图3-7所示，用于检测滑动加工台伸出和缩回。

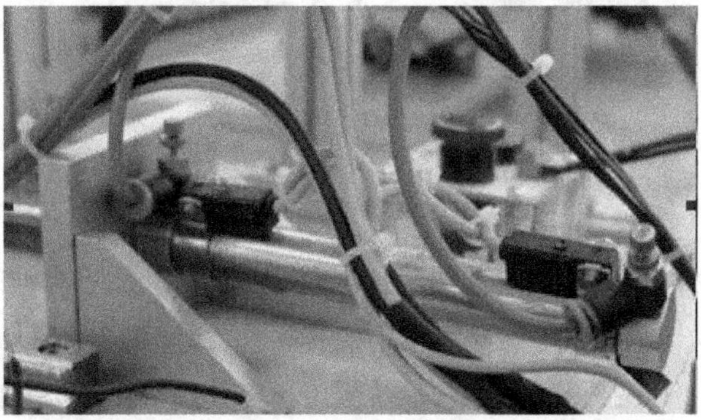

图3-7　滑动加工台伸缩气缸上的磁性开关

(3) 气动手爪上装有一个磁性开关，用于检测手爪夹紧状态，如图3-5所示。

2) 漫射式光电传感器用于检测工件

在滑动加工台上安装一个漫射式光电开关，如图3-5所示，用于加工台上有无工件检测：若加工台上没有工件，则漫射式光电开关均处于常态；若加工台上有工件，则光电接近开关动作，表明加工台上已有工件。该光电传感器的输出信号送到加工单元PLC的输入端，用以判别加工台上是否有工件需进行加工；当加工过程结束，加工台伸出到初始位置。同时，PLC通过通信网络，把加工完成信号回馈给系统，以协调控制。

4. 供料工作单元中气动元件的应用

加工工作单元中应用的气动元件有双作用气缸(笔形气缸、手指气缸、薄形气缸)、节流阀和电磁阀组等，如图3-8所示。

1) 气缸及节流阀的应用

加工工作单元中应用一个笔形气缸完成滑动加工台伸缩控制，应用一个薄形气缸完成冲压加工，应用一个气动手指完成手爪夹紧工件控制。气缸动作速度通过单向节流阀调节。

2) 电磁阀组的应用

加工单元的电磁阀组用三个二位五通的带手控开关的单电控电磁阀，三个控制阀集中安装在装有消声器的汇流板上，如图 3-8(e)所示。

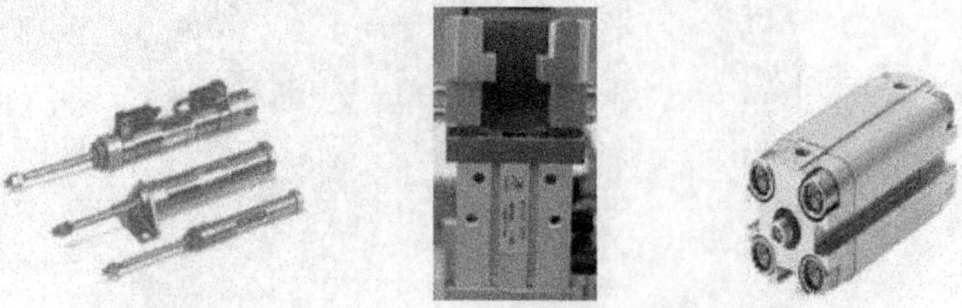

(a)笔形气缸　　(b)手指气缸　　(c)薄形气缸

(d)节流阀　　(e)电磁阀组

图 3-8　加工单元中的气动元件

这三个阀分别对冲压气缸、滑动加工台气动手指和滑动加工台伸缩气缸的气路进行控制，以改变各自的动作状态。电磁阀所带手控开关有锁定(LOCK)和开启(PUSH)两种位置。在进行设备调试时，使手控开关处于开启位置，可以使用手控开关对阀进行控制，从而实现对相应气路的控制，从而实现对相应气路的控制，以改变冲压缸等执行机构的控制，达到调试的目的。由于冲压缸对气体的压力和流量要求比较高，故冲压缸的配套气管粗。

任务 3.2　加工工作单元安装

1. 加工工作单元机械部件组装

1) 安装要求

按照加工工作单元机械装配图及参照加工工作单元实物全貌图进行组装。

2) 装配的步骤

按照“零件→组件→总装”步骤进行。即先完成加工机构组件装配和滑动加工台组件装配，然后进行总装。

(1) 组件装配。加工机构组件装配如图 3-9 所示。

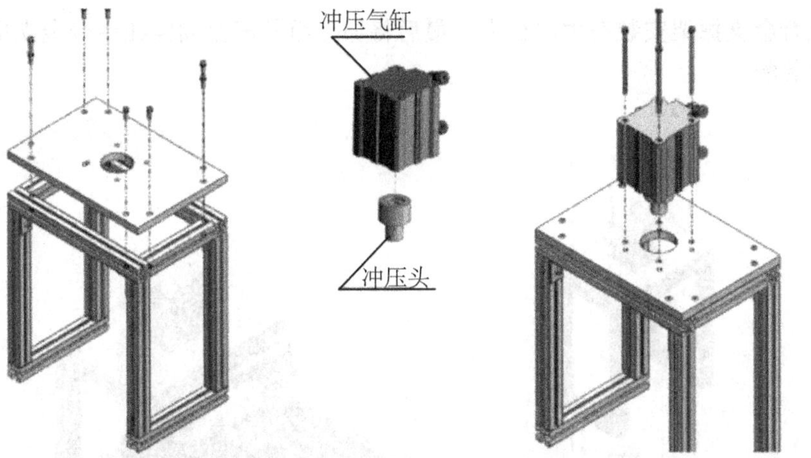

(a)加工机构支撑架装配　(b)冲压气缸及冲压头装配　(c)冲压气缸安装到支撑架上

图 3-9　加工机构组件装配图

滑动加工台组件装配如图 3-10 所示。

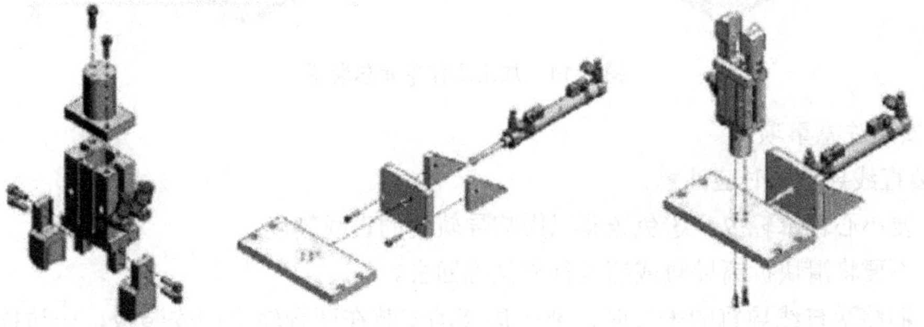

(a)夹紧机构组装　(b)伸缩台组装　(c)夹紧机构安装到伸缩台上

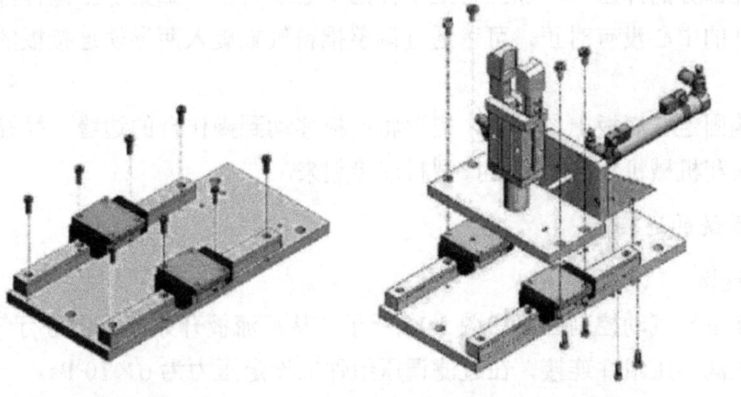

(d)直线导轨组装　(e)加工机构安装在直线导轨上

图 3-10　滑动加工台组件装配图

(2) 总装。加工工作单元总装如图 3-11 所示。

在完成以上各组件的装配后，首先将物料夹紧及运动送料部分和整个安装底板连接固定，再将铝合金支撑架安装在大底板上，最后将加工组件部分固定在铝合金支撑架上，完成该单元的装配。

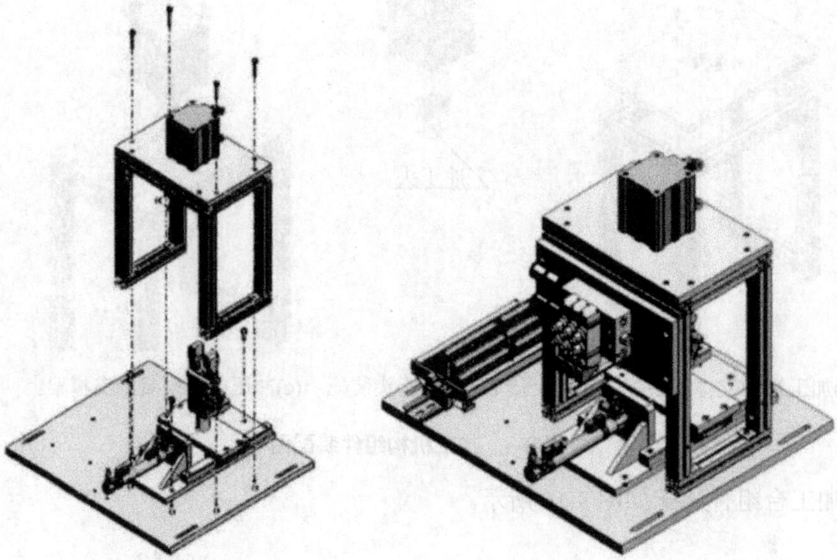

图 3-11　加工工作单元总装图

3) 安装注意事项

安装直线导轨副时应注意：

(1) 要小心轻拿轻放，避免磕碰以影响导轨副的直线精度。

(2) 不要将滑块拆离导轨或超过行程又推回去。

(3) 调整两直线导轨的平行时，要一边移动安装在两导轨上的安装板，一边拧紧固定导轨的螺栓。

加工组件部分的冲压头和加工台上工件的中心要对正。如果加工组件部分的冲压头和加工台上工件的中心没有对正，可以通过调整推料气缸旋入两导轨连接板的深度来进行对正。

机械机构固定在底板上的时候，需要将底板移动到操作台的边缘，螺栓从底板的反面拧入，将底板和机械机构部分的支撑型材连接起来。

2. 气动系统的连接

1) 气路连接

加工工作单元气动控制回路如图 3-12 所示。从汇流板开始，按图进行气动系统连接。并将气泵与过滤调压组件连接，在过滤调压组件上设定压力为 6×10^5Pa。

2) 气动系统连接时注意事项

(1) 气体汇流板与电磁阀组的连接要求密封良好，无漏气现象。

(2) 气路连接时，气管一定要在快速接头中插紧，不能够有漏气现象。

(3) 气路气管在连接走向时，应按序排布，均匀美观，不能出现交叉、打折、叠落、顺序凌乱现象，所有外露气管用尼龙扎带进行绑扎，松紧程度以不使气管变形为宜。

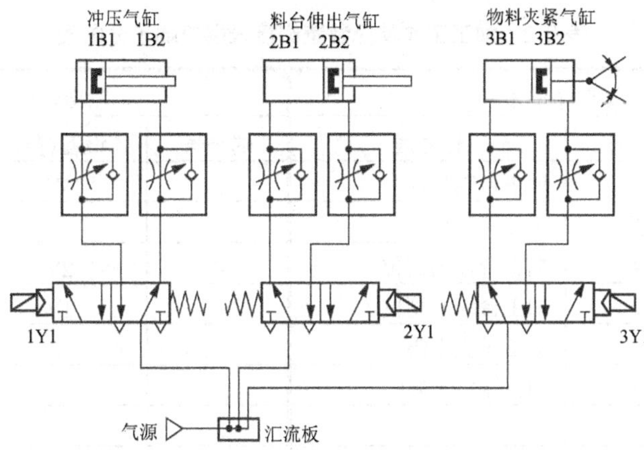

图 3-12　加工工作单元气动控制回路原理图

3. 电气连接

1) 电气连接

根据加工工作单元生产任务要求，PLC 的 I/O 接线原理图如图 3-13 所示。加工工作单元 PLC 的 I/O 接线可参照图 3-13 进行连接。

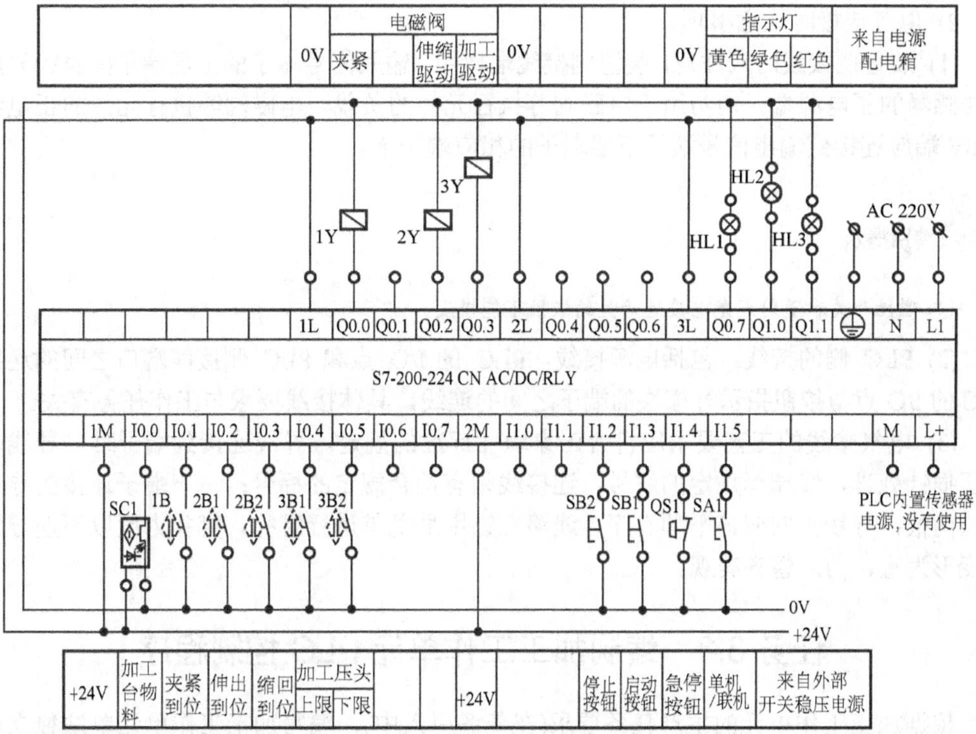

图 3-13　加工工作单元 PLC 的 I/O 接线原理图

连接的内容：

(1) 加工工作单元装置侧完成各传感器、电磁阀、电源端子等引线到装置侧接线端口之间的接线。加工工作单元装置侧的接线端口信号端子的分配见表 3-2。

表 3-2　加工工作单元装置侧接线端口端子分配表

输入端口中间层			输出端口中间层		
端子号	设备符号	信号线	端子号	设备符号	信号线
2	SC1	加工台物料检测	2	3Y	夹紧电磁阀
3	3B2	工件夹紧检测	3		
4	2B2	加工台伸出到位	4	2Y	伸缩电磁阀
5	2B1	加工台缩回到位	5	1Y	冲压电磁阀
6	1B1	加工压头上限			
7	1B2	加工压头下限			
8#～17#端子没有连接			6#～14#端子没有连接		

(2) 在 PLC 侧进行电源连接、I/O 点接线等。

PLC 侧接线端口如图 2-12 所示。PLC 侧的接线端口的接线端子采用两层端子结构，上层端子用以连接各信号线，其端子号与装置侧的接线端口的接线端子相对应。底层端子用以连接 DC 24V 电源的+24V 端和 0V 端。

2) 电气连接时注意事项

(1) 装置侧接线时应注意，装置侧接线端口中，输入信号端子的上层端子(+24V)只能作为传感器的正电源端，切勿用于电磁阀等执行元件的负载。电磁阀等执行元件的正电源端和 0V 端应连接到输出信号端子下层端子的相应端子上。

特别提示

气缸磁性开关和漫射式光电接近开关的极性不能接反。

(2) PLC 侧的接线，包括电源接线，PLC 的 I/O 点和 PLC 侧接线端口之间的连线，PLC 的 I/O 点与按钮指示灯模块的端子之间的连线，具体接线要求与工作任务有关。

(3) 电气接线的工艺要求应符合国家职业标准的规定。导线连接到端子时，导线端做冷压插针处理，线端套规定的线号；连接线须有符合规定的标号；每一端子连接的导线不超过两根；导线走向应该平顺有序，线路应该用尼龙带进行绑扎，绑扎力度以不使导线外皮变形为宜，力求整齐美观。

任务 3.3　编制加工工作单元 PLC 控制程序

依据加工工作单元的生产任务要求(在任务引入中)，编写加工工作单元单站独立运行 PLC 控制程序。

1. 加工工作单元的控制器 PLC 选用

加工工作单元的控制器 PLC 选用 S7-200-224 AC/DC/RLY，共 14 点输入和 10 点继电器输出。

2. 写出 PLC 的 I/O 地址分配表

参照 PLC 的 I/O 接线原理图，写出 PLC 的 I/O 地址分配表，见表 3-3。

表 3-3　加工工作单元 PLC I/O 地址分配表

序号	PLC 输入点	信号名称	信号来源	序号	PLC 输出点	信号名称	信号来源
1	I0.0			1	Q0.0		
2	I0.1			2	Q0.1		
3	I0.2			3	Q0.2		
4	I0.3			4	Q0.3		
5	I0.4			5	Q0.4		
6	I0.5			6	Q0.57		
7	I0.6			7	Q0.6		
8	I0.7			8	Q0.7		
9	I1.0			9	Q1.0		
10	I1.1			10	Q1.1		
11	I1.2						
12	I1.3						
13	I1.4						
14	I1.5						

3. 写出工作流程(动作顺序)

根据工作单元功能要求，确定初始工作状态，写出工作流程(动作顺序)。

4. 编写 PLC 控制程序

编写加工工作单元单站独立运行 PLC 控制程序，并下载至 PLC。

5. 编程要点

(1) 程序结构与供料工作单元相似，PLC 上电后应首先进入初始状态检查阶段，确认系统已经准备就绪后，才允许接收启动信号投入运行。根据生产流程的需要，加工单元工作任务中增加急停功能，当“单元在运行状态”和“急停按钮未按”两个条件同时成立才能调用加工控制子程序，如图 3-14 所示。

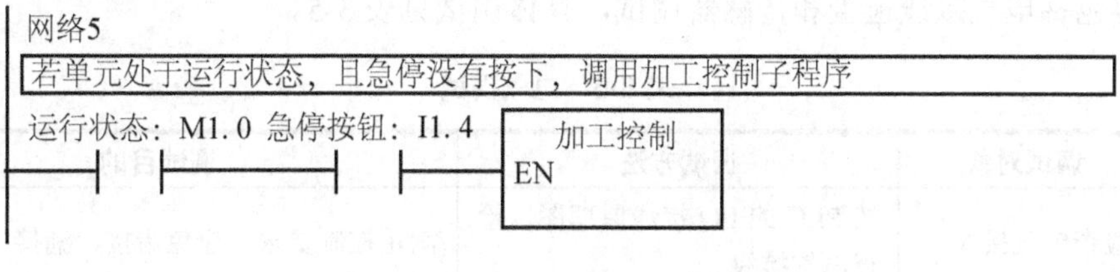

图 3-14　加工控制子程序

(2) 加工工作单元的工艺过程是一个顺序控制。流程图如图 3-15 所示。

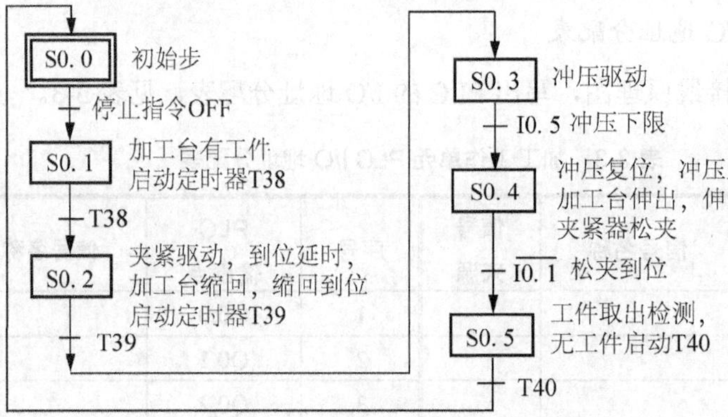

图 3-15　加工过程流程图

避免重复加工的处理：从流程图可以看到，当一个加工周期结束，只有加工好的工件被取走后，程序才能返回 S0.0 步。

任务 3.4　加工工作单元运行调试

加工工作单元的运行调试主要包括机械部件的调试、电气调试、气动系统调试和 PLC 程序调试。

1. 机械部件的调试

调试内容见表 3-4。

表 3-4　机械部件的调试

序号	调试对象	调试方法	调试目的
1	物料台滑动机构中的导轨	调整导轨固定螺钉或滑板固定螺钉一边移动安装在两导轨上的安装板，一边拧紧固定导轨的螺栓	两直线导轨的平行，滑动加工台在导轨上滑动灵活
2	滑动加工台(伸出、缩回位置)	调整滑动加工台伸缩气缸旋入两导轨连接板的深度	缩回位置位于加工冲头正下方，使加工组件部分的冲压头和加工台上的工件的中心对正；伸出位置应与输送单元的抓取机械手装置配合

2. 电气调试

内容包括电气接线检查和传感器调试，具体调试见表 3-5。

表 3-5　电气调试

序号	调试对象	调试方法	调试目的
1	检查电气接线	按 PLC 的 I/O 接线原理图，检查电气接线	满足控制要求，避免错接、漏接
2	加工台伸缩气缸上的磁性开关	松开磁性开关的紧定螺栓，让它顺着气缸滑动，到达指定位置后，再旋紧紧定螺栓	传感器动作时，输出信号“1”，LED 亮；传感器不动作时，输出信号“0”，LED 不亮，实时检测加工台伸缩状态

续表

序号	调试对象	调试方法	调试目的
3	冲压气缸上的磁性开关	松开磁性开关的紧定螺栓，让它沿着气缸缸体上的滑轨移动，到达指定位置后，再旋紧紧定螺栓	传感器动作时，输出信号“1”，LED 亮；传感器不动作时，输出信号“0”，LED 不亮，实时检测冲压气缸工作状态
4	物料夹紧气缸(气动手指)上的磁性开关	松开磁性开关的紧定螺栓，让它沿着气缸缸体上的滑轨移动，到达指定位置后，再旋紧紧定螺栓	传感器动作时，输出信号“1”，LED 亮；传感器不动作时，输出信号“0”，LED 不亮，实时检测夹紧气缸工作状态
5	加工台上漫射式光电接近开关	调整安装位置； 调整传感器上灵敏度设定旋钮	可靠检测出加工台有无工件的信号

3. 气动系统调试

内容包括检查气动系统连接检查和气缸动作速度调试，具体调试见表 3-6。

表 3-6　气动系统调试

序号	调试对象	调试方法	调试目的
1	检查气动控制回路	按气动控制回路图，检查气动系统连接	满足控制要求，避免错接、漏接。特别注意气缸的初始工作状态是否满足控制要求
2	冲压气缸、加工台伸缩气缸、物料夹紧气缸(气动手指)节流阀	旋紧或旋松节流螺钉	分别调整气缸动作速度，使气缸动作平稳可靠

4. PLC 程序调试

1) 调试步骤

(1) 程序的运行。将 S7-200 CPU 上的状态开关拨到 RUN 位置，CPU 上的黄色 STOP 指示灯灭，绿色 RUN 指示灯点亮。当 PLC 工作方式开关在 TERM 或 RUN 位置时，操作 STEP7-Micro/WIN32 的菜单命令或快捷按钮都可以对 CPU 工作方式进行软件设置。

(2) 程序监视。程序编辑器都可以在 PLC 运行时监视程序执行的过程和各元件的状态及数据。梯形图监视功能：拉开调试菜单，选中程序状态，这时闭合触点和通电线圈内部颜色变蓝(呈阴影状态)。在 PLC 的运行(RUN)工作状态，随输入条件的改变、定时及计数过程的运行，每个扫描周期的输出处理阶段将各个器件的状态刷新，可以动态显示各个定时、计数器的当前值，并用阴影表示触点和线圈通电状态，以便在线动态观察程序的运行。

(3) 动态调试。结合程序监视运行的动态显示，分析程序运行的结果，以及影响程序运行的因素，然后，退出程序运行和监视状态，在 STOP 状态下对程序进行修改编辑，重新编译、下载、监视运行，如此反复修改调试，直至得出正确运行结果。

2) 调试过程注意事项

(1) 下载、运行程序前的工作。必须认真检查程序，重点检查各执行机构之间是否会发生冲突，如何采取措施避免冲突，同一执行机构在不同阶段所做的动作是否能区分开。

(2) 认真、全面检查程序，并确保无误后，才可以运行程序，进行实际调试。否则如果程序存在问题，很容易造成设备损坏和人员伤害。

(3) 在调试过程中，仔细观察执行机构的动作，并且在调试运行记录表中做好实时记录，作为分析的依据，从而分析程序可能存在的问题。经调试，如果程序能够实现预期的控制功能，则应多运行几次，检查运行的可靠性，并进行程序优化。

(4) 在运行过程中，应该时刻注意现场设备的运行情况，一旦发生执行机构相互冲突事件，应该及时采取措施，如急停、切断执行机构控制信号、切断气源和切断总电源等，以避免造成设备损坏。

(5) 总结经验。把调试过程中遇到的问题、解决的方法记录下来。

3) 填写调试运行记录表

根据调试运行根据实际情况填写加工工作单元调试运行记录表，参考表 2-7。

检查与评估

根据每个学生实际完成情况进行客观的评价，评价内容见表 3-7 学习评价表。

表 3-7 学习评价表

姓名：　　　　　　　　　　班别：　　　组别：

项目 3　加工工作单元调试　　评价时间：　年　月　日

任务	工作内容	评价要点	配分	学生自评	学生互评	教师评分
任务 3.1 认识加工工作单元	1. 单元结构及组成	能说明各部件名称、作用及单元工作流程	10			
	2. 执行元件	能说明其名称、工作原理、作用				
	3. 传感器	能说明其名称、工作原理、作用				
任务 3.2 加工工作单元安装	1. 机械部件	按机械装配图，参考装配视频资料进行装配(装配是否完成；有无紧固件松动现象)	30			
	2. 气动连接	识读气动控制回路图并按图连接气路(连接是否完成或有错；有无漏气现象；气管有无绑扎或气路连接是否规范)				
	3. 电气连接	识读电气原理图并按图连接(连接是否完成或有错；端子连接、插针压接质量，同一端子超过 2 根导线；端子连接处有无线号等；电路接线有无绑扎或电路接线是否凌乱)				
任务 3.3 编制加工工作单元 PLC 控制程序	1. 写出 PLC 的 I/O 分配表	与 PLC 的 I/O 接线原理图是否相符	20			
	2. 写出单元初始工作状态	描述清楚、正确				
	3. 写出单元工作流程	描述清楚、正确				
	4. 按控制要求编写 PLC 程序	满足控制要求				

续表

任务	工作内容	评价要点	配分	学生自评	学生互评	教师评分
任务 3.4 加工工作单元运行调试	1.机械	满足控制要求	30			
	2. 电气(检测元件)	满足控制要求				
	3.气动系统	气动系统无漏气；动作平稳(气缸节流阀调整是否恰当)				
	4.PLC 程序	满足控制要求(加工操作顺序是否合理)				
职业素养与安全意识	职业素养与安全意识	1. 现场操作安全保护是否符合安全操作规程	10			
		2. 工具摆放、包装物品、导线线头等的处理是否符合职业岗位的要求				
		3. 是否有分工又有合作，配合紧密				
		4. 遵守纪律，尊重老师，爱惜实训设备和器材，保持工位的整洁				
评分小计						

习　题

1. 机械部件安装调试中，滑动加工台直线导轨的运动不是特别顺畅，应如何调整？

2. 请根据本项目给出的加工工作单元工作任务要求，写出供料工作单元工作的初始状态、启动条件、动作过程。

3. 请按要求编写 PLC 程序：为处理加工工作单元在加工过程中出现的意外情况，在工作任务中增急停功能，要求急停时，系统停止工作且状态保持，急停复位后从急停前的断点开始继续运行。

项目4

装配工作单元调试

项目目标

专业能力目标	了解装配工作单元的基本结构、工艺流程，掌握传感器、气动元件的工作原理，进行气动回路的连接，对特定的模块进行PLC编程，系统纠错，掌握加工工作单元调试技能
方法能力目标	培养查阅资料，通过自学获取新技术的能力，培养学生分析问题、制定工作计划的能力，评估工作结果（自我、他人）的能力
社会能力目标	培养良好的工作习惯，严谨的工作作风；培养较强的社会责任心和环境保护意识；培养自信心、自尊心和成就感；培养语言表达力

引言

装配工作单元是将该生产线中分散的两个物料进行装配，即完成把本单元料仓中的小圆柱形工件(黑、白两种颜色)装入物料台上的半成品工件中心孔的过程。装配工作单元实物如图4-1所示。

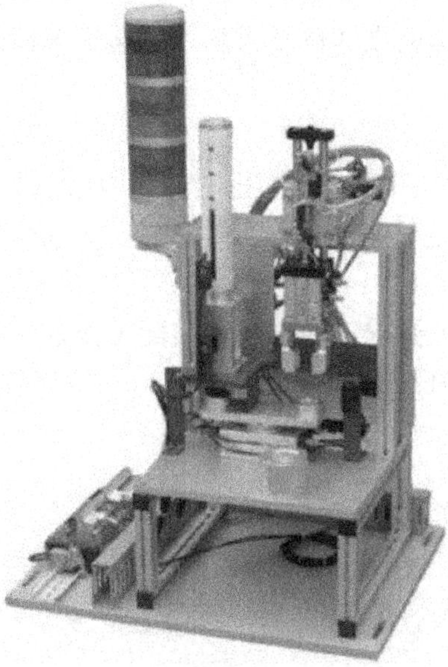
(a)前视图

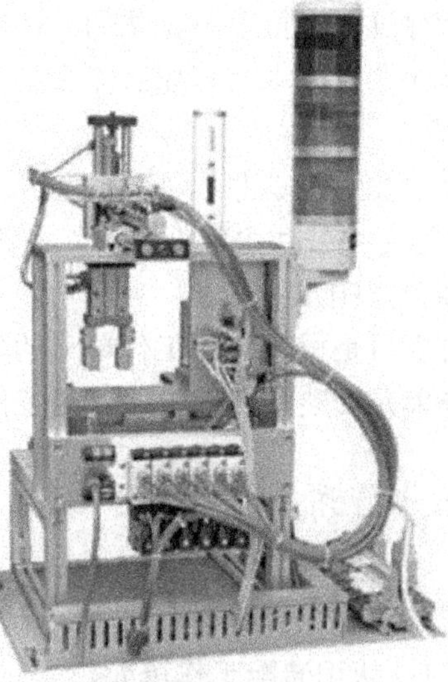
(b)背视图

图 4-1　装配工作单元实物

任务引入

自动生产线的装配工件环节由装配工作单元执行，本项目以 YL-335B 自动生产线的装配工作单元为学习载体，我们给装配工作单元设定的生产任务是装配工作单元作为独立设备运行完成装配生产任务，具体生产要求如下。

1) 主令控制及工作方式

装配工作单元工作的主令信号和工作状态显示信号来自 PLC 旁边的按钮/指示灯模块，按钮/指示灯模块上的工作方式选择开关 SA 应置于“单站方式”位置。

2) 装配单元初始工作状态

推料气缸处于伸出状态，顶料气缸处于缩回状态，料仓上已经有足够的小圆柱零件；装配机械手的升降气缸处于提升状态，伸缩气缸处于缩回状态，气爪处于松开状态。设备上电和气源接通后，若各气缸满足初始位置要求，且料仓上已经有足够的小圆柱零件；工件装配台上没有待装配工件。则“正常工作”指示灯 HL1 常亮，表示设备准备好。否则，该指示灯以 1Hz 频率闪烁。

3) 装配工件

若设备准备好，按下启动按钮，装配单元启动，“设备运行”指示灯 HL2 常亮。如果回转台上的左料盘内没有小圆柱零件，就执行下料操作；如果左料盘内有小圆柱零件，而右料盘内没有小圆柱零件，执行回转台回转操作。如果回转台上的右料盘内有小圆柱零件且装配台上有待装配工件，执行装配机械手抓取小圆柱零件，放入待装配工件中的操作。完成装配任务后，装配机械手应返回初始位置，等待下一次装配。

4) 停止

若在运行过程中按下停止按钮，则供料机构应立即停止供料，在装配条件满足的情况下，装配单元在完成本次装配后停止工作。

5) 报警

在运行中发生“零件不足”报警时，指示灯 HL3 会以 1Hz 的频率闪烁，HL1 和 HL2 灯常亮；在运行中发生“零件没有”报警时，指示灯 HL3 会以亮 1 秒、灭 0.5 秒的方式闪烁，HL2 熄灭，HL1 常亮。

本项目学习是根据装配工作单元的生产任务要求，通过认识装配工作单元的组成，完成装配工作单元安装、编程、调试的工作(学习)任务。

任务分析

1. 装配工作单元主要任务

任务 4.1：认识装配工作单元。

任务 4.2：装配工作单元安装。

① 机械：工作站的机械构造、安装。

② 气动：直线气缸、气动手指、气动摆台；气动元件的连接。

③ 电气：电气元件的连接。

任务 4.3：编制装配工作单元 PLC 控制程序。

任务 4.4：装配工作单元运行调试。传感器、气动系统、PLC 程序。

2. 装配工作单元调试的工作计划

装配工作单元调试的工作计划见表 4-1。

表 4-1　供料工作单元调试的工作计划表

任　务	工作内容	计划时间	实际完成时间	完成情况
任务 4.1　认识装配工作单元	1. 单元结构及组成			
	2. 执行元件			
	3. 传感器			
任务 4.2　装配工作单元安装	1. 机械部件			
	2. 气动系统连接			
	3. 电气连接			
任务 4.3　编制装配工作单元 PLC 控制程序	1. 写出 PLC 的 I/O 分配表			
	2. 写出单元初始工作状态			
	3. 写出单元工作流程			
	4. 按控制要求编写 PLC 程序			
任务 4.4　装配工作单元运行调试	1. 机械、气动系统			
	2. 电气(检测元件)			
	3. PLC 程序			
	4. 填写调试运行记录表			

任务 4.1　认识装配工作单元

1. 装配工作单元的结构组成

装配工作单元结构如图 4-2 所示，装配单元结构组成包括：管形料仓，供料机构，旋转物料台，机械手，待装配工件的定位机构，气动系统及其阀组，信号采集及其自动控制系统以及用于电器连接的端子排组件，整条生产线状态指示的信号灯和用于其他机构安装的铝型材支架及底板，传感器安装支架等其他附件。

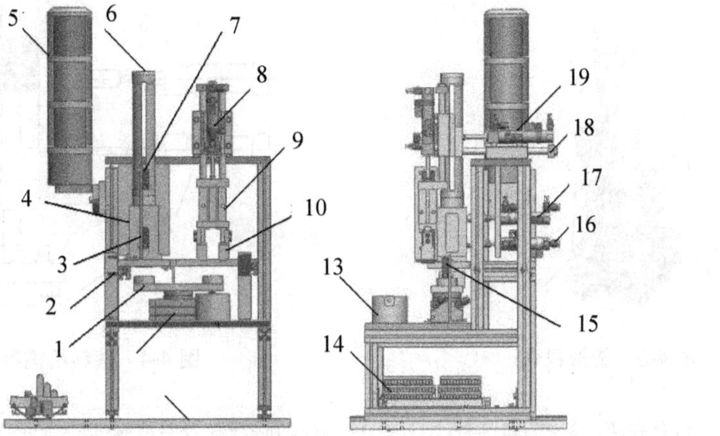

图 4-2　装配工作单元结构图

1—回转台；2—光电传感器 3；3—光电传感器 2；4—料仓底座；
5—警示灯；6—管形料仓；7—光电传感器 1；8—升降气缸；9—气动手指；
10—夹紧器；11—摆动气缸；12—底板；13—装配台；14—接线端口；
15—光电传感器 4；16—推料气缸；17—顶料气缸；18—伸缩导杆；19—伸缩气缸

1) 管形料仓

(1) 组成。它由塑料圆管和中空底座构成，如图 4-3 所示。塑料圆管顶端放置加强金属环，以防止破损。

(2) 作用及工作原理。管形料仓用来存储装配用的金属、黑色和白色小圆柱零件。工件竖直放入料仓的空心圆管内，由于二者之间有一定的间隙，使其能在重力作用下自由下落。在塑料圆管底部和底座处分别安装了两个漫反射光电传感器(E3Z-L 型)，并在料仓塑料圆柱上纵向铣槽，以使光电传感器的红外光斑能可靠照射到被检测的物料上，用来检测料仓供料不足和缺料时报警。

2) 落料机构

(1) 组成。落料机构剖视图如图 4-4 所示，料仓底座的背面安装了两个直线气缸。上面的气缸称为顶料气缸，下面的气缸称为推料气缸。

(2) 工作原理。系统气源接通后，顶料气缸的初始位置在缩回状态，推料气缸的初始位置在伸出状态。这样，当从料仓上面放下工件时，工件将被推料气缸活塞杆终端的挡块阻挡而不能落下。需要进行落料操作时，首先使顶料气缸伸出，把次下层的工件夹紧，然后推料气缸缩回，工件掉入旋转物料台的料盘中，推料气缸复位伸出，顶料气缸缩回，次下层工件跌落到推料气缸终端挡块上，为下一次供料准备。

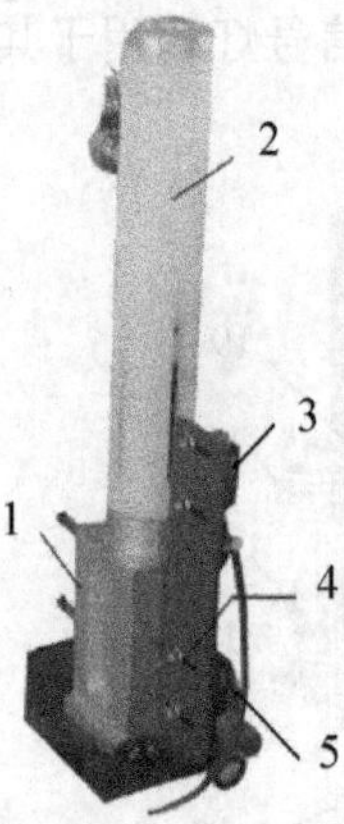

图 4-3　管形料仓

1—料仓底座；2—塑料圆管；
3，5—光电传感器；4—光电传感器支架

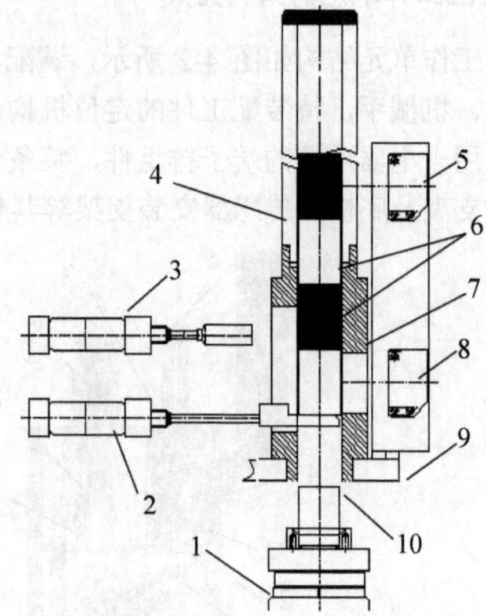

图 4-4　落料机构剖视图

1—物料回转台；2—推料气缸；3—顶料气缸；4—料仓；
5—光电传感器 1；6—小圆柱工件；7—料仓底座；
8—光电传感器 2；9—料仓固定底板；10—已供出的工件

3) 旋转物料台

(1) 组成。该机构由气动摆台(摆动气缸)和两个料盘组成，如图 4-5 所示。

(2) 工作原理。气动摆台能驱动料盘旋转 180°，把从供料机构落下到料盘的工件移动到装配机械手正下方，光电传感器 1 和光电传感器 2 分别用来检测左面和右面料盘是否有零件。

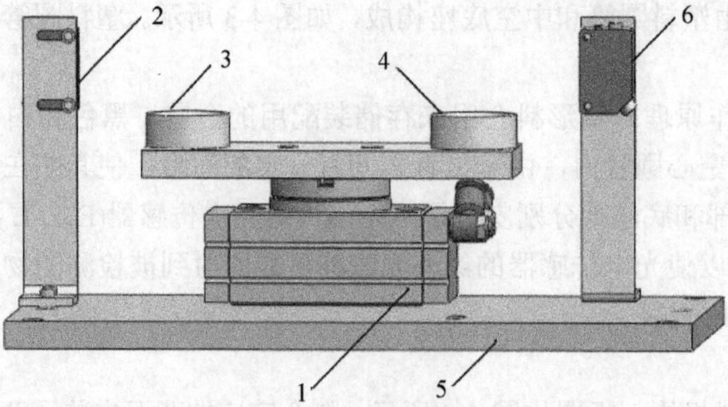

图 4-5　旋转物料台

1—摆动气缸；2—光电传感器 1；3—料盘 1；
4—料盘 2；5—装配台底板；6—光电传感器 2

4) 机械手

(1) 组成。装配机械手装置是一个三维运动的机构，它由水平方向移动和竖直方向移动的 2 个导杆气缸和气动手指组成，如图 4-6 所示。

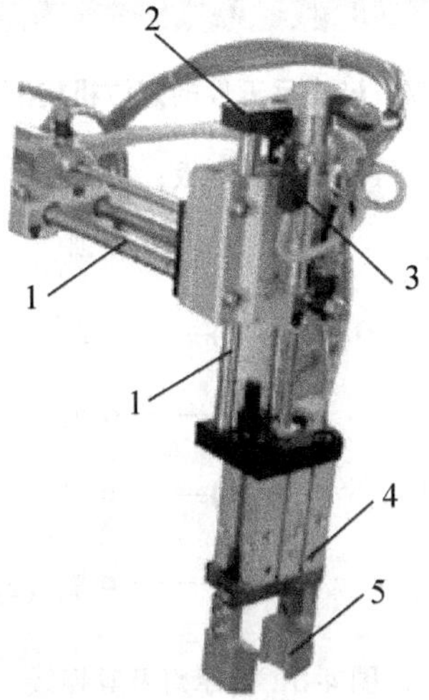

图 4-6　装配机械手

1—导杆气缸；2—行程调整板；3—磁性开关；4—气动手指；5—手爪

(2) 工作原理。装配机械手是整个装配工作单元的核心，当装配机械手正下方的回转物料台料盘上有小圆柱零件，且装配台侧面的光纤传感器检测到装配台上有待装配工件的情况下，机械手从初始状态开始执行装配操作：PLC 驱动与竖直移动气缸相连的电磁换向阀动作，由竖直移动带导杆气缸驱动气动手指向下移动，到位后，气动手指驱动手爪夹紧物料，并将夹紧信号通过磁性开关传送给 PLC，在 PLC 控制下，竖直移动气缸复位，被夹紧的物料随气动手指一并提起，离开旋转物料台的料盘，提升到最高位后，水平移动气缸在与之对应的换向阀的驱动下，活塞杆伸出，移动到气缸前端位置，竖直移动气缸再次被驱动下移，移动到最下端位置，气动手指松开，经短暂延时，竖直移动气缸和水平移动气缸缩回，机械手恢复初始状态。

在整个机械手动作过程中，除气动手指松开到位无传感器检测外，其余动作的到位信号检测均采用与气缸配套的磁性开关。将采集到的信号输入 PLC，由 PLC 输出信号驱动电磁阀换向，使由气缸及气动手指组成的机械手按程序自动运行。

5) 半成品工件的定位机构(装配台)

由料斗固定板和料斗组成，如图 4-7 所示。

输送单元运送来的半成品工件直接放置在该机构的料斗定位孔中，由定位孔与工件之间较小的间隙配合实现定位，从而完成准确的装配动作和定位精度。为了确定装配台料斗内是否放置了待装配工件，使用了光纤传感器进行检测。

6) 警示灯

本工作单元上安装有红、橙、绿三色警示灯，它是作为整个系统警示用的，如图 4-8 所示。

图 4-7　半成品工件的定位机构(装配台)

1—料斗固定板；2—料斗

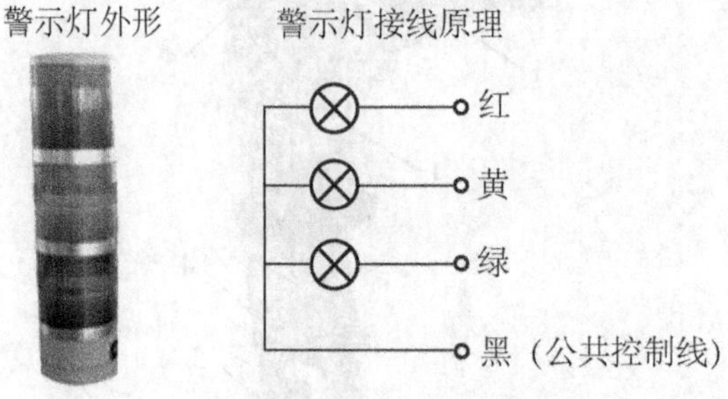

图 4-8　警示灯及其接线

警示灯有 5 根引出线，其中黄绿交叉线为“地线”；红色线：红色灯控制线；黄色线：橙色灯控制线；绿色线：绿色灯控制线；黑色线：信号灯公共控制线。

2. 装配工作单元的工作过程

设备准备好，即系统满足初始工作状态，按下启动按钮，装配单元启动。如果旋转物料台上的左料盘内没有小圆柱零件，落料机构就执行下料操作；如果左料盘内有零件，而右料盘内没有零件，回转台执行回转操作；当回转台上的右料盘内有小圆柱零件且装配台上有待装配工件，装配机械手执行装配工作：抓取小圆柱零件，放入待装配工件中的操作。完成装配任务后，装配机械手返回初始位置，等待下一次装配。

3. 装配工作单元中传感器的应用

装配工作单元中应用的传感器有磁性开关、漫射式光电开关、光纤传感器，如图 4-9 所示。

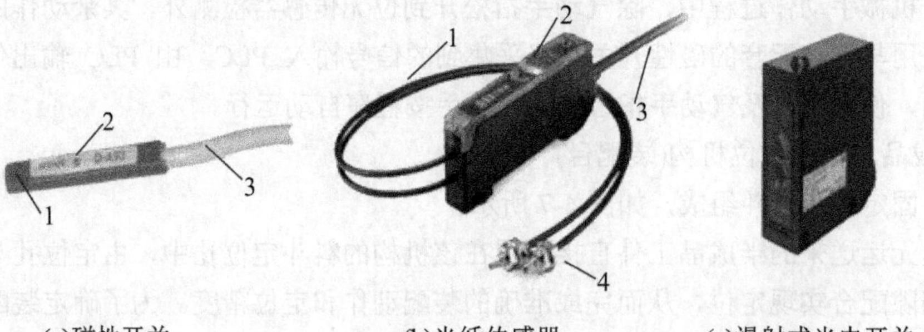

(a)磁性开关　　(b)光纤传感器　　(c)漫射式光电开关

1—紧定螺栓；2—LED 指示灯；3—导线　　1—光纤；2—放大器；3—信号线；4—光纤检测头

图 4-9　装配工作单元应用的传感器

1) 磁性开关用于检测气缸活塞的运动位置

(1) 落料机构中的顶料气缸和推料气缸上均装有检测活塞杆伸出与缩回到位的磁性开关，如图 4-10 所示。

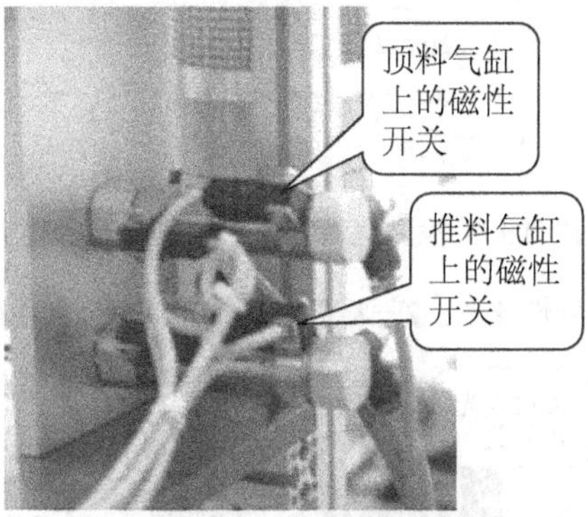

图 4-10　顶料气缸和推料气缸上的磁性开关

用于动作到位检测，当系统正常工作并检测到活塞磁钢的时候，磁性开关的红色指示灯点亮，并将检测到的信号传送给控制系统的 PLC。

(2) 控制装配机械手水平方向移动和竖直方向移动的两个导杆气缸均装有磁性开关，用于检测装配机械手的水平方向移动伸出与缩回、竖直方向移动上限与下限动作是否到位，气动手指(手爪气缸)上装有一个磁性开关用于检测气动手指夹紧状态。如图 4-11 所示。

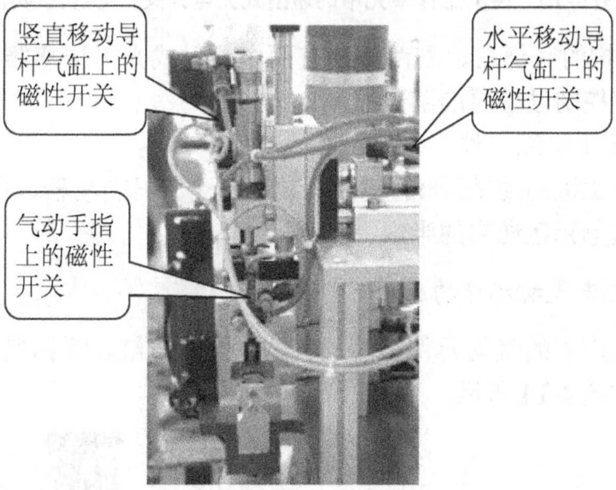

图 4-11　装配机械手上的磁性开关

(3) 旋转物料台中的气动摆台上装有两个磁性开关，用于检测旋转到位(左旋到位、右旋到位)信号，如图 4-12 所示。

2) 漫射式光电开关用于检测工件

漫射式光电开关在装配工作单元中的应用如图 4-13 所示。

(1) 简易物料仓库的底部和第四个工件两个位置的外部安装有两个漫射式光电开关，并在料仓塑料圆柱上纵向铣槽，以使光电传感器的红外光斑能可靠照射到被检测的物料上，分别用于检测物料仓库缺料和物料不足。

图 4-12　磁性开关检测旋转物料台中气动摆台旋转到位情况

1—磁性开关；2—料盘；3—物料；4—气动摆台

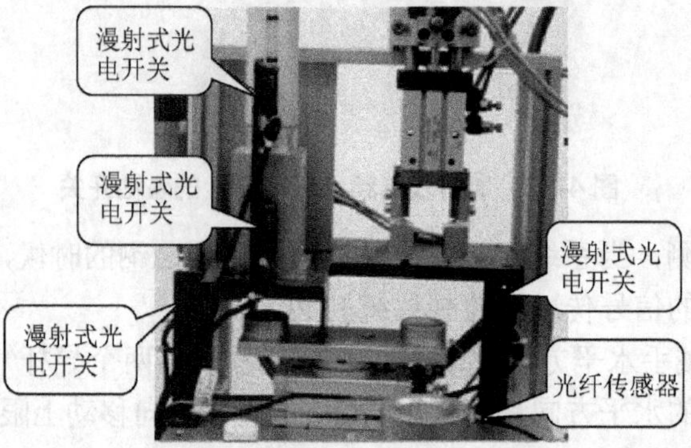

图 4-13　装配工作单元中的漫射式光电开关和光纤传感器

(2) 物料分配机构的底部左、右两侧装有两个漫射式光电传感器，分别用于检测左、右料盘有无物料，使控制过程更准确可靠。

3) 光纤传感器用于检测工件

半成品工件的定位机构(装配台)的料斗上装有 1 个光纤传感器，如图 4-13 所示，用于检测料斗中有无输送单元运送来的半成品工件。

4. 装配工作单元中气动元件的应用

装配工作单元中应用的气动元件有笔形气缸、导杆气缸、手指气缸、摆动气缸、节流阀和电磁阀组等，如图 4-14 所示。

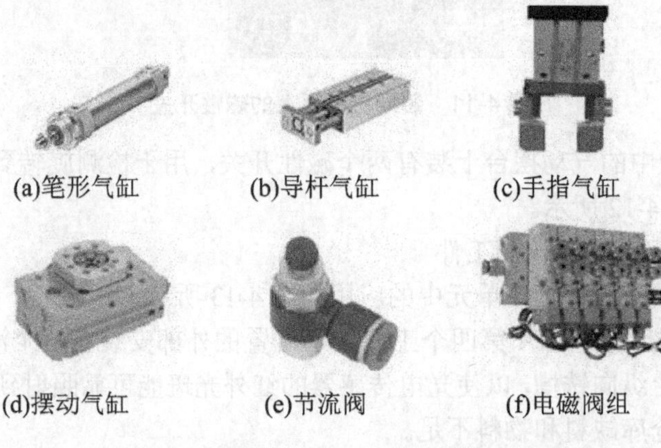

(a)笔形气缸　(b)导杆气缸　(c)手指气缸

(d)摆动气缸　(e)节流阀　(f)电磁阀组

图 4-14　装配工作单元中应用的气动元件

(1) 笔形气缸用于顶料和推料。装配工作单元中落料机构的顶料气缸和推料气缸均为笔形气缸，完成顶料和挡料工作，气缸动作速度通过单向节流阀调节。

(2) 导杆气缸用于手爪伸缩、升降控制。装配机械手水平方向移动(手爪伸缩)和竖直方向移动(手爪升降)的控制由两个导杆气缸执行，气缸动作速度通过单向节流阀调节。

(3) 手指气缸用于手爪夹紧控制。装配机械手应用一个手指气缸完成手爪夹紧工件控制，气缸动作速度通过单向节流阀调节。

(4) 摆动气缸(气缸手指)用于驱动料盘旋转。在旋转物料台中气动摆台驱动料盘旋转180°，完成物料位置转换。气缸动作速度通过单向节流阀调节。

(5) 电磁阀组的应用。装配工作单元的阀组由 6 个二位五通单电控电磁换向阀组成，6 个控制阀集中安装在装有消声器的汇流板上，如图 4-14(f)所示。这些阀分别对物料分配，位置变换和装配动作气路进行控制，以改变各自的动作状态。

任务 4.2　装配工作单元安装

1. 供料单元机械部件组装

1) 安装要求

按照装配工作单元机械装配图及参照装配工作单元实物全貌图进行组装。

2) 安装的步骤

按照“零件→组件→总装”步骤进行。具体是首先把装配工作单元各组合成整体安装时的组件，然后把组件进行总装。所组合成的组件如图 4-15 所示。

(a) 小工件供料组件　　(b) 装配回转台组件　　(c) 装配机械手组件

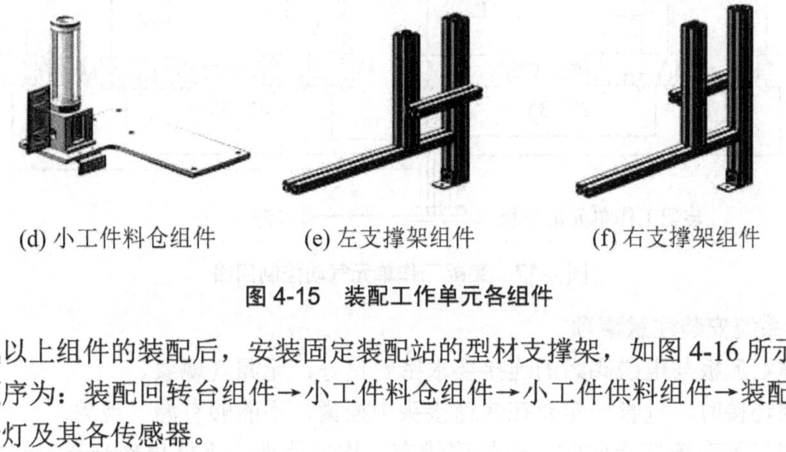

(d) 小工件料仓组件　　(e) 左支撑架组件　　(f) 右支撑架组件

图 4-15　装配工作单元各组件

在完成以上组件的装配后，安装固定装配站的型材支撑架，如图 4-16 所示。

总装顺序为：装配回转台组件→小工件料仓组件→小工件供料组件→装配机械手组件→安装警示灯及其各传感器。

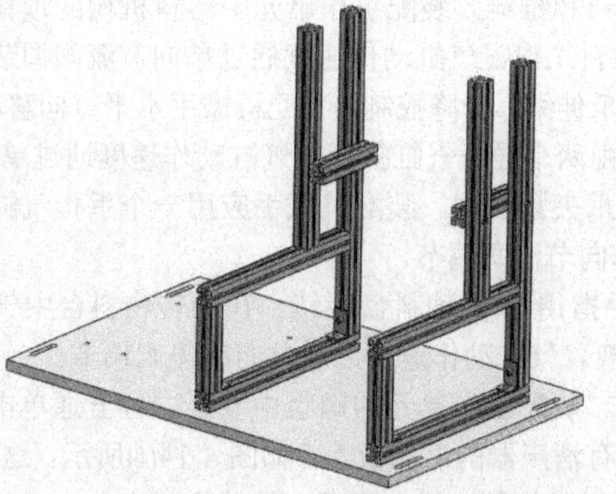

图 4-16 固定装配工作单元的型材支撑架

3) 安装注意事项

(1) 装配时要注意摆台的初始位置，以免装配完后摆动角度不到位。

(2) 预留螺栓的放置一定要足够，以免造成组件之间不能完成安装。

(3) 建议先进行装配，但不要一次拧紧各固定螺栓，待相互位置基本确定后，再依次进行调整固定。

2. 气动系统连接

1) 气动系统的连接

装配工作单元气动控制回路如图 4-17 所示。从汇流排开始，按图进行气动系统连接。并将气泵与过滤调压组件连接，在过滤调压组件上设定压力为 6×10^5Pa。

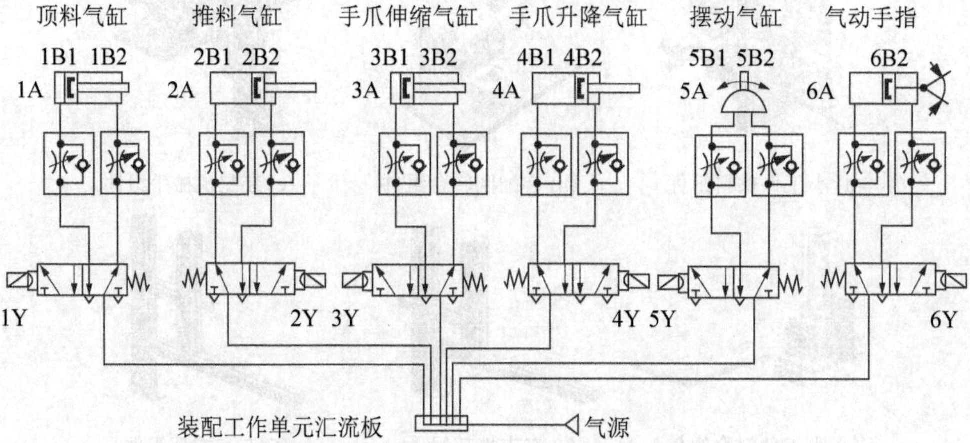

图 4-17 装配工作单元气动控制回路

2) 气动系统安装注意事项

(1) 气体汇流板与电磁阀组的连接要求密封良好，无漏气现象。

(2) 气路连接时，气管一定要在快速接头中插紧，不能够有漏气现象。

(3) 气路气管在连接走向时，应按序排布，均匀美观，不能出现交叉、打折、叠落、顺序凌乱现象，所有外露气管用尼龙扎带进行绑扎，松紧程度以不使气管变形为宜。

3. 电气连接

1) 电气连接

根据装配工作单元生产任务要求，PLC 的 I/O 接线原理图如 4-18 所示。装配工作单元 PLC 的 I/O 接线可参照进行连接。

连接的内容如下。

(1) 装配工作单元装置侧接线。完成各传感器、电磁阀、电源端子等引线到装置侧接线端口之间的接线。装配工作单元装置侧的接线端口信号端子的分配见表 4-2。

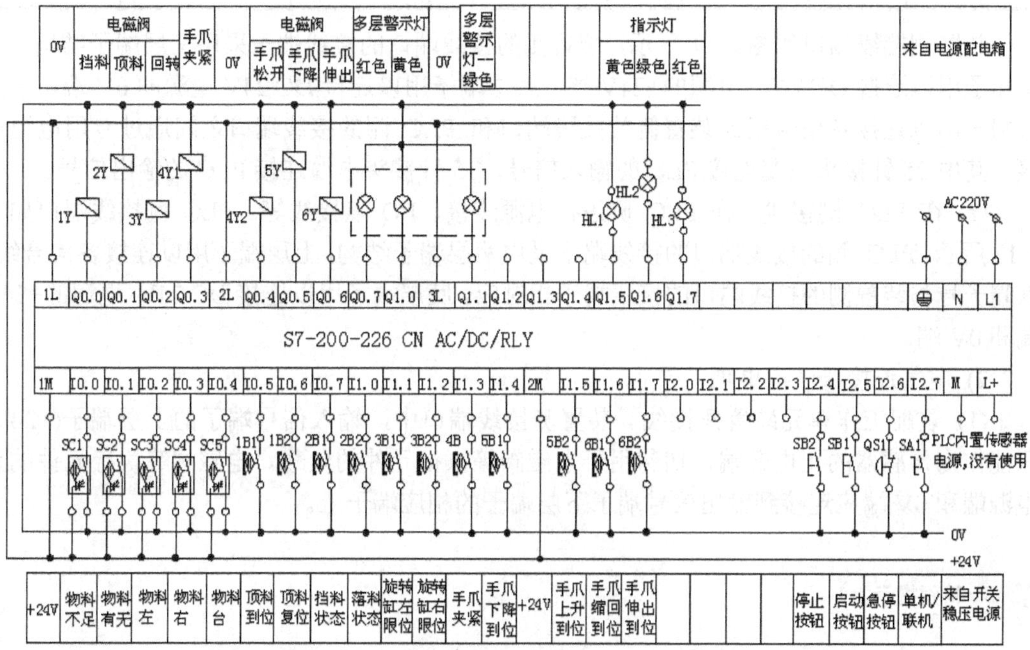

图 4-18　装配工作单元 PLC 的 I/O 接线原理图

表 4-2　装配工作单元装置侧的接线端口信号端子分配表

输入端口中间层			输出端口中间层		
端子号	设备符号	信号线	端子号	设备符号	信号线
2	SC1	零件不足检测	2	1Y	推料电磁阀
3	SC2	零件有无检测	3	2Y	顶料电磁阀
4	SC3	左料盘零件检测	4	3Y	回转电磁阀
5	SC4	右料盘零件检测	5	4Y1	手爪夹紧电磁阀
6	SC5	装配台工件检测	6	4Y2	手爪放松电磁阀
7	1B1	顶料到位检测	7	5Y	手爪下降电磁阀
8	1B2	顶料复位检测	8	6Y	手臂伸出电磁阀
9	2B1	推料状态检测	9	AL1	红色警示灯
10	2B2	落料状态检测	10	AL2	橙色警示灯
11	5B1	摆动气缸左限检测	11	AL3	绿色警示灯
12	5B2	摆动气缸右限检测	12		

续表

输入端口中间层			输出端口中间层		
端子号	设备符号	信号线	端子号	设备符号	信号线
10	6B2	手爪夹紧检测	13		
14	4B2	手爪下降到位检测	14		
15	4B1	手爪上升到位检测			
16	3B1	手臂缩回到位检测			
17	3B2	手臂伸出到位检测			

装置侧接线端口如图 2-11 所示，装置侧的接线端口的接线端子采用三层端子结构，上层端子用以连接 DC 24V 电源的+24V 端，底层端子用以连接 DC 24V 电源的 0V 端，中间层端子用以连接各信号线。装置侧的接线端口和 PLC 侧的接线端口之间通过专用电缆连接。其中 25 针接头电缆连接 PLC 的输入信号，15 针接头电缆连接 PLC 的输出信号。

(2) 在 PLC 侧接线。在 PLC 侧进行电源连接、I/O 点接线等。PLC 侧接线端口如图 2-12 所示。PLC 侧的接线端口的接线端子采用两层端子结构，上层端子用以连接各信号线，其端子号与装置侧的接线端口的接线端子相对应。底层端子用以连接 DC 24V 电源的+24V 端和 0V 端。

2) 电气连接时注意事项

(1) 装配工作单元装置侧接线。装置侧接线端口中，输入信号端子的上层端子(+24V)只能作为传感器的正电源端，切勿用于电磁阀等执行元件的负载。电磁阀等执行元件的正电源端和 0V 端应连接到输出信号端子下层端子的相应端子上。

特别提示

气缸磁性开关和漫射式光电感应器的极性不能接反。

(2) PLC 侧的接线。包括电源接线，PLC 的 I/O 点和 PLC 侧接线端口之间的连线，PLC 的 I/O 点与按钮指示灯模块的端子之间的连线，具体接线要求与工作任务有关。

(3) 电气接线的工艺要求应符合国家职业标准的规定。

导线连接到端子时，导线端做冷压插针处理，线端套规定的线号；连接线须有符合规定的标号；每一端子连接的导线不超过两根；导线走向应该平顺有序，线路应该用尼龙带进行绑扎，绑扎力度以不使导线外皮变形为宜，力求整齐美观。

任务 4.3　编制装配工作单元 PLC 控制程序

依据装配工作单元的生产任务要求(在任务引入中)，编写装配工作单元单站独立运行 PLC 控制程序。

1. 装配工作单元的控制器 PLC 选用

装配单元的 I/O 点较多，选用 S7-226 AC/DC/RLY 主单元，共 24 点输入，16 点继电器输出。

2. 写出 PLC 的 I/O 地址分配表

参照 PLC 的 I/O 接线原理图，写出 PLC 的 I/O 地址分配表，见表 4-3。

表 4-3 装配工作单元 PLC I/O 地址分配表

序号	PLC 输入点	信号名称	信号来源	序号	PLC 输出点	信号名称	信号来源
1	I0.0			1	Q0.0		
2	I0.1			2	Q0.1		
3	I0.2			3	Q0.2		
4	I0.3			4	Q0.3		
5	I0.4			5	Q0.4		
6	I0.5			6	Q0.57		
7	I0.6			7	Q0.6		
8	I0.7			8	Q0.7		
9	I1.0			9	Q1.0		
10	I1.1			10	Q1.1		
11	I1.2			11	Q1.2		
12	I1.3			12	Q1.3		
13	I1.4			13	Q1.4		
14	I1.5			14	Q1.5		
15	I1.6			15	Q1.6		
16	I1.7			16	Q1.7		
17	I2.0						
18	I2.1						
19	I2.2						
20	I2.3						
21	I2.4						
22	I2.5						
23	I2.6						
24	I2.7						

3. 装配工作单元的控制器 PLC 选用

根据工作单元功能要求，确定初始工作状态，写出工作流程(动作顺序)。

4. 编写 PLC 控制程序

编写装配工作单元单站独立运行 PLC 控制程序，并下载至 PLC。

5. 编程要点

(1) 程序结构。装配工作单元的工作过程包括两个相互独立的子过程，一个是供料过程，另一个是装配过程。在主程序中，当初始状态检查结束，确认单元准备就绪，按下启动按钮进入运行状态后，应同时调用供料控制和装配控制两个子程序。

供料过程就是通过供料机构的操作，使料仓中的小圆柱零件落下到摆台左边料盘上；

然后摆台转动，使装有零件的料盘转移到右边，以便装配机械手抓取零件。注意供料控制过程包含落料和旋转物料台旋转两个互相联锁的过程。在小圆柱零件从料仓下落到左料盘的过程中，禁止摆台转动；在摆台转动过程中，禁止打开料仓(推料气缸缩回)落料。

装配过程是当装配台上有待装配工件，且装配机械手下方有小圆柱零件时，进行装配操作。

(2) 装配工作单元供料过程的落料控制和装配控制过程都是单序列步进顺序控制。

(3) 停止运行处理。停止运行的操作在主程序中编制，停止运行有两种情况。一是在运行中按下停止按钮，停止指令被置位；另一种情况是当料仓中最后一个零件落下时，检测物料有无的传感器动作(I0.1 OFF)，将发出缺料报警。

对于供料过程的落料控制，上述两种情况均应在料仓关闭，顶料气缸复位到位即返回到初始步后停止下次落料，并复位落料初始步。

对于摆台转动控制，一旦停止指令发出，则应立即停止摆台转动。

对于装配控制，上述两种情况也应在一次装配完成，装配机械手返回到初始位置后停止。

复位运行状态标志和停止指令的条件是落料机构和装配机械手均返回到初始位置。

6. 编程参考

1) 主程序中调用供料控制、装配控制子程序

主程序中调用供料控制、装配控制子程序梯形图如图 4-19 所示。

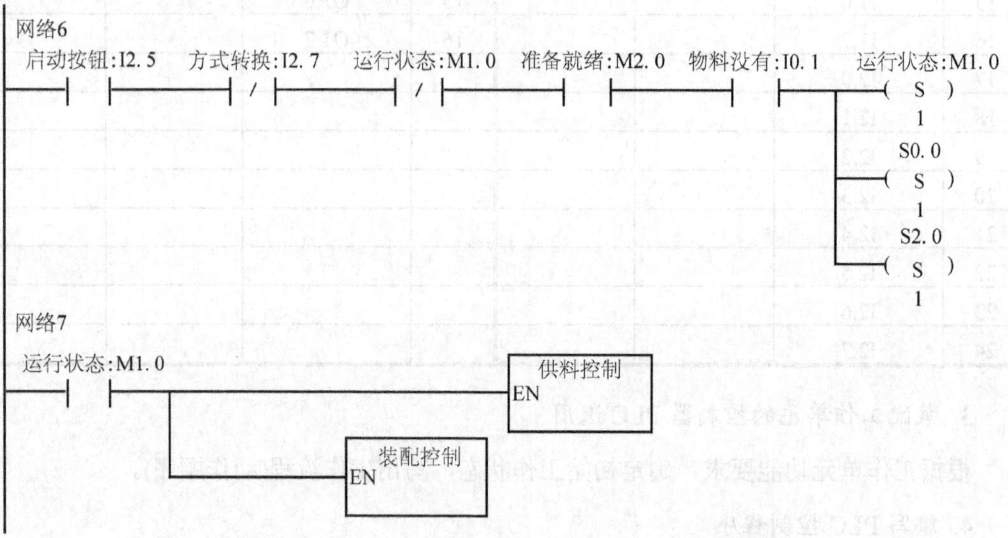

图 4-19 主程序中调用供料控制、装配控制子程序梯形图

2) 气动摆台转动操作

气动摆台转动操作梯形图如图 4-20 所示。

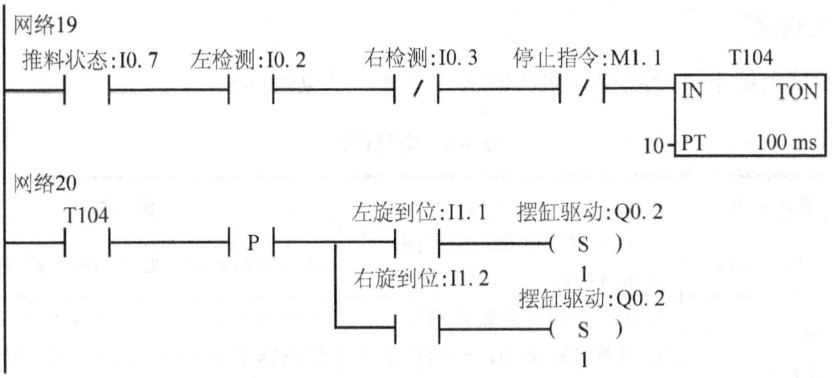

图 4-20 气动摆台转动操作梯形图

3) 停止运行操作

停止运行操作梯形图如图 4-21 所示。

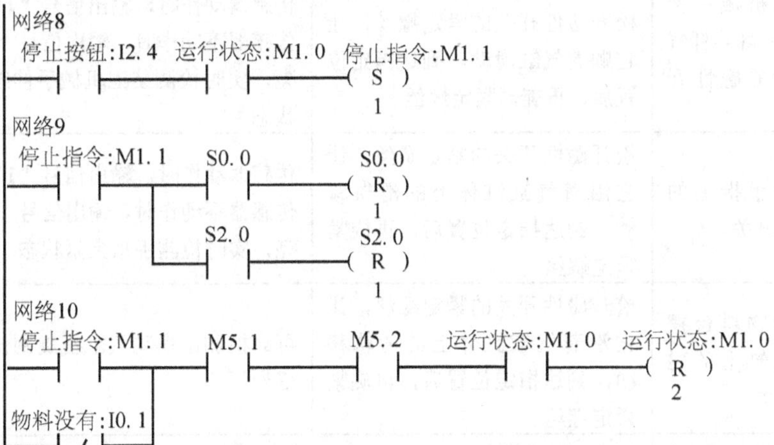

图 4-21 停止运行操作梯形图

任务 4.4 装配工作单元运行调试

装配工作单元调试内容分为机械部件调试、电气调试、气动系统调试、PLC 程序调试。

1. 机械部件调试

具体机械部件调试见表 4-4。

表 4-4 机械部件调试

序号	调试对象	调试方法	调试目的
1	安装在导杆末端的行程调整板	松开行程调整板上的紧定螺栓，让行程调整板在导杆上移动，当达到理想的伸出距离以后，再完全锁紧紧定螺栓，完成行程的调节	调整装配机械手导杆气缸伸出行程(水平、竖直)，达到理想的伸出距离，使装配机械手准确的抓取、装配工件

2. 电气调试

电气调试包括电气接线和传感器调试，具体调试见表 4-5。

表 4-5 电气调试

序号	调试对象	调试方法	调试目的
1	检查电气接线	按 PLC 的 I/O 接线原理图，检查电气接线	满足控制要求，避免错接、漏接
2	推料气缸上的磁性开关	松开磁性开关的紧定螺丝，让它顺着气缸滑动，到达指定位置后，再旋紧紧定螺丝	传感器动作时，输出信号“1”，LED 亮；传感器不动作时，输出信号“0”，LED 不亮，实时检测推料状态
3	顶料气缸上的磁性开关	松开磁性开关的紧定螺丝，让它顺着气缸滑动，到达指定位置后，再旋紧紧定螺丝	传感器动作时，输出信号“1”，LED 亮；传感器不动作时，输出信号“0”，LED 不亮，实时检测顶料状态
4	装配机械手伸缩、升降导杆气缸上的磁性开关	松开磁性开关的紧定螺丝，让它顺着气缸滑动，到达指定位置后，再旋紧紧定螺丝	传感器动作时，输出信号“1”，LED 亮；传感器不动作时，输出信号“0”，LED 不亮，实时检测装配机械手伸缩、升降到位状态
5	气动手指上的磁性开关	松开磁性开关的紧定螺丝，让它沿着气缸缸体上的滑轨移动，到达指定位置后，再旋紧紧定螺丝	传感器动作时，输出信号“1”，LED 亮；传感器不动作时，输出信号“0”，LED 不亮，实时检测手爪夹紧状态
6	旋转物料台摆动气缸上的磁性开关	松开磁性开关的紧定螺丝，让它沿着气缸缸体上的滑轨移动，到达指定位置后，再旋紧紧定螺丝	可靠检测出摆动气缸左旋到位、右旋到位信号
7	管形料仓、旋转物料台中的漫射式光电接近开关	调整安装位置； 调整传感器上灵敏度设定旋钮。光电传感器的灵敏度调整应以能检测到黑色物料为准	可靠检测出工件有无信号
8	半成品工件的定位机构(装配台)料斗上的光纤传感器	调整安装位置； 调整传感器上灵敏度设定旋钮	可靠检测出工件有无信号

3. 气动系统调试

气动系统调试内容包括检查气动系统连接和气缸动作速度调试，具体调试见表 4-6。

表 4-6 气动系统调试

序号	调试对象	调试方法	调试目的
1	检查气动控制回路	按气动控制回路图，检查气动系统连接	满足控制要求，避免错接、漏接

续表

序号	调试对象	调试方法	调试目的
2	推料气缸、顶料气缸、双导杆气缸(伸缩、升降)、气动手指、气动摆台上的节流阀	旋紧或旋松节流螺钉	分别调整气缸动作速度，使气缸动作平稳可靠
3	气动摆台的摆动回转角度	(1) 松开调节螺杆上的反扣螺母，通过旋入和旋出调节螺杆，从而改变回转凸台的回转角度，调节螺杆 1 和调节螺杆 2 分别用于左旋和右旋角度的调整 (2) 当调整好摆动角度后，应将反扣螺母与基体反扣锁紧，防止调节螺杆松动，造成回转精度降低	气动摆台的摆动回转角度满足物料变换位置准确要求

4. PLC 程序调试

1) 调试步骤

(1) 程序的运行。将 S7-200 CPU 上的状态开关拨到 RUN 位置，CPU 上的黄色 STOP 指示灯灭，绿色 RUN 指示灯点亮。当 PLC 工作方式开关在 TERM 或 RUN 位置时，操作 STEP7-Micro/WIN32 的菜单命令或快捷按钮都可以对 CPU 工作方式进行软件设置。

(2) 程序监视。程序编辑器都可以在 PLC 运行时监视程序执行的过程和各元件的状态及数据。梯形图监视功能：拉开调试菜单，选中程序状态，这时闭合触点和通电线圈内部颜色变蓝(呈阴影状态)。在 PLC 的运行(RUN)工作状态，随输入条件的改变、定时及计数过程的运行，每个扫描周期的输出处理阶段将各个器件的状态刷新，可以动态显示各个定时、计数器的当前值，并用阴影表示触点和线圈通电状态，以便在线动态观察程序的运行。

(3) 动态调试。结合程序监视运行的动态显示，分析程序运行的结果，以及影响程序运行的因素，然后，退出程序运行和监视状态，在 STOP 状态下对程序进行修改编辑，重新编译、下载、监视运行，如此反复修改调试，直至得出正确运行结果。

2) 调试过程注意事项

(1) 下载、运行程序前的工作。必须认真检查程序，重点检查各执行机构之间是否会发生冲突，如何采取措施避免冲突，同一执行机构在不同阶段所做的动作是否能区分开。

(2) 在认真、全面检查了程序，并确保无误后，才可以运行程序，进行实际调试。否则如果程序存在问题，很容易造成设备损坏和人员伤害。

(3) 在调试过程中，仔细观察执行机构的动作，并且在调试运行记录表中做好实时记录，作为分析的依据，从而分析程序可能存在的问题。经调试，如果程序能够实现预期的控制功能，则应多运行几次，检查运行的可靠性，并进行程序优化。

(4) 在运行过程中，应该时刻注意现场设备的运行情况，一旦发生执行机构相互冲突事件，应该及时采取措施。如急停、切断执行机构控制信号、切断气源和切断总电源等，以避免造成设备损坏。

(5) 总结经验，把调试过程中遇到的问题、解决的方法记录下来。

3) 填写调试运行记录表

根据调试运行根据实际情况填写调试运行记录表。

检查与评估

根据每个学生实际完成情况进行客观的评价，评价内容见表4-7学习评价表。

表4-7　学习评价表

姓名：　　　　　　　　　　　　　　　班别　　　组别：

项目4　装配工作单元调试　　　　评价时间：　年　　月　　日

序号	工作内容	评价要点	配分	学生自评	学生互评	教师评分
任务4.1 认识装配单元	1. 单元结构及组成	能说明各部件名称、作用及单元工作流程	10			
	2. 执行元件	能说明其名称、工作原理、作用				
	3. 传感器	能说明其名称、工作原理、作用				
任务4.2 装配工作单元安装	1. 机械部件	按机械装配图，参考装配视频资料进行装配(装配是否完成；有无紧固件松动现象)	30			
	2. 气动连接	识读气动控制回路图并按图连接气路(连接是否完成或有错；有无漏气现象；气管有无绑扎或气路连接是否规范)				
	3. 电气连接	识读电气原理图并按图连接(连接是否完成或有错；端子连接、插针压接质量，同一端子超过2根导线；端子连接处有无线号等；电路接线有无绑扎或电路接线是否凌乱)				
任务4.3 编制装配工作单元PLC控制程序	1. 写出PLC的I/O分配表	与PLC的I/O接线原理图是否相符	20			
	2. 写出单元初始工作状态	描述清楚、正确				
	3. 写出单元工作流程	描述清楚、正确				
	4. 按控制要求编写PLC程序	满足控制要求				
任务4.4 装配工作单元运行调试	1. 机械	满足控制要求	30			
	2. 电气(检测元件)	满足控制要求				
	3. 气动系统	气动系统无漏气；动作平稳(气缸节流阀调整是否恰当)				
	4. PLC程序	满足控制要求(料仓中工件落下时是否满足控制要求；回转台能否完成把工件转移到装配机械手手爪下，实现回转定位的准确性；装配操作顺序是否合理)				
	5. 填写调试运行记录表	按实际填写调试运行记录表，是否符合控制要求				

续表

序号	工作内容	评价要点	配分	学生自评	学生互评	教师评分
职业素养与安全意识	职业素养与安全意识	1.现场操作安全保护是否符合安全操作规程	10			
		2.工具摆放、包装物品、导线线头等的处理是否符合职业岗位的要求				
		3.是否有分工又有合作，配合紧密				
		4.遵守纪律，尊重老师，爱惜实训设备和器材，保持工位的整洁				
评分小计						

习　　题

1. 请根据本项目给出的装配工作单元工作任务要求，写出装配工作单元工作的初始状态、启动条件、动作过程。

2. 请按要求编写 PLC 程序：为处理装配工作单元在装配过程中出现的意外情况，在工作任务中增加急停功能。

项目5

分拣工作单元调试

项目目标

专业能力目标	了解分拣工作单元的基本结构、工艺流程，漫反射光电传感器的工作原理，气动回路的连接，对特定的模块进行PLC编程，系统纠错，掌握分拣工作单元调试技能
方法能力目标	培养查阅资料，通过自学获取新技术的能力，培养分析问题、制定工作计划的能力，评估工作结果（自我、他人）的能力
社会能力目标	培养良好的工作习惯，严谨的工作作风；培养较强的社会责任心和环境保护意识；培养自信心、自尊心和成就感；培养语言表达力

引言

分拣工作单元是YL-335B中最末的单元，完成对上一单元送来的已加工、装配的工件进行分拣，使不同性质(如颜色、材料)的工件从不同的滑槽分流的功能。分拣工作单元实物全貌如图5-1所示。

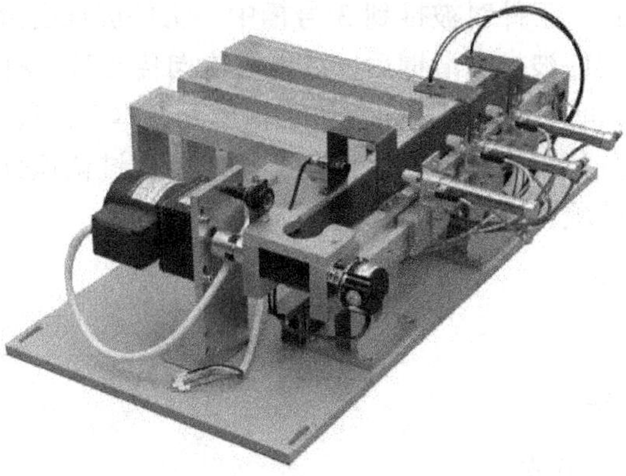

图 5-1　分拣工作单元实物全貌

任务引入

自动生产线的分拣工件环节由分拣工作单元执行，本项目以 YL-335B 自动生产线的分拣工作单元为学习载体，我们给分拣工作单元设定的生产任务是分拣工作单元作为独立设备运行完成产品分拣生产任务，具体生产要求如下。

(1) 分拣要求。完成对白色芯金属工件、白色芯塑料工件和黑色芯的金属或塑料工件进行分拣。为了在分拣时准确推出工件，要求使用旋转编码器作定位检测。并且工件材料和芯体颜色属性应在推料气缸前的适应位置被检测出来，如图 5-2 所示。

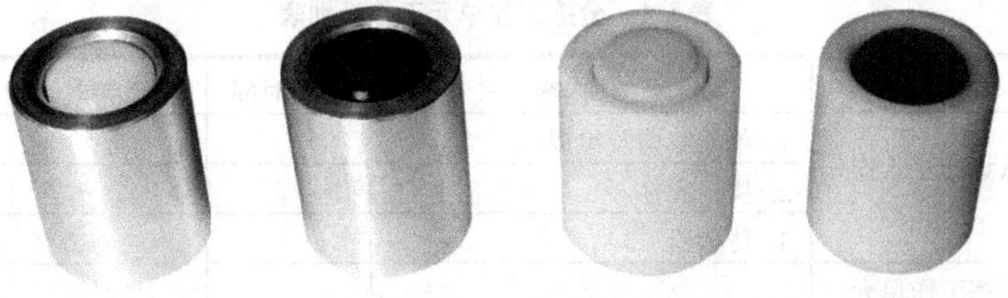

(a)金属-(白)　(b)金属-(黑)　(c)塑料-(白)　(d)塑料-(黑)

图 5-2　需分拣工件的分类

(2) 主令控制及工作方式。单元工作的主令信号和工作状态显示信号来自 PLC 旁边的按钮/指示灯模块，按钮/指示灯模块上的工作方式选择开关 SA 应置于“单站方式”位置。

(3) 分拣工作单元初始工作状态。设备上电和气源接通后，工作单元的 3 个气缸均处于缩回位置，则“正常工作”指示灯 HL1 常亮，表示设备准备好。否则，该指示灯以 1Hz 频率闪烁。

(4) 分拣。若设备准备好，按下启动按钮，系统启动，“设备运行”指示灯 HL2 常亮。当传送带入料口人工放入已装配的工件时，变频器即启动，驱动传动电动机以频率固定为 30Hz 的速度，把工件带往分拣区。如果工件为白色芯金属件，则该工件对到达 1 号滑槽中间，传送带停止，工件对被推到 1 号槽中；如果工件为白色芯塑料，则该工件对到达 2 号滑槽中间，传送带停止，工件对被推到 2 号槽中；如果工件为黑色芯，则该工件对到达 3

号滑槽中间，传送带停止，工件对被推到 3 号槽中。工件被推出滑槽后，该工作单元的一个工作周期结束。仅当工件被推出滑槽后，才能再次向传送带下料。

(5) 停止。在运行期间按下停止按钮，该工作单元在本工作周期结束后停止运行。

本项目学习是根据分拣工作单元的生产任务要求，通过认识分拣工作单元的组成，完成分拣工作单元安装、编程、调试的工作(学习)任务。

任务分析

1. 分拣单元主要任务

任务 5.1：认识分拣工作单元。

任务 5.2：分拣工作单元中变频调速应用(西门子 MM420 变频器使用)。

任务 5.3：分拣工作单元安装。

① 机械：工作站的机械构造、安装。

② 气动：直线气缸等气动元件的连接。

③ 电气：电气元件的连接。

任务 5.4：编制分拣工作单元 PLC 控制程序。

任务 5.5：分拣工作单元运行调试：传感器、气动系统、PLC 程序。

2. 分拣工作单元调试的工作计划

分拣工作单元调试的计划表见表 5-1。

表 5-1　分拣工作单元工作计划表

任　务	工作内容	计划时间	实际完成时间	完成情况
任务 5.1　认识分拣工作单元	1. 单元结构及组成			
	2. 执行元件			
	3. 传感器			
任务 5.2　分拣工作单元中变频调速应用	西门子 MM420 变频器使用			
任务 5.3　分拣工作单元安装	1. 机械部件			
	2. 气动系统连接			
	3. 电气连接			
任务 5.4　编制分拣工作单元 PLC 控制程序	1. 写出 PLC 的 I/O 分配表			
	2. 写出单元初始工作状态			
	3. 写出单元工作流程			
	4. 按控制要求编写 PLC 程序			
任务 5.5　分拣工作单元运行调试	1. 机械、气动系统			
	2. 电气(检测元件)			
	3. 变频器参数设置			
	4. PLC 程序			
	5. 填写调试运行记录表			

任务 5.1　认识分拣工作单元

1. 分拣单元的结构组成

分拣单元的结构组成如图 5-3 所示。其主要结构组成为：传送和分拣机构，传动机构，变频器模块，电磁阀组，接线端口，PLC 模块，按钮/指示灯模块、底板等。

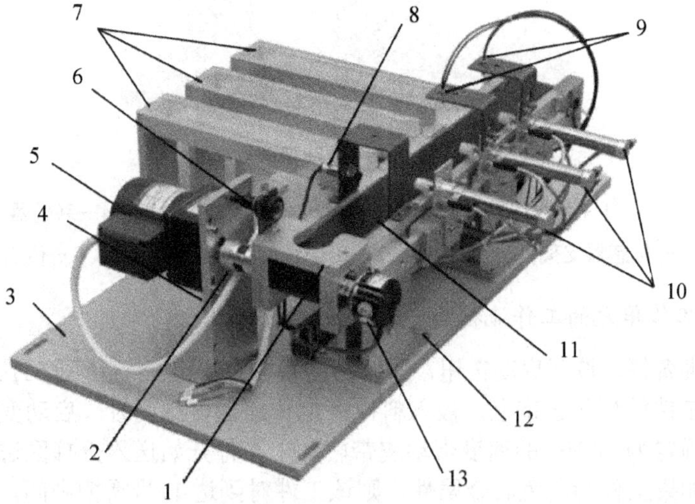

图 5-3　分拣单元的结构

1—导向器；2—联轴器；3—底板；4—电动机安装支架；
5—减速电动机；6—进料光电传感器；7—出料滑槽；8—金属传感器；
9—光纤传感器；10—推料气缸；11—传送；12—传送带支承座；13—编码器

1) 传送和分拣机构

(1) 组成。传送和分拣机构主要由传送带、出料滑槽、推料(分拣)气缸、漫射式光电开关、光纤传感器、磁感应接近开关。

传送带是把机械手输送过来的加工好的工件进行传输，输送至分拣区。

(2) 工作原理。传送已经加工、装配好的工件，由光纤传感器检测并进行分拣。当输送站送来工件放到传送带上并为入料口漫射式光电开关检测到时，将信号传输给 PLC，通过 PLC 的程序启动变频器，电动机运转驱动传送带工作，把工件带进分拣区，如果进入分拣区工件为白色，则检测白色物料的光纤传感器动作，作为 1 号槽推料气缸启动信号，将白色料推到 1 号槽里，如果进入分拣区工件为黑色，检测黑色的光纤传感器作为 2 号槽推料气缸启动信号，将黑色料推到 2 号槽里。

2) 传动带驱动机构

(1) 组成。传动带驱动机构如图 5-4 所示，它主要由电动机安装支架、减速电动机、联轴器等组成。电动机安装支架用于固定电动机，联轴器用于把电动机的轴和输送带主动轮的轴连接起来，从而组成一个传动机构。

(2) 工作原理。三相减速电动机是传动机构的主要部分，电动机转速的快慢由变频器来控制，带动传送带从而输送物料。

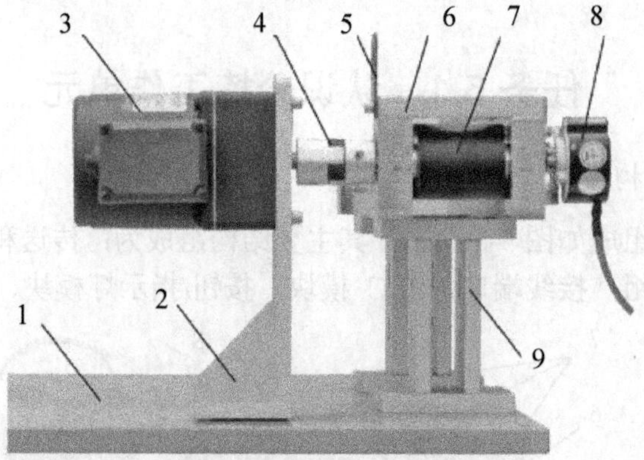

图 5-4　传动带驱动机构

1—底板；2—电动机安装支架；3—减速电动机；4—联轴器
5—传感器支架；6—定位器；7—传送带；8—旋转编码器；9—传送带支座

2. 分拣工作单元的工作流程

若设备准备好，按下启动按钮，系统启动，“设备运行”指示灯 HL2 常亮。当输送工作单元送来工件放到传送带上，被入料口光电传感器检测到时，启动变频器，驱动传动电动机以频率固定为 30Hz 的速度带动皮带转动，工件开始送入分拣区进行分拣：把工件带往分拣区。如果工件为白色芯金属件，则该工件对到达 1 号滑槽中间，传送带停止，工件对被推到 1 号槽中；如果工件为白色芯塑料件，则该工件对到达 2 号滑槽中间，传送带停止，工件对被推到 2 号槽中；如果工件为黑色芯，则该工件对到达 3 号滑槽中间，传送带停止，工件对被推到 3 号槽中。工件被推出滑槽后，该工作单元的一个工作周期结束。仅当工件被推出滑槽后，才能再次向传送带下料。

3. 分拣工作单元中传感器的应用

分拣工作单元中应用的传感器有磁性开关、漫射式光电开关、光纤传感器、金属传感器(电感式传感器)、旋转编码器(单独介绍)，如图 5-5 所示。

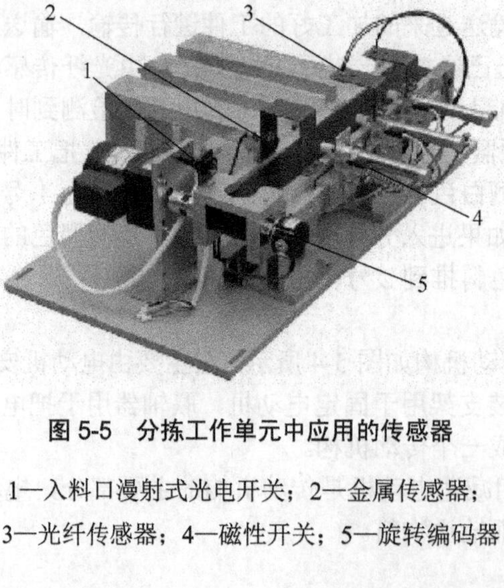

图 5-5　分拣工作单元中应用的传感器

1—入料口漫射式光电开关；2—金属传感器；
3—光纤传感器；4—磁性开关；5—旋转编码器

1) 磁性开关用于检测气缸活塞的运动位置

如图 5-6 所示，在 3 个料(分拣)气缸的前极限位置分别装有 1 个磁性开关，可根据该信号来判别分拣气缸当前所处位置。当推料(分拣)气缸将物料推出时磁性开关动作输出信号为“1”，反之，输出信号为“0”。

图 5-6　分拣工作单元推料气缸上安装的磁性开关

2) 漫射式光电开关用于检测工件

如图 5-7 所示，在传送带入料口位置装有 1 个漫射式光电开关，用于检测是否有工件到来进行分拣。有工件时，漫射式光电开关将信号传输给 PLC，用户 PLC 程序输出启动变频器信号，从而驱动三相减速电动机启动，将工件输送至分拣区。

图 5-7　传送带入料口位置安装的漫射式光电开关

3) 金属传感器(电感式传感器)用于检测区分金属与非金属工件

在入料口与 1 号槽之间的金属传感器支架上安装金属传感器，如图 5-5 所示，用于检测区分金属与非金属工件。

4) 光纤传感器用于检测并区分黑色、白色工件

在传送带上方分别装有 2 个光纤传感器，用于检测并区分黑色、白色工件，如图 5-8 所示。

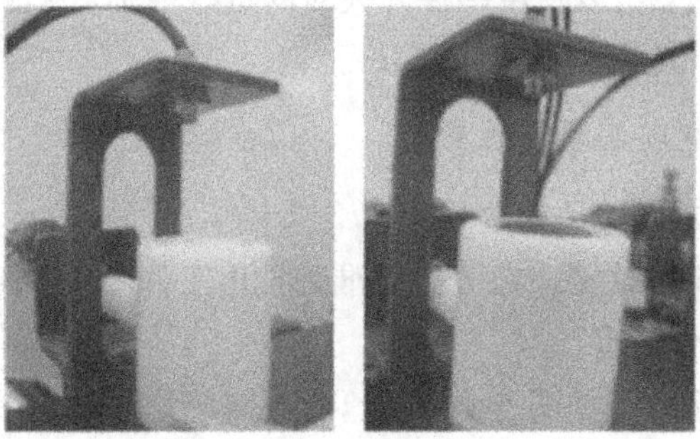

图 5-8　分拣工作单元的光纤传感器

4. 分拣工作单元中气动元件的应用

分拣工作单元中应用的气动元件有：笔型气缸、节流阀和电磁阀组等，如图 5-9 所示。

(a)推料气缸及节流阀

(b)电磁阀

图 5-9　分拣工作单元应用的气动元件

1) 气缸的应用

分拣工作单元中在每个料槽的对面都装有 1 个笔形气缸，共有 3 个，把根据工件不同性质分拣出的工件推到对应的料槽中，完成成品分拣工作。气缸的动作速度通过单向节流阀来调节。

2) 电磁阀组的应用

分拣工作单元的电磁阀组使用了 3 个由二位五通的带手控开关的单电控电磁阀，它们安装在汇流板上，如图 5-10 所示。

图 5-10　分拣工作单元的电磁阀组

这 3 个阀分别对 3 个料槽对应的推料气缸的气路进行控制，以改变各自的动作状态。所采用的电磁阀所带手控开关有锁定(LOCK)和开启(PUSH)两种位置。在进行设备调试时，使手控开关处于开启位置，可以使用手控开关对阀进行控制，从而实现对相应气路的控制，以改变推料气缸的控制，达到调试的目的。

5. 分拣工作单元中旋转编码器的应用

1) 分拣工作单元中旋转编码器的作用

使用旋转编码器作定位检测，在分拣时准确推出工件。

2) 旋转编码器的工作原理

旋转编码器的原理示意图如图 5-11 所示。

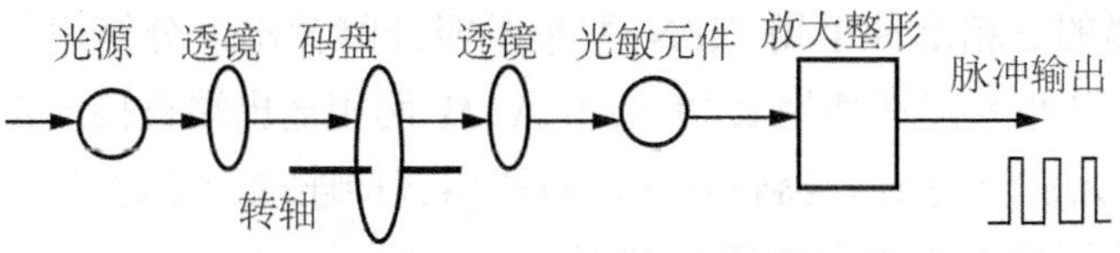

图 5-11　旋转编码器的原理示意图

旋转编码器是通过光电转换，将输出至轴上的机械、几何位移量转换成脉冲或数字信号的传感器，主要用于速度或位置(角度)的检测。典型的旋转编码器是由光栅盘和光电检测装置组成。光栅盘是在一定直径的圆板上等分地开通若干个长方形狭缝。由于光电码盘与电动机同轴，电动机旋转时，光栅盘与电动机同速旋转，经发光二极管等电子元件组成的检测装置检测输出若干脉冲信号，通过计算每秒旋转编码器输出脉冲的个数就能反映当前电动机的转速。

一般来说，根据旋转编码器产生脉冲的方式的不同，可以分为增量式、绝对式和复合式三大类。自动生产线上常采用的是增量式旋转编码器。增量式旋转编码器是直接利用光电转换原理输出三组方波脉冲 A、B 和 Z 相，如图 5-12 所示。

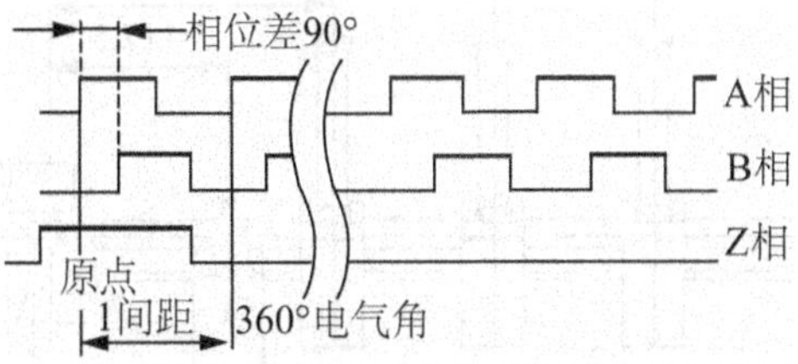

图 5-12　增量旋转式编码器的输出脉冲

A、B 两组脉冲相位差 90°，用于辨向。当 A 相脉冲超前 B 相时为正转方向，而当 B 相脉冲超前 A 相时则为反转方向。Z 相为每转一个脉冲，用于基准点定位。

3) 分拣工作单元中选用的旋转编码器

分拣工作单元中选用的旋转编码器是瑞普科技 ZKT4808-001G-500BZ3-12-24C，实物如图 5-13 所示。

图 5-13　旋转编码器实物

该旋转编码器的三相脉冲采用 NPN 型集电极开路输出，分辨率 500 线，工作电源 DC 12～24V。本工作单元没有使用 Z 相脉冲，A、B 两相输出端直接连接到 PLC(S7-224XP AC/DC/RLY 主单元)的高速计数器输入端。编码器直接连接到传送带主动轴上。

4) 分拣工作单元中旋转编码的工作过程

YL-335B 分拣工作单元使用这种具有 A、B 两相 90°相位差的通用型旋转编码器，用于计算工件在传送带上的位置。

计算工件在传送带上的位置时，需确定每两个脉冲之间的距离即脉冲当量：

分拣单元主动轴的直径为 d=43mm，减速电机每旋转一周，皮带上工件移动距离 $L=\pi\times d=3.14\times43=136.35$ (mm)。故脉冲当量μ为$\mu=L/500\approx0.273$ (mm)。按图 5-14 所示的安装尺寸，当工件从下料口中心线移至传感器中心时，旋转编码器约发出 430 个脉冲；移至第一个推杆中心点时，约发出 614 个脉冲；移至第二个推杆中心点时，约发出 963 个脉冲；移至第二个推杆中心点时，约发出 1284 个脉冲。

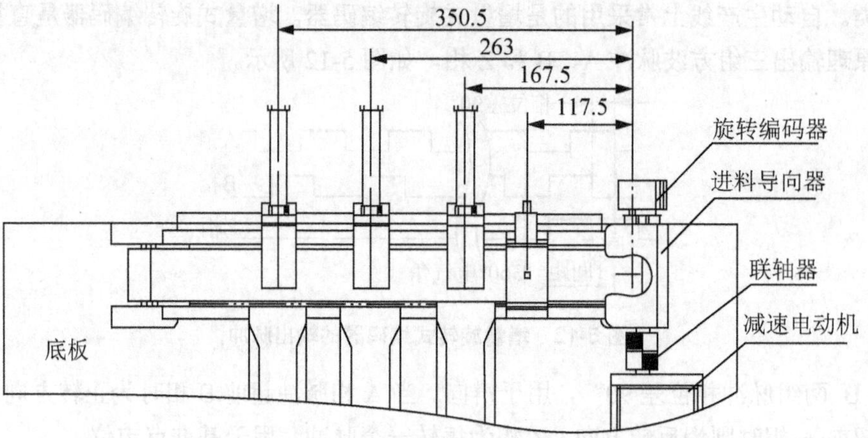

图 5-14 分拣工作单元的安装尺寸

上述脉冲当量的计算只是理论上的，实际上各种误差因素不可避免，例如传送带主动轴直径(包括皮带厚度)的测量误差，传送带的安装偏差、张紧度，分拣单元整体在工作台面上定位偏差等，都将影响理论计算值。因此理论计算值只能作为估算值。脉冲当量的误差所引起的累积误差会随着工件在传送带上运动距离的增大而迅速增加，甚至达到不可容忍的地步。因而在分拣单元安装调试时，除了要仔细调整尽量减少安装偏差外，还需现场测试脉冲当量值。

5) 高速计数器的编程

共有两种，一是梯形图或语句表进行正常编程；二是通过 STEP7-Micro/WIN 编程软件进行引导式高速计数器的编程。

分拣单元所配置的 PLC 是 S7-224XP AC/DC/RLY 主单元，集成有 6 点的高速计数器，编号为 HSC0～HSC5，每一编号的计数器均分配有固定地址的输入端。高速计数器可以被配置为 12 种模式中的任意一种。见表 5-2。

表 5-2　S7-200 PLC 的 HSC0～HSC5 输入地址和计数模式

模式	中断描述	断入点			
	HSC0	I0.0	I0.1	I0.2	
	HSC1	I0.6	I0.7	I1.0	I1.1
	HSC2	I1.2	I1.3	I1.4	I1.5
	HSC3	I0.1			
	HSC4	I0.3	I0.4	I0.5	
	HSC5	I0.4			
0	带有内部方向控制的单相计数器	时钟			
1		时钟		复位	
2		时钟		复位	启动
3	带有外部方向控制的单相计数器	时钟	方向		
4		时钟	方向	复位	
5		时钟	方向	复位	启动
6	带有增减计数时钟的双相计数器	增时钟	减时钟		
7		增时钟	减时钟	复位	
8		增时钟	减时钟	复位	启动
9	A/B 相正交计数器	时钟 A	时钟 B		
10		时钟 A	时钟 B	复位	
11		时钟 A	时钟 B	复位	启动

根据分拣单元旋转编码器输出的脉冲信号形式 (A/B 相正交脉冲，Z 相脉冲不使用，无外部复位和启动信号)，由表 5-2 容易确定，所采用的计数模式为模式 9，选用的计数器为 HSC0，A 相脉冲从 I0.0 输入，B 相脉冲从 I0.1 输入，计数倍频设定为 4 倍频。分拣单元高速计数器编程要求较简单，不考虑中断子程序、预置值等。

使用引导式编程，很容易自动生成了符号地址为“HSC_INIT”的子程序。在主程序块中使用 SM0.1(上电首次扫描 ON)调用此子程序，即完成高速计数器定义并启动计数器。

实　例

旋转编码器脉冲当量的现场测试

现场测试脉冲当量值方法的步骤如下：

(1) 安装调整。分拣单元安装调试时，必须仔细调整电动机与主动轴连轴的同心度和传送皮带的张紧度。调节张紧度的两个调节螺栓应平衡调节，避免皮带运行时跑偏。传送带张紧度以电动机在输入频率为 1Hz 时能顺利启动，低于 1Hz 时难以启动为宜。测试时可把变频器设置为在 BOP 操作板进行操作(启动/停止和频率调节)的运行模式，即设定参数 P0700 = 1(使能 BOP 操作板上的起动/停止按钮)，P1000 = 1(使能电动电位计的设定值)。

(2) 变频器参数设置。安装调整结束后，变频器参数设置为：

P0700 = 2(指定命令源为“由端子排输入”)

P0701 = 16(确定数字输入 DIN1 为“直接选择 + ON”命令)

P1000 = 3(频率设定值的选择为固定频率)

P1001 = 25Hz(DIN1 的频率设定值)

(3) 在 PC 机上用 STEP7-Micro/WIN32 编程软件编写脉冲当量现场测试主程序，主程序清单如图 5-15 所示，编译后传送到 PLC。

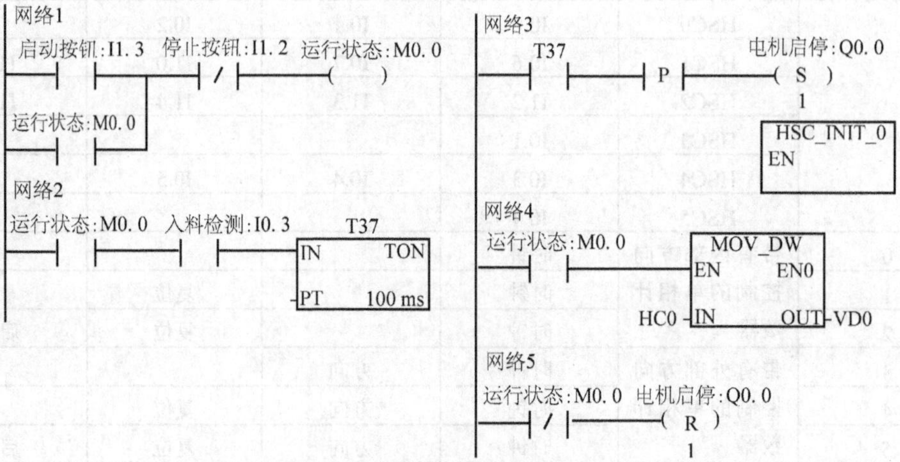

图 5-15　脉冲当量现场测试主程序

(4) 填写测试数据。运行 PLC 程序，并置于监控方式。在传送带进料口中心处放下工件后，按启动按钮启动运行。工件被传送到一段较长的距离后，按下停止按钮停止运行。观察 STEP7-Micro/WIN32 软件监控界面上 VD0 的读数，将此值填写到表 5-3 的“高速计数脉冲数”一栏中。然后在传送带上测量工件移动的距离，把测量值填写到表中“工件移动距离”一栏中；计算高速计数脉冲数/4 的值，填写到“编码器脉冲数”一栏中，则脉冲当量μ计算值=工件移动距离/编码器脉冲数，填写到相应栏目中。

表 5-3　脉冲当量现场测试数据(参考)

序号 内容	工件移动距离 (测量值)	高速计数脉冲数 (测试值)	编码器脉冲数 (计算值)	脉冲当量μ (计算值)
第一次	357.8	5565	1391	0.2571
第二次	358	5568	1392	0.2571
第三次	360.5	5577	1394	0.2586

(5) 计算脉冲当量值。进行三次测试后，求出脉冲当量μ平均值为：$\mu=(\mu_1+\mu_2+\mu_3)/3=0.257\,6$。

按如图 5-14 所示的安装尺寸重新计算旋转编码器到各位置应发出的脉冲数。当工件从下料口中心线移至传感器中心时，旋转编码器发出 456 个脉冲；移至第一个推杆中心点时，发出 650 个脉冲；移至第二个推杆中心点时，约发出 1 021 个脉冲；移至第三个推杆中心点时，约发出 1 361 个脉冲。上述数据 4 倍频后，就是高速计数器 HC0 经过值。

在本项工作任务中，编程高速计数器的目的，是根据 HC0 当前值确定工件位置，与存储到指定的变量存储器的特定位置数据进行比较，以确定程序的流向。特定位置数据是：

- 进料口到传感器位置的脉冲数为 1 824，存储在 VD10 单元中(双整数)；
- 进料口到推杆 1 位置的脉冲数为 2 600，存储在 VD14 单元中；
- 进料口到推杆 2 位置的脉冲数为 4 084，存储在 VD18 单元中；
- 进料口到推杆 3 位置的脉冲数为 5 444，存储在 VD22 单元中。

可以使用数据块来对上述 V 存储器赋值，在 STEP7-Micro/WIN32 界面项目指令树中，选择数据块→用户定义 1：在所出现的数据页界面上逐行键入 V 存储器起始地址、数据值及其注释(可选)，允许用逗号、制表符或空格作地址和数据的分隔符号，如图 5-16 所示。

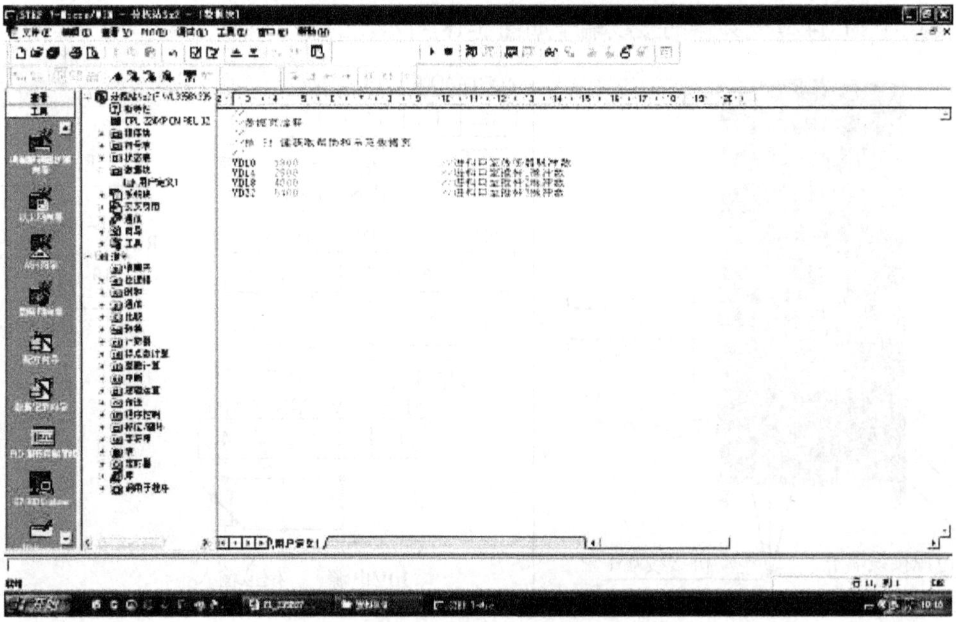

图 5-16　使用数据块对 V 存储器赋值

特别提示

特定位置数据均从进料口开始计算，因此，每当待分拣工件下料到进料口，电动机开始启动时，必须对 HC0 的当前值(存储在 SMD38 中)进行一次清零操作。

任务 5.2　分拣工作单元中变频调速应用

1. 西门子 MM420 变频器简介

系统选用西门子 MM420 是用于控制三相交流电动机速度的变频器系列，该系列有多种型号，从单相电源电压额定功率 120W 到三相电源电压额定功率 11kW 可供用户选用，YL-335B 选用的西门子 MM420 订货号 6SE6420-2UD17-5AA1，如图 5-17 所示。

图 5-17　西门子 MM420

2. 西门子 MM420 变频器的接线

西门子 MM420 变频器的接线端子如图 5-18 所示。

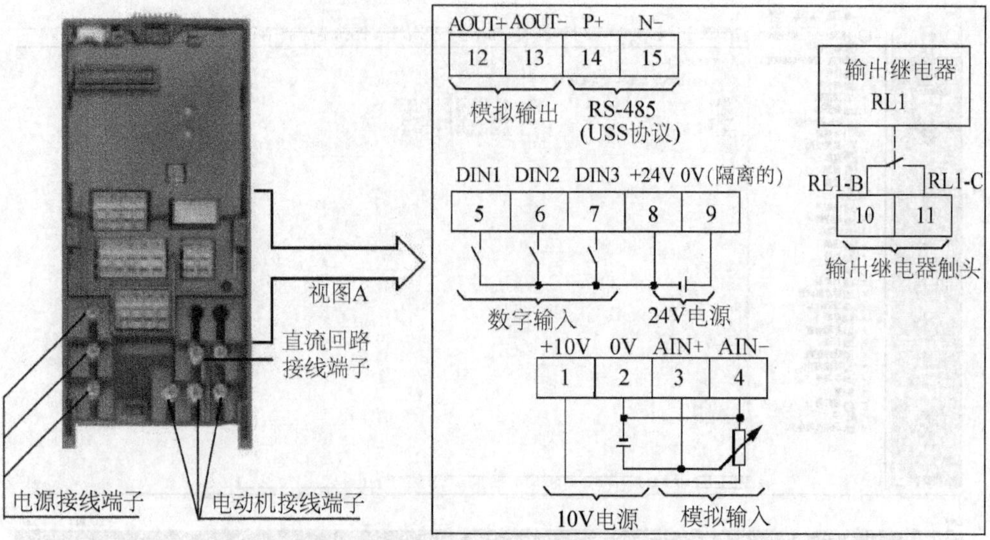

图 5-18 西门子 MM420 变频器的接线端子

各端子的功能见表 5-4。

表 5-4 西门子 MM420 变频器的接线端子功能表

端子	端子作用及接线	分类	备注
L1、L2、L3	接变频器三相电源	主电路	
接地插孔	接保护地线		
U、V、W	接三相电动机		
端子 5、6、7	DN1、DN2、DN3	变频器的数字输入点	可连接到 PLC 的输出点
端子 8 端子 9	内部电源+24V、 内部电源 0V		
端子 1	内部电源+10V	变频器的模拟输入点	
端子 2	内部电源 0V		
端子 3	AIN+		
端子 4	AIN−		

1) 变频器主电路的接线

YL-335B 分拣单元变频器主电路电源由配电箱通过自动开关 QF 单独提供一路三相电源供给，连接到图 5-13 的电源接线端子，电动机接线端子引出线则连接到电动机。

特别提示

接地线 PE 必须连接到变频器接地端子，并连接到交流电动机的外壳。

2) 变频器控制电路的接线

变频器控制电路的接线如图 5-19 所示。

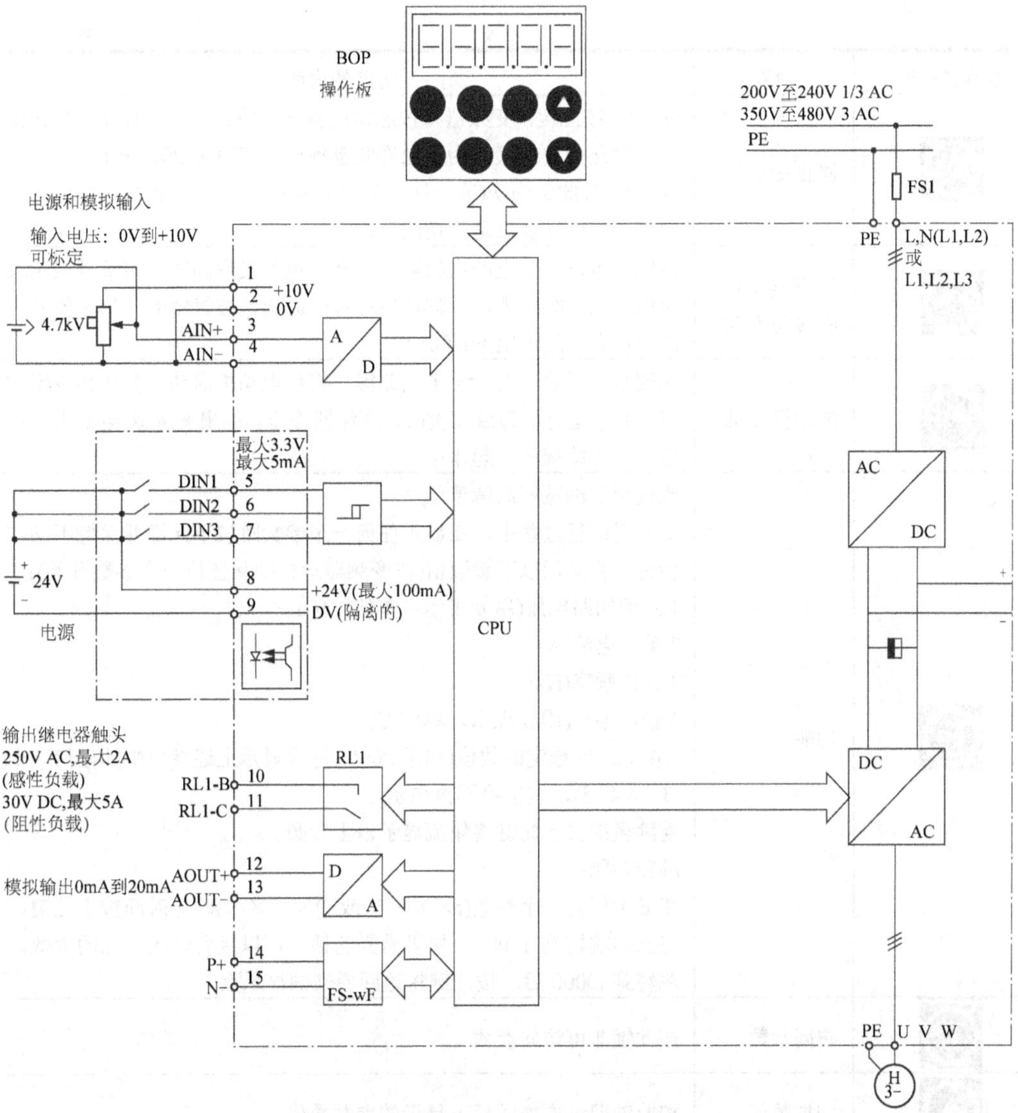

图 5-19　西门子 MM420 变频器方框图

3. 西门子 MM420 变频器的 BOP 操作面板

西门子 MM420 变频器的 BOP 操作面板图如图 5-17 所示，BOP 具有 7 段显示的五位数字，可以显示参数的序号和数值，报警和故障信息，以及设定值和实际值。参数的信息不能用 BOP 存储。基本操作面板上的按钮以及其功能说明见表 5-5。

表 5-5　基本操作面板上的按钮以及其功能说明

显示/按钮	功能	功能的说明
	状态显示	LCD 显示变频器当前的设定值
	启动变频器	按此键启动变频器。默认值运行时此键是被封锁的。为了使此键的操作有效，应设定 P0700=1

续表

显示/按钮	功能	功能的说明
	停止变频器	OFF1：按此键，变频器将按选定的斜坡下降速率减速停车，默认值运行时此键被封锁：为了允许此键操作，应设定 P0700=1； OFF2：按此键两次(或一次，但时间较长)电动机将在惯性作用下自由停车。此功能总是“使能”的
	改变电动机的转动方向	按此键可以改变电动机的转动方向，电动机反向时，用负号表示或用闪烁的小数点表示。默认值运行时此键是被封锁的，为了使此键的操作有效应设定 P0700=1
	电动机点动	在变频器无输出的情况下按此键，将使电动机启动，并按预设定的点动频率运行。释放此键时，变频器停车。如果变频器/电动机正在运行，按此键将不起作用
	功能	此键用于浏览辅助信息。 变频器运行过程中，在显示任何一个参数时按下此键并保持不动 2 秒钟，将显示以下参数值(在变频器运行中从任何一个参数开始)： 1.直流回路电压(用 *d* 表示，单位：V)； 2.输出电流(A)； 3.输出频率(Hz)； 4.输出电压(用 *o* 表示，单位 V)； 5.由 P0005 选定的数值[如果 P0005 选择显示上述参数中的任何一个(3，4 或 5)，这里将不再显示]。 连续多次按下此键将轮流显示以上参数。 跳转功能： 在显示任何一个参数(r×××× 或 P××××)时短时间按下此键，将立即跳转到 r0000，如果需要的话，可以接着修改其他的参数。跳转到 r0000 后，按此键将返回原来的显示点
	访问参数	按此键即可访问参数
	增加数值	按此键即可增加面板上显示的参数数值
	减少数值	按此键即可减少面板上显示的参数数值

4. 西门子 MM420 变频器参数设置

1) 参数号和参数名称

(1) 参数号。参数号是指该参数的编号。参数号用 0000～9999 的 4 位数字表示。在参数号的前面冠以一个小写字母“r”时，表示该参数是“只读”的参数，它显示的是特定的参数数值，而且不能用与该参数不同的值来更改它的数值(在有些情况下，“参数说明”的标题栏中在“单位”，“最小值”，“缺省值”和“最大值”的地方插入一个破折号“——”)。其他所有参数号的前面都冠以一个大写字母“P”。这些参数的设定值可以直接在标题栏的“最小值”和“最大值”范围内进行修改。[下标] 表示该参数是一个带下标的参数，并且指定了下标的有效序号。

(2) 参数名称。参数名称是指该参数的名称。

2) 更改参数的数值的例子

用 BOP 可以修改和设定系统参数，使变频器具有期望的特性，选择的参数号和设定的参数值在五位数字的 LCD 上显示。

更改参数的数值的步骤：查找所选定的参数号——进入参数值访问级，修改参数值——确认并存储修改好的参数值。

例：假设参数 P0004 设定值=0，需要把设定改变为 7。改变的步骤如图 5-20 所示。

改变 P0004——参数过滤功能

	操作步骤	显示的结果
1	按 访问参数	r0000
2	按 直到显示出 P0004	P0004
3	按 进入参数数值问级	0
4	按 或 达到所需要的数值	3
5	按 确认并存储参数的数值	P0004
6	使用者只能看到命令参数	

图 5-20　参数 P0004 设定步骤

3) 部分常用参数设置说明

(1) P0004。根据所选定的一组功能，对参数进行过滤(或筛选)，并集中对过滤出的一组参数进行访问，从而可以更方便地进行调试。设定值见表 5-6。

表 5-6　P0004 参数设定值

设定值	所指定参数组意义	设定值	所指定参数组意义
0	全部参数	12	驱动装置的特征
2	变频器参数	13	电动机的控制
3	电动机参数	20	通信
7	命令，二进制 I/O	21	报警/警告/监控
8	模-数转换和数-模转换	22	工艺参量控制器(例如 PID)
10	设定值通道/ RFG(斜坡函数发生器)		

(2) P0003。用于定义用户访问参数组的等级，设置范围 0～4。见表 5-7。

(3) P0010。调试参数过滤器，本设定值对与调试相关的参数进行过滤，只筛选出那些与特定功能组有关的参数。见表 5-8。

表 5-7　P0003 参数设置说明

设定值	参数意义	备　注
0	用户定义的参数表	
1	标准级：可以访问最经常使用的一些参数	
2	扩展级：允许扩展访问参数的范围，例如变频器的 I/O 功能	YL-335B 中预设为 3
3	专家级：只供专家使用	
4	维修级：只供授权的维修人员使用——具有密码保护	

表 5-8　P0010 参数设置说明

设定值	参数意义	备　注
0	准备	
1	快速调试	
2	变频器	在变频器投入运行之前应将本参数复位为 0
29	29 下载	
30	30 工厂的默认设定值	

(4) P0700。指定命令源，可能的设定值见表 5-9。

表 5-9　P0700 参数设定值

设定值	所指定参数值意义	设定值	所指定参数值意义
0	工厂的默认设置	4	通过 BOP 链路的 USS 设置
1	BOP(键盘)设置	5	通过 COM 链路的 USS 设置
2	由端子排输入	6	通过 COM 链路的通信板(CB)设置

(5) P1000。选择频率设定值的信号源。常用主设定值信号源的意义，见表 5-10。

表 5-10　P1000 参数常用主设定值信号源的说明

设定值	所指定参数值意义
0	无主设定值
1	MOP(电动电位差计)设定值。取此值时，选择基本操作板(BOP)的按键指定输出频率
2	模拟设定值：输出频率由 3～4 端子两端的模拟电压(0～10V)设定
3	固定频率：输出频率由数字输入端子 DIN1～DIN3 的状态指定。用于多段速控制
5	通过 COM 链路的 USS 设定。即通过按 USS 协议的串行通讯线路设定输出频率

(6) 电动机运行加、减速时间设定参数。

P1120：斜坡上升时间，即电动机从静止状态加速到最高频率(P1082) 所用的时间。设定范围为 0～650s，缺省值为 10s。

P1121：斜坡下降时间，即电动机从最高频率(P1082) 减速到静止停车所用的时间所用的时间。设定范围为 0～650s，缺省值为 10s。

特别提示

如果设定的斜坡上升时间太短，有可能导致变频器过电流跳闸；如果设定的斜坡下降时间太短，有可能导致变频器过电流或过电压跳闸。

(7) 多段速控制中参数P0701、P0702、P0703可能设定值见表5-11。

表5-11　参数P0701、P0702、P0703可能设定值

设定值	所指定参数值意义	设定值	所指定参数值意义
0	禁止数字输入	13	MOP(电动电位计)升速(增加频率)
1	接通正转/停车命令1	14	MOP降速(减少频率)
2	接通反转/停车命令1	15	固定频率设定值(直接选择)
3	按惯性自由停车	16	固定频率设定值(直接选择+ON命令)
4	按斜坡函数曲线快速降速停车	17	固定频率设定值(二进制编码的十进制数(BCD码)选择+ON命令)
9	故障确认	21	机旁/远程控制
10	正向点动	25	直流注入制动
11	反向点动	29	由外部信号触发跳闸
12	反转	33	禁止附加频率设定值
		99	使能BICO参数化

(8) 多段速控制中固定频率数值选择参数见表5-12。

表5-12　固定频率的数值选择

		DIN3	DIN2	DIN1
	OFF	不激活	不激活	不激活
P1001	FF1	不激活	不激活	激活
P1002	FF2	不激活	激活	不激活
P1003	FF3	不激活	激活	激活
P1004	FF4	激活	不激活	不激活
P1005	FF5	激活	不激活	激活
P1006	FF6	激活	激活	不激活
P1007	FF7	激活	激活	激活

5. 参数设置实例

1) 基本设置

实　例

用BOP进行变频器的“快速调试”

快速调试包括电动机参数和斜坡函数的参数设定。并且，电动机参数的修改，仅当快速调试时有效。在进行“快速调试”以前，必须完成变频器的机械和电气安装。当选择P0010=1时，进行快速调试。YL-335B上选用的电动机(型)的电动机参数设置见表5-13。

表 5-13　设置电动机参数设置表

参数号	出厂值	设置值	说　明
P0003	1	1	设用户访问级为标准级
P0010	0	1	快速调试
P0100	0	0	设置使用地区，0=欧洲，功率以 kW 表示，频率为 50Hz
P0304	400	380	电动机额定电压(V)
P0305	1.90	0.18	电动机额定电流(A)
P0307	0.75	0.03	电动机额定功率(kW)
P0310	50	50	电动机额定频率(Hz)
P0311	1395	1300	电动机额定转速(r/min)

快速调试的进行与参数 P3900 的设定有关，当其被设定为 1 时，快速调试结束后，要完成必要的电动机计算，并使其他所有的参数(P0010=1 不包括在内)复位为工厂的默认设置。当 P3900=1 并完成快速调试后，变频器已做好了运行准备。

实　例

将变频器复位为工厂的缺省设定值

如果用户在参数调试过程中遇到问题，并且希望重新开始调试，通常采用首先把变频器的全部参数复位为工厂的默认设定值，再重新调试的方法。

按照下面的数值设定参数：设定 P0010 = 30，设定 P0970 = 1。按下 P 键，便开始参数的复位。变频器将自动地把它的所有参数都复位为它们各自的默认设置值。复位为工厂缺省设置值的时间大约要 60s。

2) 电动速度连续可调(模拟量控制)

实　例

模拟电压信号从变频器内部 DC 10V 电源获得

按图 5-19 西门子 MM420 变频器方框图的接线，用一个 4.7kΩ 电阻器连接内部电源+10V 端(端子①)和 0V 端(端子②)，中间抽头与 AIN+(端子③)相连。连接主电路后接通电源，使 DIN1 端子的开关短接，即可启动/停止变频器，旋动电位器即可改变频率实现电机速度连续调整。电机速度调整范围：上述电动机速度的调整操作中，电动机的最低速度取决于参数 P1080(最低频率)，最高速度取决于参数 P2000(基准频率)。

实　例

模拟电压信号由外部给定，电动机可正反转

参数 P0700(命令源选择)，P1000(频率设定值选择)应为默认设置，即 P0700=2(由端子排输入)，P1000=2(模拟输入)。从模拟输入端③(AIN+)和④(AIN−)输入来自外部(从 PLC 的 D/A 模块获得)的 0～10V 直流电压，即可连续调节输出频率的大小。用数字输入端口 DIN1 和 DIN2 控制电动机的正反转方向时，可通过设定参数 P0701、P0702 实现。例如，使 P0701=1(DIN1 ON 接通正转，OFF 停止)，P0702=2(DIN2 ON 接通反转，OFF 停止)。

3) 多段速运行

实　例

分拣工作单元的电动机以单速(运行频率为 10Hz)带动传送带进行物料分拣

分析：电动机的快慢由变频器来控制，电动机以单速运行，PLC 只需分配一个输出端 Q0.4 控制变频器的数字输入点 DIN1，变频器的相关参数按表 5-14 进行设定。

表 5-14　YL-335B 上常用到的变频器参数设置值

序号	参数号	参数名称	设定值	设定值说明
1	P0010	调试用的参数过滤器	30	工厂的默认设定值
2	P0970	复位为工厂设置值	1	恢复出厂值
3	P0003	用户的参数访问级	3	专家级：只供专家使用
4	P0004	参数过滤器	0	全部参数
5	P0010	调试用的参数过滤器	1	快速调试
6	P0100	适用于欧洲/北美地区	0	欧洲—[kW]，频率默认值 50Hz
7	P0304	电动机的额定电压	380	380V
8	P0305	电动机的额定电流	0.17	0.17A
9	P0307	电动机的额定功率	0.03	300W
10	P0310	电动机的额定频率	50	50Hz
11	P0311	电动机的额定速度	1500	1500r/min
12	P0700	选择命令源	2	由端子排输入
13	P1000	选择频率设定值	1	MOP 设定值
14	P1080	电动机最小频率	0	0Hz
15	P1082	电动机最大频率	50	50Hz
16	P1120	斜坡上升时间	2	2s
17	P1121	斜坡下降时间	2	2s
18	P3900	“快速调试”结束	1	结束快速调试
19	P0003	用户的参数访问级	3	专家级：只供专家使用
20	P1040	MOP 的设定值	10	

实　例

要求电动机能实现高、中、低 3 种转速调整，高、中、低速运行频率分别为 40Hz、25Hz、15Hz，变频器由外部数字量控制，具有反转控制功能。

分析：变频器的控制点数为 3 个，PLC 需重新组态，更变 PLC 输出端子的接线，Q0.4、Q0.5 分配给分拣推料气缸，Q0.0、Q0.1、Q0.2 分配给变频器的 5(DIN1) 、6(DIN2) 、7(DIN3) 号控制端子用，变频器数字输入点高低电平值作用见表 5-15。

表 5-15　变频器数字输入点高低电平值作用表

数字输入点		输出频率	数字输入点	正/反转控制
DIN1	DIN2		DIN3	
0	1	15Hz	0	正转
1	0	25Hz	1	反转
1	1	40Hz		

变频器相关参数设置：变频器的主要相关参数设置见表 5-16。

表 5-16　变频器的主要参数设置值表

序号	参数号	参数名称	设置值	设定值说明
1	P0700	选择命令源	2	由端子排输入
2	P0701	数字输入 1 功能	16	固定频率设定值(直接选择+ON)
3	P0702	数字输入 2 功能	16	固定频率设定值(直接选择+ON)
4	P0703	数字输入 3 功能	2	ON reverse /OFF1(接通反转/停车命令 1)
5	P1000	选择频率设定值	3	固定频率
6	P1001	固定频率 1	25Hz	固定频率 1 值设为 25Hz(中速)
7	P1002	固定频率 2	15Hz	固定频率 2 值设为 15Hz(低速)

注：变频器在实际应用中，根据生产实际，参阅相关技术手册进行设置。

任务 5.3　分拣工作单元安装

1. 分拣工作单元机械部件组装

(1) 安装要求。按照装配工作单元机械装配图及参照装配工作单元实物全貌图进行组装。

(2) 安装的步骤。按照“零件→组件→总装”步骤进行。具体是首先把分拣工作单元各组合成整体安装时的组件，如图 5-21、图 5-22 所示。

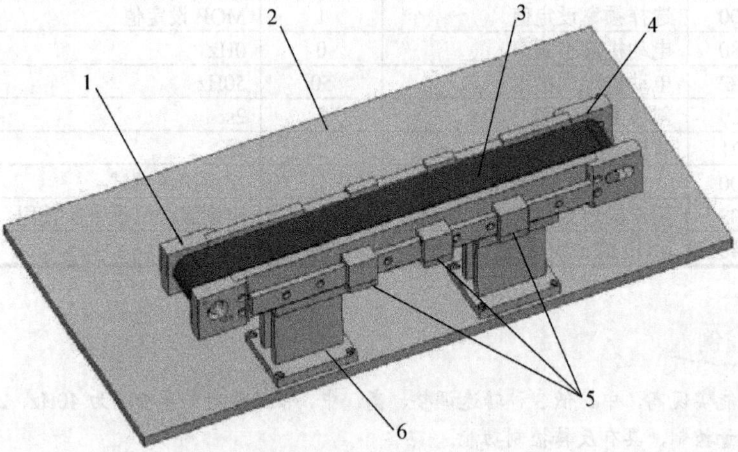

图 5-21　传送机构组件安装

1—主动轴组件；2—底板；3—传送带；

4—从动轴组件；5—可滑动气缸支座；6—传送带支座

然后把组件进行总装，如图 5-23 所示。

最后完成各传感器、电磁阀组件、装置侧接线端口等装配。

(3) 安装注意事项。分拣工作单元机械安装过程中应该特别注意传送机构的安装。

① 皮带托板与传送带两侧板的固定位置应调整好，以免皮带安装后凹入侧板表面，造成推料被卡住的现象。

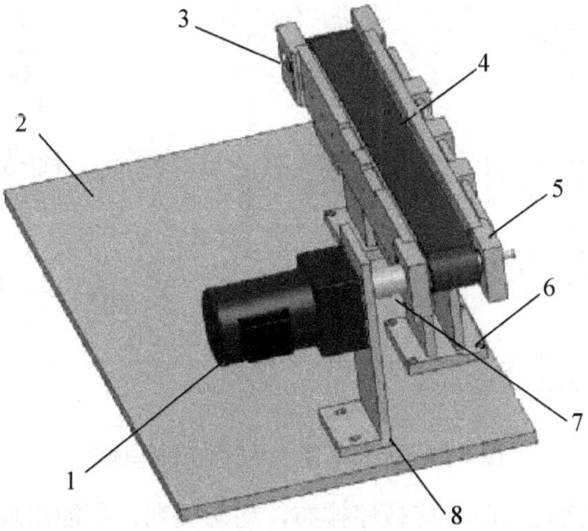

图 5-22　驱动电机组件安装

1—驱动电动机；2—底板；3—从动轴组件；4—传送带；
5—主动轴组件；6—传送带支座；7—联轴器；8—电动机支撑板

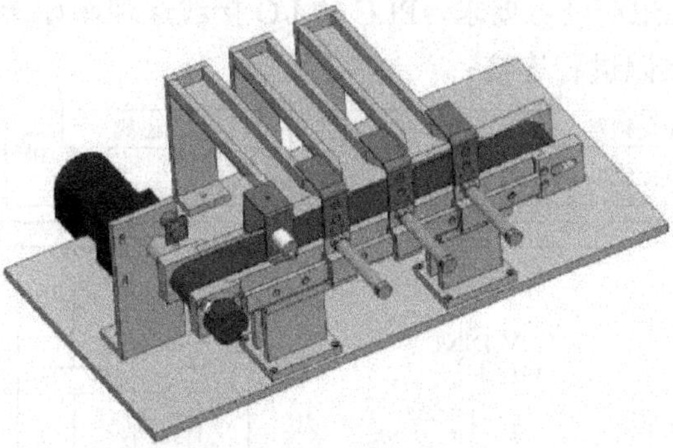

图 5-23　分拣工作单元总装图

② 主动轴和从动轴的安装位置不能错，主动轴和从动轴安装板的位置不能相互调换。

③ 皮带的张紧度应调整适中。

④ 要保证主动轴和从动轴的平行。

⑤ 为了使传动部分平稳可靠，噪音减小，特使用滚动轴承为动力回转件，但滚动轴承及其安装配合零件均为精密结构件，建议不要自行拆卸。

2. 气动系统连接

1) 气路连接

分拣工作单元气动控制回路如图 5-24 所示。从汇流板开始，按图进行气动系统连接。并将气泵与过滤调压组件连接，在过滤调压组件上设定压力为 6×10^5Pa。

2) 气动系统安装注意事项

(1) 气体汇流板与电磁阀组的连接要求密封良好，无漏气现象。

(2) 气路连接时，气管一定要在快速接头中插紧，不能有漏气现象。

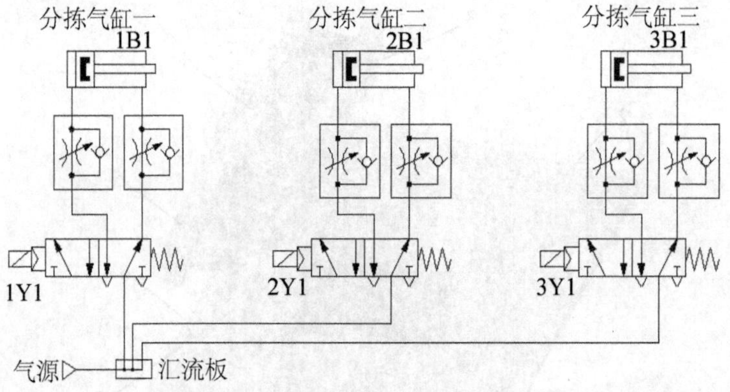

图 5-24　分拣工作单元气动控制回路

(3) 气路气管在连接走向时，应按序排布，均匀美观，不能出现交叉、打折、叠落、顺序凌乱现象，所有外露气管用尼龙扎带进行绑扎，松紧程度以不使气管变形为宜。

3. 电气连接

1) 电气连接

根据分拣工作单元生产任务要求，PLC 的 I/O 接线原理图如图 5-25 所示。分拣工作单元 PLC 的 I/O 接线可参照进行连接。

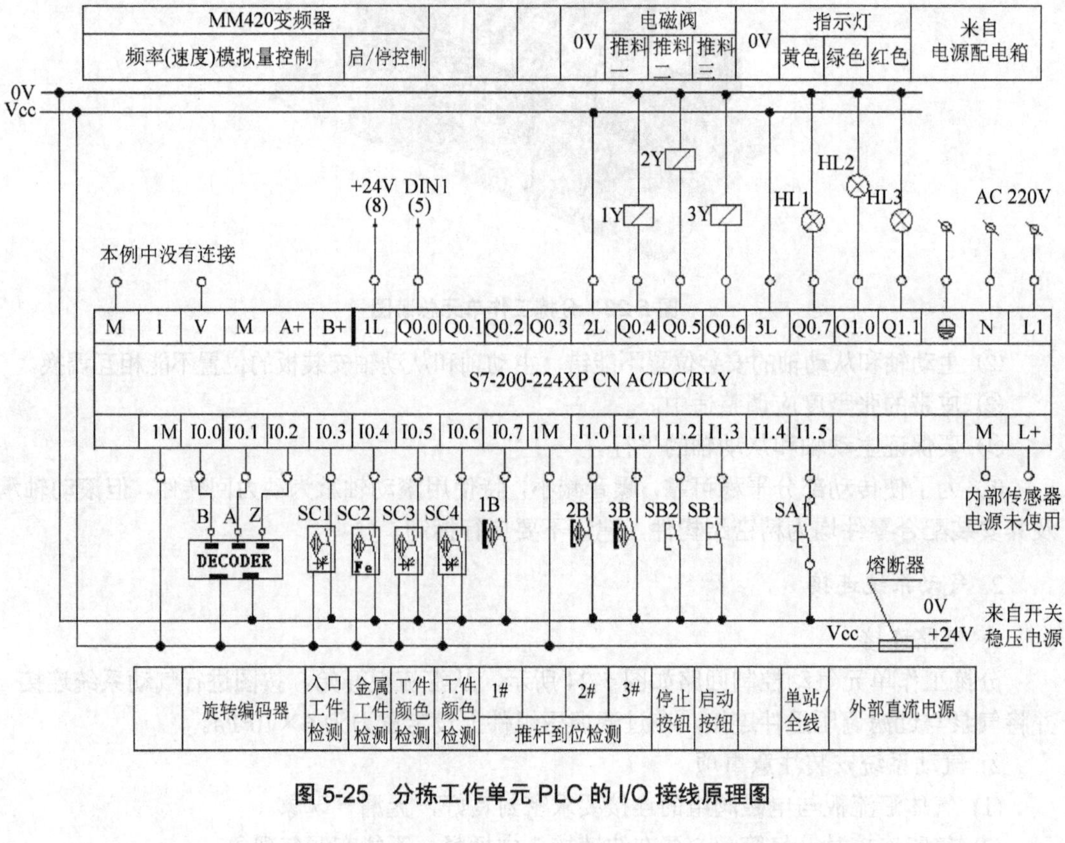

图 5-25　分拣工作单元 PLC 的 I/O 接线原理图

连接的内容：

(1) 分拣工作单元装置侧接线。完成各传感器、电磁阀、电源端子等引线到装置侧接线端口之间的接线。分拣工作单元装置侧的接线端口信号端子的分配见表 5-17。

表 5-17　分拣工作单元装置侧接线端口信号端子分配

输入端口中间层			输出端口中间层		
端子号	设备符号	信号线	端子号	设备符号	信号线
2		旋转编码器 B	2	1Y	推杆 1 电磁阀
3	DECODE	旋转编码器 A 相	3	2Y	推杆 2 电磁阀
4			4	3Y	推杆 3 电磁阀
5	SC1	进料口工件检测	5		
6	SC2	电感式传感器	6		
7	SC3	光纤传感器 1(白)	7		
8	SC4	光纤传感器 2(黑)	8		
9	1B	推杆 1 推出到位	9		
10	2B	推杆 2 推出到位	10		
11	3B	推杆 3 推出到位	11		
12#～17#端子没有连接；5#～14#端子没有连接					

装置侧的接线端口的接线端子采用三层端子结构，上层端子用以连接 DC 24V 电源的+24V 端，底层端子用以连接 DC 24V 电源的 0V 端，中间层端子用以连接各信号线。装置侧的接线端口和 PLC 侧的接线端口之间通过专用电缆连接。其中 25 针接头电缆连接 PLC 的输入信号，15 针接头电缆连接 PLC 的输出信号。

(2) 在 PLC 侧接线。在 PLC 侧进行电源连接、I/O 点接线等。PLC 侧的接线端口的接线端子采用两层端子结构，上层端子用以连接各信号线，其端子号与装置侧的接线端口的接线端子相对应。底层端子用以连接 DC 24V 电源的+24V 端和 0V 端。

2) 电气连接时注意事项

(1) 分拣工作单元装置侧接线。装置侧接线端口中，输入信号端子的上层端子(+24V)只能作为传感器的正电源端，切勿用于电磁阀等执行元件的负载。电磁阀等执行元件的正电源端和 0V 端应连接到输出信号端子下层端子的相应端子上。

特别提示

气缸磁性开关和漫射式光电接近开关的极性不能接反。

(2) PLC 侧的接线。包括电源接线，PLC 的 I/O 点和 PLC 侧接线端口之间的连线，PLC 的 I/O 点与按钮指示灯模块的端子之间的连线，具体接线要求与工作任务有关。

(3) 电气接线的工艺要求应符合国家职业标准的规定。导线连接到端子时，导线端做冷压插针处理，线端套规定的线号；连接线须有符合规定的标号；每一端子连接的导线不超过两根；导线走向应该平顺有序，线路应该用尼龙带进行绑扎，绑扎力度以不使导线外皮变形为宜，力求整齐美观。

任务 5.4　编制分拣工作单元 PLC 控制程序

依据分拣工作单元的生产任务要求(在任务引入中)，编写分拣工作单元单站独立运行 PLC 控制程序。

1. 分拣工作单元的控制器 PLC 选用

(1) PLC 选用型号。分拣单元 PLC 选用 S7-224 XP AC/DC/RLY 主单元，共 14 点输入和 10 点继电器输出。

(2) 选用原因。选用 S7-224 XP 主单元的原因是，当变频器的频率设定值由 HMI 指定时，该频率设定值是一个随机数，需要由 PLC 通过 D/A 变换方式向变频器输入模拟量的频率指令，以实现电动机速度连续调整。S7-224 XP 主单元集成有 2 路模拟量输入，1 路模拟量输出，有两个 RS-485 通信口，可满足 D/A 变换的编程要求。

当然在这里也可以采用不带 D/A 转换的 PLC+模拟量扩展单元的方式来实现控制。

(3) 使用说明。本项目工作任务仅要求以 30Hz 的固定频率驱动电动机运转，用固定频率方式控制变频器即可，选用 MM420 的端子“5”(DIN1) 做电动机启动和频率控制。

2. 写出 PLC 的 I/O 地址分配表

参照 PLC 的 I/O 接线原理图，写出 PLC 的 I/O 地址分配表，见表 5-18。

表 5-18　装配工作单元 PLC I/O 地址分配表

序号	PLC 输入点	信号名称	信号来源	序号	PLC 输出点	信号名称	信号来源
1	I0.0			1	Q0.0		
2	I0.1			2	Q0.1		
3	I0.2			3	Q0.2		
4	I0.3			4	Q0.3		
5	I0.4			5	Q0.4		
6	I0.5			6	Q0.57		
7	I0.6			7	Q0.6		
8	I0.7			8	Q0.7		
9	I1.0			9	Q1.0		
10	I1.1			10	Q1.1		
11	I1.2			11	Q1.2		
12	I1.3			12	Q1.3		
13	I1.4			13	Q1.4		
14	I1.5			14	Q1.5		
15	I1.6			15	Q1.6		
16	I1.7			16	Q1.7		

续表

序号	PLC 输入点	信号名称	信号来源	序号	PLC 输出点	信号名称	信号来源
17	I2.0						
18	I2.1						
19	I2.2						
20	I2.3						
21	I2.4						
22	I2.5						
23	I2.6						
24	I2.7						

3. 写出工作流程(动作顺序)

根据工作单元功能要求，确定初始工作状态，写出工作流程(动作顺序)。

4. 编写 PLC 控制程序

编写分拣工作单元单站独立运行 PLC 控制程序，并下载至 PLC。

5. 编程要点

1) 程序结构

(1) 子程序：分拣单元的主要工作过程是分拣控制，可编写一个分拣控制子程序供主程序调用，工作状态显示的要求比较简单，可直接在主程序中编写。

(2) 主程序：主程序的流程与供料、加工等单元是类似的，由于分拣单元中用高速计数器编程，必须在主程序中上电第 1 个扫描周期调用 HSC_INIT 子程序，以定义并使能高速计数器。

2) 编程思路

分拣控制子程序也是一个步进顺控程序，编程思路如下。

(1) 当检测到待分拣工件下料到进料口后，清零 HC0 当前值，以固定频率启动变频器驱动电动机运转。梯形图如图 5-21 所示。

(2) 当工件经过安装传感器支架上的光纤探头和电感式传感器时，根据两个传感器动作与否，判别工件的属性，决定程序的流向。HC0 当前值与传感器位置值的比较可采用触点比较指令实现。完成上述功能的梯形图如图 5-22 所示。

(3) 根据工件属性和分拣任务要求，在相应的推料气缸位置把工件推出，推料气缸返回后，步进顺控子程序返回初始步。

部分梯形图(参考)如图 5-26、图 5-27 所示。

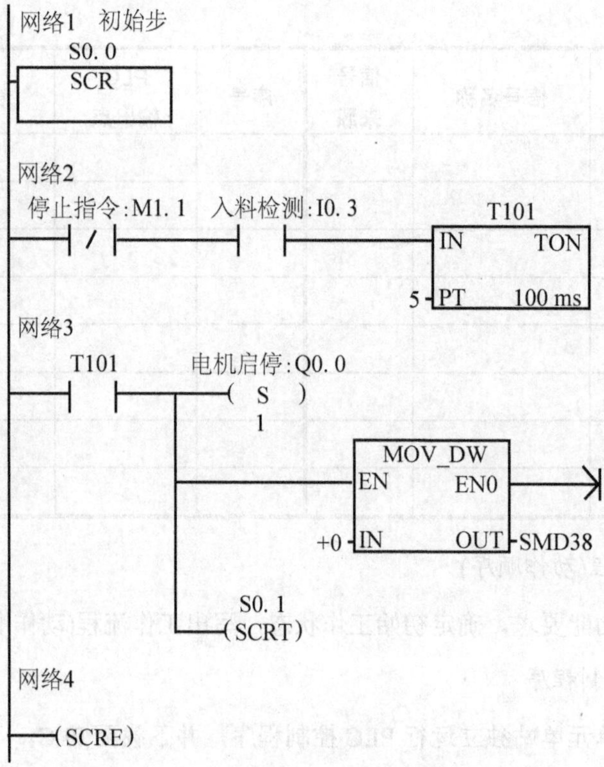

图 5-26　分拣控制子程序初始步部分梯形图(参考)

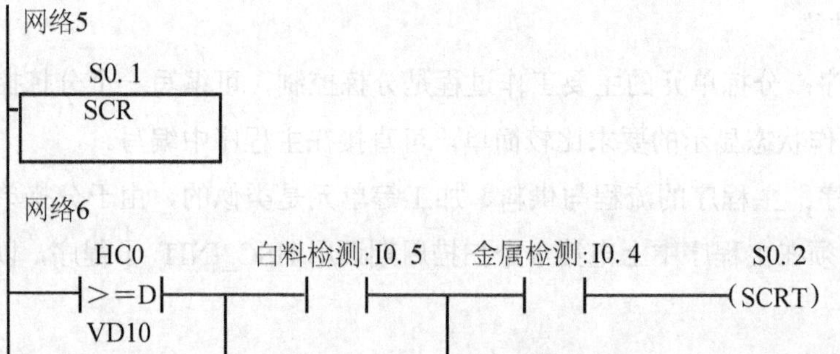

图 5-27　在传感器位置上判别工件属性部分梯形图(参考)

任务5.5　分拣工作单元运行调试

调试内容分为机械部件调试、电气调试、气系统调试动、PLC程序调试。

1. 机械部件调试

调试内容见表5-19。

表5-19　机械部件调试

序号	调试对象	调试方法	调试目的
1	传动机构	1. 传动机构安装基线(导向器中心线)与输送单元滑动导轨中心线线重合； 2. 调整电动机与主动轴联轴的同心度，使电动机的轴和输送带主动轮的轴重合； 3. 通过平衡调节两个调节螺丝来调整传送皮带的张紧度	传送带平稳的运行，避免皮带运行时跑偏
2	推料气缸	调整安装位置合适及安装水平	保证工件从料槽中间被推入；保证工件不被推翻

2. 电气调试

电气调试包括电气接线和传感器调试，具体调试见表5-20。

表5-20　电气调试

序号	调试对象	调试方法	调试目的
1	检查电气接线	按PLC的I/O接线原理图，检查电气接线	满足控制要求，避免错接、漏接
2	推料气缸的前极限位置上的磁性开关	松开磁性开关的紧定螺丝，让它顺着气缸滑动，到达指定位置后，再旋紧紧定螺丝	传感器动作时，输出信号“1”，LED亮；传感器不动作时，输出信号“0”，LED不亮，实时检测推料气缸推杆推出到位
3	传送带入料口漫射式光电开关	调整其安装距离及灵敏度以能在传送带上检测到工件为准	可靠检测出传送带入料口处有无工件
4	金属传感器	调整其安装距离以能在传送带上检测到金属工件为准	可靠检测出传送带上金属工件
5	分拣光纤传感器	1. 调整安装位置合适； 2. 调整传感器上灵敏度设定旋钮，其中1个灵敏度调低，用于检测白色物体，另1个灵敏度调高，用于检测黑色物体	判别黑、白两种颜色物体，完成自动分拣

3. 气动系统调试

内容包括检查气动系统连接和气缸动作速度调试，具体调试见表5-21。

表 5-21 气动系统调试

序号	调试对象	调试方法	调试目的
1	检查气动控制回路	按气动控制回路图，检查气动系统连接	满足控制要求，避免错接、漏接
2	推料气缸上节流阀	旋紧或旋松节流螺钉	分别调整推料气缸伸出、缩回速度，使气缸动作平稳，从而平稳地把工件推入料槽中

4. PLC 程序运行调试

1) 调试步骤

(1) 程序的运行。将 S7-200 CPU 上的状态开关拨到 RUN 位置，CPU 上的黄色 STOP 指示灯灭，绿色 RUN 指示灯点亮。当 PLC 工作方式开关在 TERM 或 RUN 位置时，操作 STEP7-Micro/WIN32 的菜单命令或快捷按钮都可以对 CPU 工作方式进行软件设置。

(2) 程序监视。程序编辑器都可以在 PLC 运行时监视程序执行的过程和各元件的状态及数据。梯形图监视功能：拉开调试菜单，选中程序状态，这时闭合触点和通电线圈内部颜色变蓝(呈阴影状态)。在 PLC 的运行(RUN)工作状态，随输入条件的改变、定时及计数过程的运行，每个扫描周期的输出处理阶段将各个器件的状态刷新，可以动态显示各个定时、计数器的当前值，并用阴影表示触点和线圈通电状态，以便在线动态观察程序的运行。

(3) 动态调试。结合程序监视运行的动态显示，分析程序运行的结果，以及影响程序运行的因素，然后，退出程序运行和监视状态，在 STOP 状态下对程序进行修改编辑，重新编译、下载、监视运行，如此反复修改调试，直至得出正确运行结果。

2) 调试过程注意事项

(1) 下载、运行程序前的工作。必须认真检查程序，重点检查各执行机构之间是否会发生冲突，如何采取措施避免冲突，同一执行机构在不同阶段所做的动作是否能区分开。

(2) 在认真、全面检查了程序，并确保无误后，才可以运行程序，进行实际调试。否则如果程序存在问题，很容易造成设备损坏和人员伤害。

(3) 在调试过程中，仔细观察执行机构的动作，并且在调试运行记录表中做好实时记录，作为分析的依据，从而分析程序可能存在的问题。经调试，如果程序能够实现预期的控制功能，则应多运行几次，检查运行的可靠性，并进行程序优化。

(4) 在运行过程中，应该时刻注意现场设备的运行情况，一旦发生执行机构相互冲突事件，应该及时采取措施，如急停、切断执行机构控制信号、切断气源和切断总电源等，以避免造成设备损坏。

(5) 总结经验。把调试过程中遇到的问题、解决的方法记录下来。

3) 填写调试运行记录表

根据调试运行根据实际情况填写分拣工作单元调试运行记录表，参考表 2-7。

检查与评估

根据每个学生实际完成情况进行客观的评价，评价内容见表 5-22。

表 5-22 学习评价表

姓名： 班别： 组别：

项目 5 分拣工作单元调试 评价时间： 年 月 日

<table>
<tr><th>任务</th><th>工作内容</th><th>评价要点</th><th>配分</th><th>学生自评</th><th>学生互评</th><th>教师评分</th></tr>
<tr><td rowspan="3">任务 5.1 分拣工作单元认识</td><td>1. 单元结构及组成</td><td>能说明各部件名称、作用及单元工作流程</td><td rowspan="3">10</td><td></td><td></td><td></td></tr>
<tr><td>2. 执行元件</td><td>能说明其名称、工作原理、作用</td><td></td><td></td><td></td></tr>
<tr><td>3. 传感器</td><td>能说明其名称、工作原理、作用</td><td></td><td></td><td></td></tr>
<tr><td rowspan="3">任务 5.2 分拣工作单元安装</td><td>1. 机械部件</td><td>按机械装配图，参考装配视频资料进行装配(装配是否完成；有无紧固件松动现象)</td><td rowspan="3">30</td><td></td><td></td><td></td></tr>
<tr><td>2. 气动连接</td><td>识读气动控制回路图并按图连接气路(连接是否完成或有错；有无漏气现象；气管有无绑扎或气路连接是否规范)</td><td></td><td></td><td></td></tr>
<tr><td>3. 电气连接</td><td>识读电气原理图并按图连接(连接是否完成或有错；端子连接、插针压接质量，同一端子超过 2 根导线；端子连接处有无线号等；电路接线有无绑扎或电路接线是否凌乱)</td><td></td><td></td><td></td></tr>
<tr><td rowspan="4">任务 5.3 编制分拣工作单元 PLC 控制程序</td><td>1. 写出 PLC 的 I/O 分配表</td><td>与 PLC 的 I/O 接线原理图是否相符</td><td rowspan="4">20</td><td></td><td></td><td></td></tr>
<tr><td>2. 写出单元初始工作状态</td><td>描述清楚、正确</td><td></td><td></td><td></td></tr>
<tr><td>3. 写出单元工作流程</td><td>描述清楚、正确</td><td></td><td></td><td></td></tr>
<tr><td>4. 按控制要求编写 PLC 程序</td><td>满足控制要求</td><td></td><td></td><td></td></tr>
<tr><td rowspan="6">任务 5.4 分拣工作单元运行调试</td><td>1. 机械</td><td>满足控制要求(传送带及构件的安装位置；驱动电动机的安装不正确，运行时有无振动；有无紧固件松动现象)</td><td rowspan="6">30</td><td></td><td></td><td></td></tr>
<tr><td>2. 电气(检测元件)</td><td>满足控制要求</td><td></td><td></td><td></td></tr>
<tr><td>3. 气动系统</td><td>气动系统无漏气；动作平稳</td><td></td><td></td><td></td></tr>
<tr><td>4. 相关参数设置</td><td>变频器参数设置满足控制要求</td><td></td><td></td><td></td></tr>
<tr><td>5. PLC 程序</td><td>满足控制要求(能否实现分拣功能；变频器启动时间能否满足控制要求)</td><td></td><td></td><td></td></tr>
<tr><td>6. 填写调试运行记录表</td><td>按实际填写调试运行记录表，是否符合控制要求</td><td></td><td></td><td></td></tr>
<tr><td rowspan="4">职业素养与安全意识</td><td rowspan="4">职业素养与安全意识</td><td>1. 现场操作安全保护是否符合安全操作规程</td><td rowspan="4">10</td><td></td><td></td><td></td></tr>
<tr><td>2. 工具摆放、包装物品、导线线头等的处理是符合职业岗位的要求</td><td></td><td></td><td></td></tr>
<tr><td>3. 是否有分工又有合作，配合紧密</td><td></td><td></td><td></td></tr>
<tr><td>4. 遵守纪律，尊重老师，爱惜实训设备和器材，保持工位的整洁</td><td></td><td></td><td></td></tr>
<tr><td colspan="4">评分小计</td><td></td><td></td><td></td></tr>
</table>

习　题

1. 如在本分拣工作单元中因变频器设置为多段速运行且需要正、反转控制，若需用到4个数字输入点，应如何处理？

2. 如何实现通过PLC监测变频器启动后的输出频率或输出电压？

3. 请根据本项目给出的分拣工作单元工作任务要求，写出分拣工作单元工作的初始状态、启动条件。

4. 若工作任务需要检测芯件在工件上安装高度，如何实现？考虑一种解决方案。

5. 请按分拣要求编写PLC程序：满足套件关系的第一类成品工件(每个白色芯工件和一个黑色芯工件搭配组合成一组套件，不考虑两个工件的排列顺序) 到达1号滑槽中间时，传送带停止，推料气缸1动作把工件推出；满足套件关系的第二类成品工件(每个白色芯工件和一个黑色芯工件搭配组合成一组套件，不考虑两个工件的排列顺序) 到达2号滑槽中间时，传送带停止，推料气缸2动作把工件推出。不满足上述套件关系的工件和废品工件到达3号滑槽中间时，传送带停止，推料气缸3动作把工件推出。

项目 6

输送工作单元调试

项目目标

专业能力目标	了解输送工作单元的基本结构、工艺流程，漫反射光电开关的工作原理，气动回路的连接，对特定的模块进行 PLC 编程，系统纠错，掌握输送工作单元调试技能
方法能力目标	培养查阅资料，通过自学获取新技术的能力，培养分析问题、制订工作计划的能力，评估工作结果（自我、他人）的能力
社会能力目标	培养良好的工作习惯，严谨的工作作风；培养较强的社会责任心和环境保护意识；培养自信心、自尊心和成就感；培养语言表达力

引言

输送工作单元是 YL-335B 系统中最为重要，同时也是承担任务最为繁重的工作单元。输送工作单元实物如图 6-1 所示。

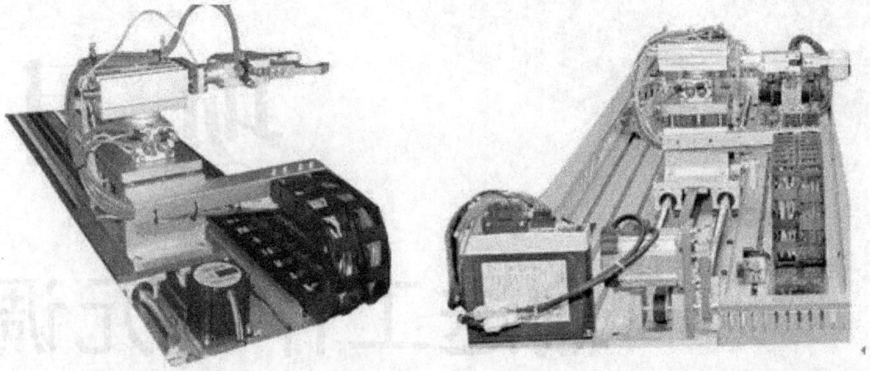

(a)直线运动传动采用步进电动机驱动　　(b)直线运动传动采用伺服电动机驱动

图 6-1　输送工作单元实物

任务引入

自动生产线的输送工件环节由输送工作单元执行，本项目以 YL-335B 自动生产线的输送工作单元为学习载体，给输送工作单元设定的生产任务是输送工作单元作为独立设备运行完成工件输送生产任务，具体生产要求如下：

(1) 输送工作单元单站运行的目标。输送工作单元单站运行的目标是测试设备传送工件的功能。要求其他各工作单元已经就位，并且在供料单元的出料台上放置了工件。

(2) 主令控制及工作方式。单元工作的主令信号和工作状态显示信号来自 PLC 旁边的按钮/指示灯模块，按钮/指示灯模块上的工作方式选择开关 SA 应置于“单站方式”位置。

(3) 复位操作及输送工作单元初始工作状态。输送单元在通电后，按下复位按钮 SB1，执行复位操作，使抓取机械手装置回到原点位置。在复位过程中，“正常工作”指示灯 HL1 以 1Hz 的频率闪烁。当抓取机械手装置回到原点位置，且输送单元各个气缸满足初始位置的要求，则复位完成，“正常工作”指示灯 HL1 常亮。

(4) 正常功能测试。按下启动按钮 SB2，设备启动，“设备运行”指示灯 HL2 也常亮，开始功能测试过程。

① 抓取机械手装置从供料站出料台抓取工件，抓取的顺序是：手臂伸出→手爪夹紧抓取工件→提升台上升→手臂缩回。

② 抓取动作完成后，伺服电动机驱动机械手装置向加工站移动，移动速度不小于 300mm/s。

③ 机械手装置移动到加工站物料台的正前方后，即把工件放到加工站物料台上。抓取机械手装置在加工站放下工件的顺序是：手臂伸出→提升台下降→手爪松开放下工件→手臂缩回。

④ 放下工件动作完成两秒后，抓取机械手装置执行抓取加工站工件的操作。抓取的顺序与供料站抓取工件的顺序相同。

⑤ 抓取动作完成后，伺服电动机驱动机械手装置移动到装配站物料台的正前方。然后把工件放到装配站物料台上。其动作顺序与加工站放下工件的顺序相同。

⑥ 放下工件动作完成两秒后，抓取机械手装置执行抓取装配站工件的操作。抓取的顺序与供料站抓取工件的顺序相同。

⑦ 机械手手臂缩回后，摆台逆时针旋转 90°，伺服电动机驱动机械手装置从装配站向分拣站运送工件，到达分拣站传送带上方入料口后把工件放下，动作顺序与加工站放下工件的顺序相同。

⑧ 放下工件动作完成后，机械手手臂缩回，然后执行返回原点的操作。伺服电动机驱动机械手装置以 400mm/s 的速度返回，返回 900mm 后，摆台顺时针旋转 90°，然后以 100mm/s 的速度低速返回原点停止。

当抓取机械手装置返回原点后，一个测试周期结束。当供料单元的出料台上放置了工件时，再按一次启动按钮 SB2，开始新一轮的测试。

(5) 非正常运行的功能测试。若在工作过程中按下急停按钮 QS，则系统立即停止运行。在急停复位后，应从急停前的断点开始继续运行。但是若急停按钮按下时，输送站机械手装置正在向某一目标点移动，则急停复位后输送站机械手装置应首先返回原点位置，然后再向原目标点运动。

在急停状态，绿色指示灯 HL2 以 1Hz 的频率闪烁，直到急停复位后恢复正常运行时，HL2 恢复常亮。

本项目学习是根据输送工作单元的生产任务要求，通过认识输送工作单元的组成，完成输送工作单元安装、编程、调试的工作(学习)任务。

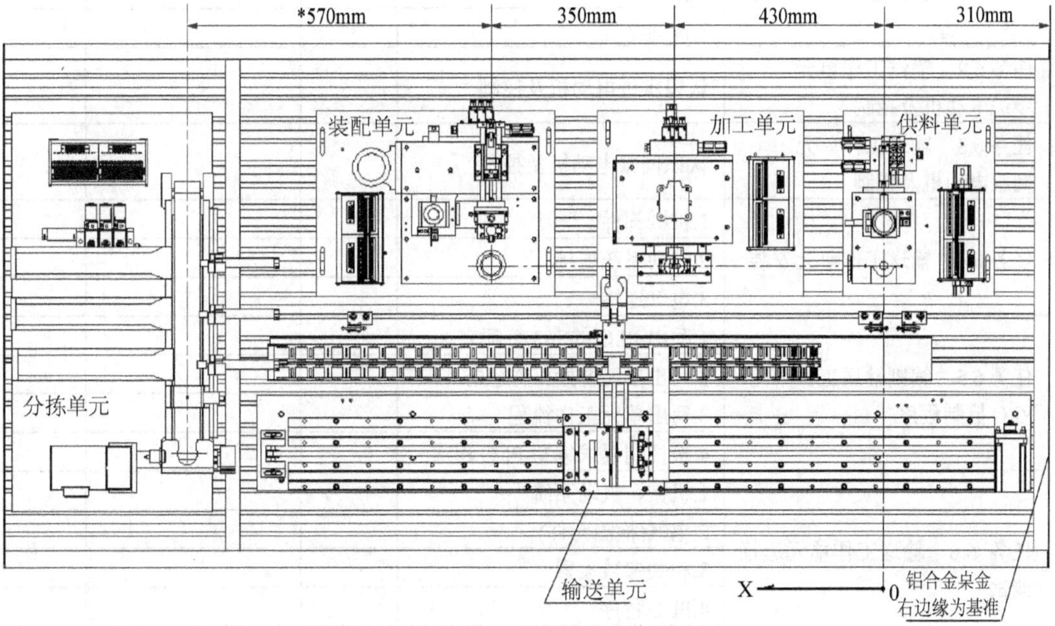

图 6-2 YL-335B 自动生产线设备俯视图

任务分析

1. 输送单元主要任务

任务 6.1：认识输送工作单元。

任务 6.2：输送工作单元步进电动机及控制。

任务 6.3：输送工作单元伺服电动机及控制。

任务 6.4：输送工作单元安装。

① 机械：工作站的机械构造、安装。

② 气动：直线气缸、气动手指、气动摆台；气动元件的连接。

③ 电气：电气元件的连接。

任务 6.5：编制输送工作单元 PLC 控制程序。

任务 6.6：输送工作单元运行调试。调试传感器、气动系统、PLC 程序等。

2. 输送工作单元调试的工作计划

输送工作单元调试的工作计划见表 6-1。

表 6-1 输送工作单元调试的工作计划表

任务	工作内容	计划时间	实际完成时间	完成情况
任务 6.1 认识输送工作单元	1.单元结构及组成			
	2.执行元件			
	3.传感器			
任务 6.2 输送工作单元步进电动机及控制	认识步进电动机及控制			
任务 6.3 输送工作单元伺服电动机及控制	认识伺服电动机及控制			
任务 6.4 输送工作单元安装	1.机械部件			
	2.气动系统连接			
	3.电气连接			
任务 6.5 编制输送工作单元 PLC 控制程序	1.写出 PLC 的 I/O 分配表			
	2.写出单元初始工作状态			
	3.写出单元工作流程			
	4.按控制要求编写 PLC 程序			
任务 6.6 输送工作单元运行调试	1.机械、气动系统			
	2.电气(检测元件)			
	3.相关参数设置			
	4.PLC 程序			
	5.填写调试运行记录表			

任务 6.1　认识输送工作单元

1. 输送工作单元的工作流程

该单元主要完成驱动它的抓取机械手装置精确定位到指定单元的物料台，在物料台上抓取工件，把抓取到的工件输送到指定地点然后放下的功能。同时，该单元在 PPI 网络系统中担任着主站的角色，它接收来自按钮/指示灯模块的系统主令信号，读取网络上其他各站的状态信息，加以综合后，向各从站发送控制要求，协调整个系统的工作。

2. 输送工作单元的结构

输送单元由抓取机械手装置、步进电机传动组件、PLC 模块、按钮/指示灯模块和接线端子排等部件组成。

1) 抓取机械手装置

机械手装置如图 6-3 所示，具体构成如下。

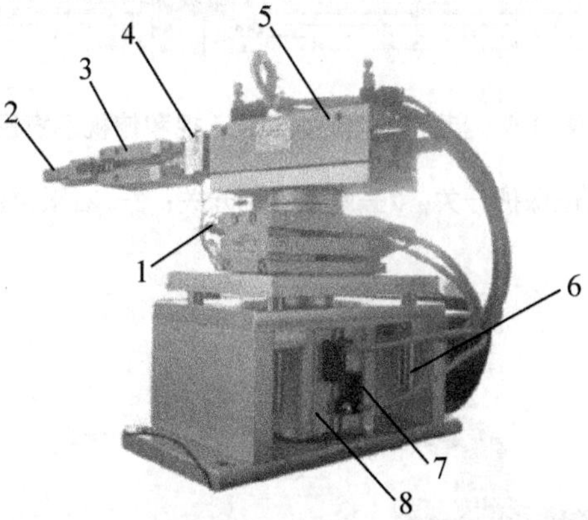

图 6-3　抓取机械手装置

1—气动摆台；2—气爪；3—气动手指；
4—连接件；　5，8—气缸；6—导柱；7—磁性开关

气动手爪用于在各个工作站物料台上抓取/放下工件；伸缩气缸用于驱动手臂伸出缩回；回转气缸用于驱动手臂正反向 90° 旋转；提升气缸用于驱动整个机械手提升与下降。

2) 直线运动传动组件(选装步进电动机传动组件)如图 6-4 所示。

(1) 作用。步进电动机传动组件用以拖动抓取机械手装置做往复直线运动，完成精确定位的功能。

(2) 组成。直线运动传动组件包括步进电动机、滑块、同步带、直线导轨、气缸连接件、气动手指、手爪、气动摆台、拖链等。已经安装好的步进电动机传动组件和抓取机械手装置如图 6-5 所示。

(3) 工作过程(原理)。步进电动机由步进电动机驱动器驱动，通过同步轮和同步带带动滑动溜板，沿直线导轨做往复直线运动，从而带动固定在滑动溜板上的机械手装置做往复直线运动；抓取机械手上所有气管和导线沿拖链敷设，进入线槽后分别连接到电磁阀组和接线端子排组件上；原点开关提供直线运动的起始点信号；当搬运机构运行过程中碰到左限位保护开关或右限位保护开关时，开关触点从常开状态变为常闭状态，继电器线圈得电，致使继电器的常闭触点断开，从而在外部切断了步进驱动器的脉冲和方向输出，达到停止步进电动机动作的目的。当滑动溜板越过左限位或右限位，极限开关动作，向系统提供越程故障信号。

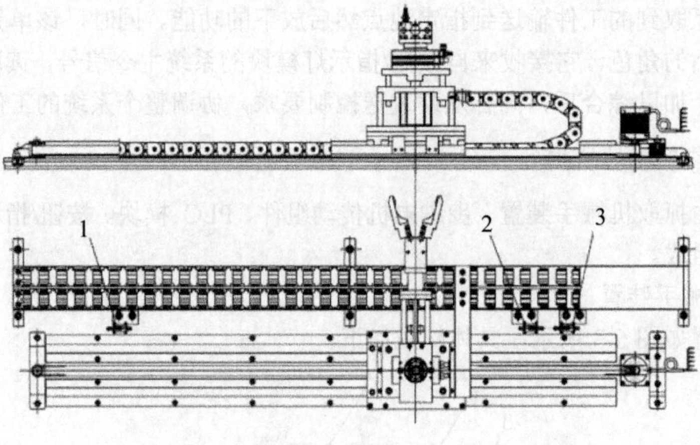

图 6-4　步进电机传动组件正视和俯视示意图

1—左限位保护开关；2—原点限位开关；3—右限位保护开关

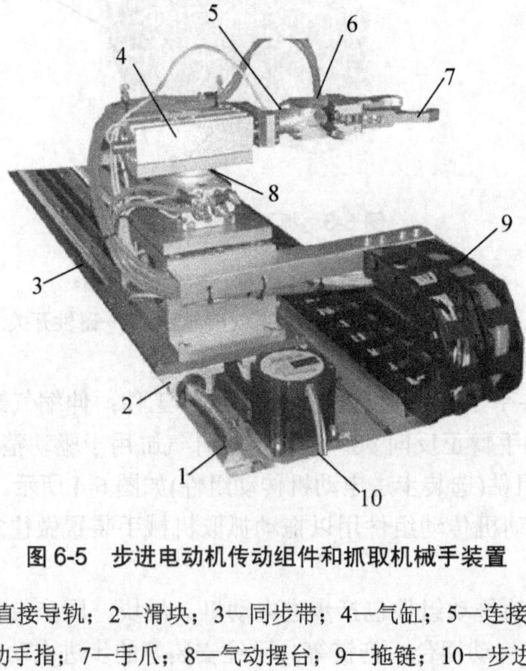

图 6-5　步进电动机传动组件和抓取机械手装置

1—直接导轨；2—滑块；3—同步带；4—气缸；5—连接件；
6—气动手指；7—手爪；8—气动摆台；9—拖链；10—步进电动机

3) 直线运动传动组件(选装伺服电动机传动组件)

(1) 作用。直线运动传动组件用以拖动抓取机械手装置做往复直线运动，完成精确定位的功能。

(2) 组成。传动组件由直线导轨底板、伺服电动机及伺服放大器，从动同步轮，同步带，直线导轨，滑动溜板和原点接近开关、左、右极限开关组成，如图 6-6 所示。

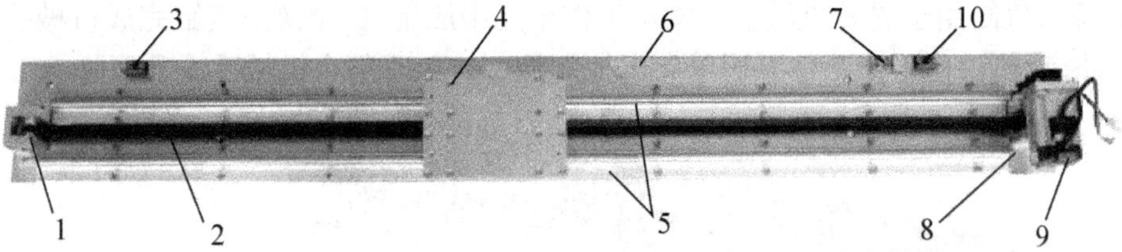

图 6-6 伺服电动机传动组件

1—从动同步轮；2—同步带；3—左极限开关支座；
4—滑动溜板； 5—直线导轨；6—直线导轨底板；
7—原点开关支座；8—主动同步轮；9—伺服电动机；10—右极限开关支座

抓取机械手装置上所有气管和导线沿拖链敷设，进入线槽后分别连接到电磁阀组和接线端口上，如图 6-7 所示。原点接近开关和左、右极限开关安装在直线导轨底板上，原点接近开关是一个无触点的电感式接近传感器，用来提供直线运动的起始点信号；左、右极限开关均是有触点的微动开关，用来提供越程故障时的保护信号；当滑动溜板在运动中越过左或右极限位置时，极限开关会动作，从而向系统发出越程故障信号。

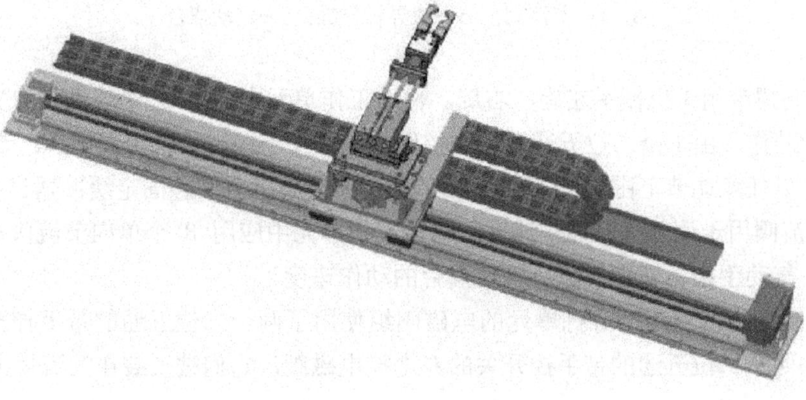

图 6-7 伺服电动机传动和机械手装置

(3) 工作过程。伺服电动机由伺服电动机放大器驱动，通过同步轮和同步带带动滑动溜板沿直线导轨做往复直线运动。从而带动固定在滑动溜板上的抓取机械手装置做往复直线运动。同步轮齿距为 5mm，共 12 个齿即旋转一周搬运机械手位移 60mm。

3. 输送工作单元中气动元件的应用

输送工作单元中应用的气动元件有：双导杆气缸、气动手指、薄形气缸、气动摆台、节流阀和电磁阀组等，如图 6-8 所示。

(1) 气动手指用于抓取物料。输送工作单元中应用 1 个气动手指完成手爪抓取物料动作。由一个二位五通双向电控阀控制，带状态保持功能用于各个工作站抓物搬运。

(2) 双导杆气缸用于手爪的伸缩。输送工作单元中应用 1 个双导杆气缸完成手爪的伸缩动作。由 1 个二位五通单向电控阀控制。

(3) 薄形气缸用于提升机械手。输送工作单元中应用 1 个薄形气缸完成机械手提升台提升、下降动作。由 1 个二位五通单向电控阀控制，用于整个机械手提升下降。

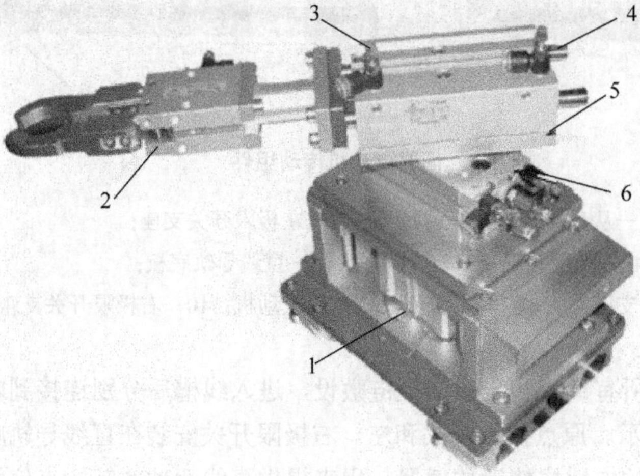

图 6-8 输送工作单元中气动元件

1—薄形气缸；2—气动手指；

3，4—节流阀； 5—双导杆气缸；6—气动摆台

(4) 气动摆台用于机械手左旋、右旋。输送工作单元中应用 1 个气动摆台完成机械手左旋、右旋动作。由 1 个二位五通双向电控阀控制，用于控制手臂正反向 90° 旋转，气缸旋转角度可以任意调节范围 0～180°，调节通过节流阀下方两颗固定缓冲器进行调整。

(5) 节流阀用于调节气缸动作速度。输送工作单元中应用 8 个单向节流阀分别调节双导杆气缸、气动手指、薄形气缸、气动摆台的动作速度。

(6) 电磁阀组的应用。分拣单元的电磁阀组使用了两个二位五通的带手控开关的单电控电磁阀和两个二位五通的带手控开关的双电控电磁阀，它们被安装在汇流板上。

4. 输送工作单元中传感器的应用

输送工作单元用到的传感器有磁性开关、电感式接近开关、微动开关等，作用如下。

1) 磁性开关用于检测气缸活塞的运动位置

气动手爪上装有 1 个磁性开关用于手爪夹紧检测；手爪伸缩气缸(导杆气缸)上装有两个磁性开关用于手爪伸出到位和缩回到位检测，如图 6-9 所示。

气动摆台(摆动气缸)上装有两个磁性开关用于机械手左到位、右转到位检测；提升气缸上装有两个磁性开关用于机械手提升台上升到位、下降到位检测，如图 6-10 所示。

2) 电感式接近开关用作原点开关

用一个无触点的电感式接近传感器作原点接近开关，提供直线运动的起始点信号，如图 6-11 所示。

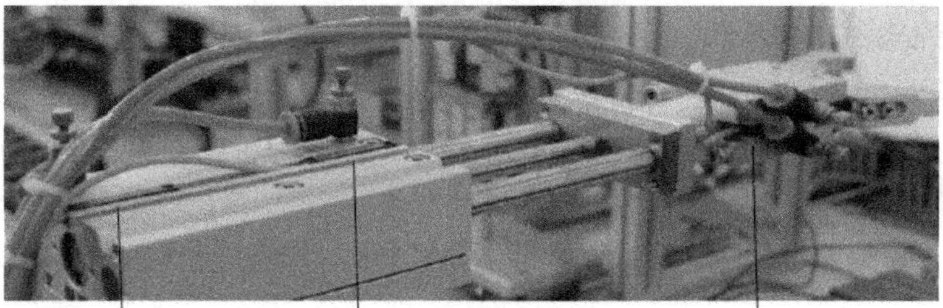

图 6-9　气动手爪及伸缩气缸上的磁性开关

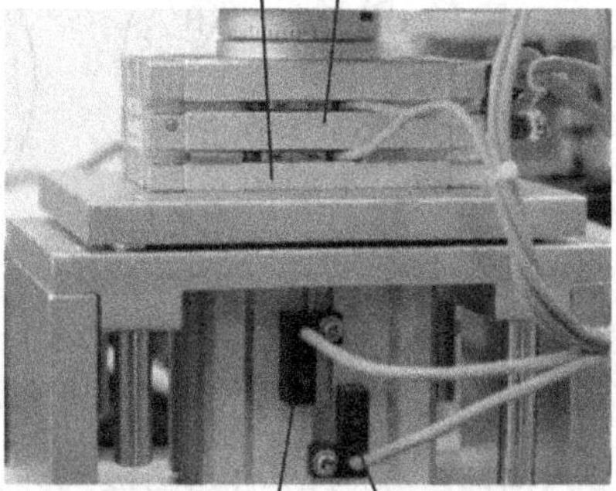

图 6-10　气动摆台及提升气缸上的磁性开关

图 6-11　原点开关和右限位开关

1—原点开关支座；2—原点接近开关；

3—右极限开关支架；4—右极限行程开关；5—直线传动组件底板

3) 微动开关用作左、右极限开关

左、右极限开关采用有触点的微动开关，用来提供越程故障时的保护信号。当滑动溜板在运动中越过左或右极限位置时，极限开关会动作，向系统发出越程故障信号，如图 6-11 所示。

任务 6.2　输送工作单元步进电动机及控制

输送工作单元中，驱动抓取机械手装置沿直线导轨做往复运动的动力源，可以选用步进电动机，也可以选用伺服电动机，需要根据实训的内容及要求来确定。它们的安装孔大小及孔距相同，更换十分容易。本任务介绍输送工作单元步进电动机的控制。

1. 步进电动机工作原理

步进电动机是将电脉冲信号转换为相应的角位移或直线位移的一种特殊执行电动机。每输入一个电脉冲信号，电动机就转动一个角度，它的运动形式是步进式的，所以称为步进电动机。

下面以一台最简单的三相反应式步进电动机为例，步进电动机的工作原理如图 6-12 所示。

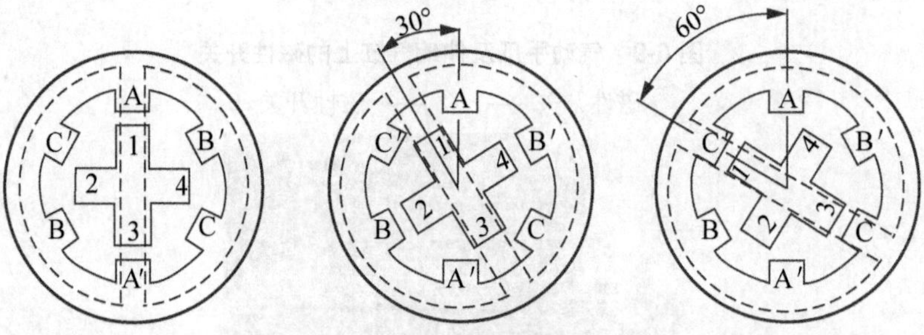

(a)A 相通电　　(b)B 相通电　　(c)C 相通电

图 6-12　三相反应式步进电动机原理图

这是一台三相反应式步进电动机，定子铁心为凸极式，共有三对(六个)磁极，每两个空间相对的磁极上绕有一相控制绕组。转子用软磁性材料制成，也是凸极结构，只有四个齿，齿宽等于定子的极宽。

1) 工作原理分析

当 A 相控制绕组通电，其余两相均不通电，电动机内建立以定子 A 相极为轴线的磁场。由于磁通具有力图走磁阻最小路径的特点，使转子齿 1、3 的轴线与定子 A 相极轴线对齐，如图 6-12(a)所示。若 A 相控制绕组断电、B 相控制绕组通电时，转子在反应转矩的作用下，逆时针转过 30°，使转子齿 2、4 的轴线与定子 B 相极轴线对齐，即转子走了一步，如图 6-12(b)所示。若在断开 B 相，使 C 相控制绕组通电，转子逆时针方向又转过 30°，使转子齿 1、3 的轴线与定子 C 相极轴线对齐，如图 6-12(c)所示。如此按 A→B→C→A 的顺序轮流通电，转子就会一步一步地按逆时针方向转动。其转速取决于各相控制绕组通电与断电的频率，旋转方向取决于控制绕组轮流通电的顺序。若按 A→C→B→A 的顺序通电，则电动机按顺时针方向转动。上述通电方式称为三相单三拍。“三相”是指三相步进电动机；“单三拍”是指每次只有一相控制绕组通电；控制绕组每改变一次通电状态称为一拍，“三拍”是指改变三次通电状态为一个循环。把每一拍转子转过的角度称为步距角。三相单三拍运行时，步距角为 30°。显然，这个角度太大，不能付诸实用。如果把控制绕组的通电方式改为 A→AB→B→BC→C→CA→A，即一相通电接着二相通电间隔地轮流进行，完成一个循环需要经过六次改变通电状态，称为三相单、双六拍通电方式。当 A、B 两相绕组同时通电时，转子齿的位置应同时考虑到两对定子极的作用，只有 A 相极和 B 相极对转子齿所产生的磁拉力相平衡的中间位置，才是转子的平衡位置。这样，单、双六拍通电方式下转子平衡位置增加了一倍，步距角为 15°。进一步减少步距角的措施是采用定子磁极带有小齿，转子齿数很多的结构，分析表明，这样结构的步进电动机，其步距角可以做得很小。一般地说，实际的步进电动机产品都采用这种方法实现步距角的细分。

步进电动机需要专门的驱动装置(驱动器)供电，驱动器和步进电动机是一个有机的整体，步进电动机的运行性能是电动机及其驱动器两者配合所反映的综合效果。一般来说，每一台步进电动机大都有其对应的驱动器。

2) 步进电动机安装注意事项

(1) 注意正确的安装。安装步进电动机，必须严格按照产品说明的要求进行。步进电动机是一精密装置，安装时注意不要敲打它的轴端，更千万不要拆卸电动机。

(2) 正确的接线。不同的步进电动机的接线有所不同，3S57Q-04056 接线图如图 6-13 所示，三个相绕组的六根引出线，必须按头尾相连的原则连接成三角形。改变绕组的通电顺序就能改变步进电动机的转动方向。

2. 输送工作单元选用的步进电动机及其驱动器

输送工作单元所选用的步进电动机是 Kinco 三相步进电动机 3S57Q-04056，与之配套的驱动器为 Kinco 3M458 三相步进电动机驱动器。

1) Kinco 三相步进电动机 3S57Q-04056

输送单元所选用的 Kinco 三相步进电动机 3S57Q-04056，它的步距角在整步方式下为 1.8°，半步方式下为 0.9°。除了步距角外，步进电动机还有保持转矩、阻尼转矩等技术参数，这些参数的物理意义请参阅有关步进电动机的专门资料。3S57Q-04056 部分技术参数见表 6-2。

表 6-2　3S57Q-04056 部分技术参数

参数名称	步距角	相电流(A)	保持扭矩	阻尼扭矩	电动机惯量
参数值	1.8°	5.8A	1.0Nm	0.04Nm	0.3kg.cm2

Kinco 三相步进电动机 3S57Q-04056 接线如图 6-13 所示。

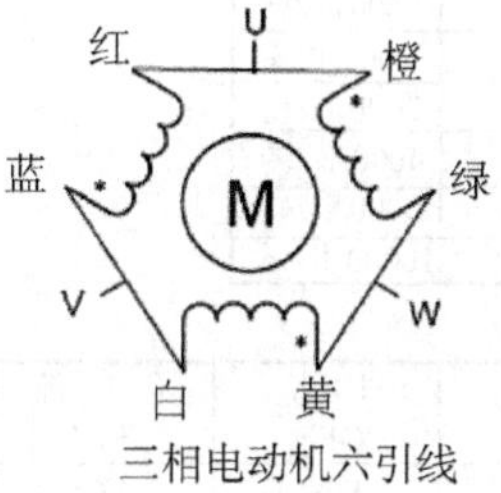

线色	电动机信号
红色	U
橙色	
蓝色	V
白色	
黄色	W
绿色	

图 6-13　Kinco 三相步进电动机 3S57Q-04056 接线

2) Kinco 3M458 三相步进电动机驱动器

Kinco 3M458 三相步进电动机驱动器如图 6-14 所示。

图 6-14　Kinco 3M458 三相步进电机驱动器外观

(1) 主要电气参数。见表 6-3。

表 6-3　主要电气参数

参数名称	供电电压(V)	输出相电流(A)	控制信号输入电流(mA)	冷却方式
参数值	DC24～40	3.0～5.8	6～20	自然风冷

(2) 具有如下特点。

① 采用交流伺服驱动原理，具备交流伺服运转特性，三相正弦电流输出。

② 内部驱动直流电压达 40V，能提供更好的高速性能。

③ 具有电动机静态锁紧状态下的自动半流功能，可大大降低电动机的发热。

④ 具有最高可达 10 000 步/转的细分功能，细分可以通过拨动开关设定。

⑤ 几乎无步进电动机常见的共振和爬行区，输出相电流通过拨动开关设定。

⑥ 控制信号的输入电路采用光耦隔离。

⑦ 采用正弦的电流驱动，使电动机的空载起跳频率达 5kHz(1 000 步/转)左右。

(3) DIP 功能设定开关。在 3M458 驱动器的侧面连接端子中间有一个红色的八位 DIP 功能设定开关，可以用来设定驱动器的工作方式和工作参数，该 DIP 开关功能说明如图 6-15 所示。

DIP开关的正视图

开关序号	ON功能	OFF功能
DIP1-DIP3	细分设置用	细分设置用
DIP4	静态电流全流	静态电流半流
DIP5-DIP8	电流设置用	电流调置用

细分设定表如下：

DIP1	DIP2	DIP3	细分
ON	ON	ON	400步/转
ON	ON	OFF	500步/转
ON	OFF	ON	600步/转
ON	OFF	OFF	1000步/转
OFF	ON	ON	2000步/转
OFF	ON	OFF	4000步/转
OFF	OFF	ON	5000步/转
OFF	OFF	OFF	10000步/转

输出相电流设定表如下：

DIP5	DIP6	DIP7	DIP8	输出电流
OFF	OFF	OFF	OFF	3.0A
OFF	OFF	OFF	ON	4.0A
OFF	OFF	ON	ON	4.6A
OFF	ON	ON	ON	5.2A
ON	ON	ON	ON	5.8A

图 6-15　3M458 驱动器 DIP 开关功能说明

3) 驱动器的典型接线图

驱动器的主要端子功能见表 6-4。

表 6-4　3M458 驱动器主要的端子功能

端子	功能说明	备注
PLS	脉冲信号。脉冲的数量、频率与步进电动机的位移、速度成成比例	
DIR	方向信号。高低电平决定电动机的旋转方向	
FREE	脱机信号，ON 时驱动器断开步进电动机电源回路	未用

驱动器的典型接线如图 6-16 所示。驱动器可采用直流 24V～40V 电源供电。YL-335B 中，由输送单元专用的开关稳压电源(DC 24V 8A)供给。输送工作单元 PLC 输出公共端 Vcc 使用的是 DC 24V 电压，使用的限流电阻 $R1$ 为 2kΩ。

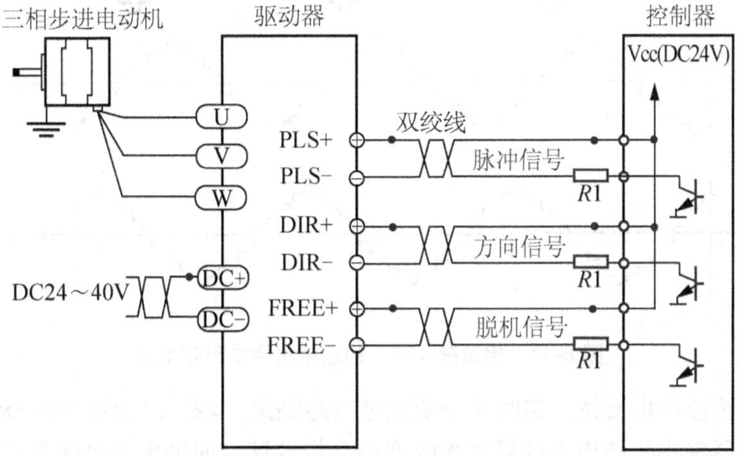

图 6-16　Kinco 3M458 驱动器的典型接线图

4) 步进电动机驱动器工作原理

驱动器的功能是接收来自控制器(PLC)的一定数量和频率脉冲信号以及电动机旋转方向的信号，为步进电动机输出三相功率脉冲信号。

(1) 组成。步进电动机驱动器的组成包括脉冲分配器和脉冲放大器两部分，主要解决向步进电动机的各相绕组分配输出脉冲和功率放大两个问题。

脉冲分配器是一个数字逻辑单元，它接收来自控制器的脉冲信号和转向信号，把脉冲信号按一定的逻辑关系分配到每一相脉冲放大器上，使步进电动机按选定的运行方式工作。由于步进电动机各相绕组是按一定的通电顺序并不断循环来实现步进功能的，因此脉冲分配器也称为环形分配器。实现这种分配功能的方法有多种，例如可以由双稳态触发器和门电路组成，也可由可编程逻辑器件组成。

脉冲放大器的作用是进行脉冲功率放大。因为从脉冲分配器能够输出的电流很小(毫安级)，而步进电动机工作时需要的电流较大，因此需要进行功率放大。此外，输出的脉冲波形、幅度、波形前沿陡度等因素对步进电动机运行性能有重要的影响。

3M458 驱动器采取如下一些措施，可以大大改善步进电动机运行性能。

内部驱动直流电压达 40V，能提供更好的高速性能。

具有电动机静态锁紧状态下的自动半流功能，可大大降低电动机的发热。而为调试方便，驱动器还有一对脱机信号输入线 FREE+和 FREE−(如图 6-16 所示)，当这一信号为 ON 时，驱动器将断开输入到步进电动机的电源回路。YL-335B 自动生产线没有使用这一信号，目的是使步进电动机在上电后，即使静止时也保持自动半流的锁紧状态。

(2) 工作原理。3M458 驱动器采用交流伺服驱动原理，把直流电压通过脉宽调制技术变为三路阶梯式正弦波形电流，如图 6-17 所示。

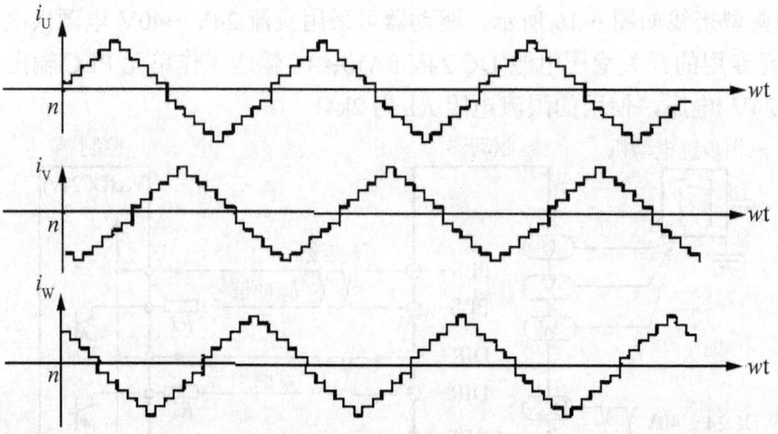

图 6-17　相位差 120° 的三相阶梯式正弦电流

阶梯式正弦波形电流按固定时序分别流过三路绕组，其每个阶梯对应电动机转动一步。通过改变驱动器输出正弦电流的频率来改变电动机转速，而输出的阶梯数确定了每步转过的角度，当角度越小的时候，那么其阶梯数就越多，即细分就越大，从理论上说此角度可以设的足够小，所以细分数可以是很大。3M458 最高可达 10 000 步/转的驱动细分功能，细分可以通过拨动开关设定。

细分驱动方式不仅可以减小步进电动机的步距角，提高分辨率，而且可以减少或消除低频振动，使电动机运行更加平稳均匀。

3. 输送工作单元步进电动机传动组件的基本技术数据

3S57Q-04056 步进电动机步距角为 1.8°，即在无细分的条件下 200 个脉冲电动机转一圈(通过驱动器设置细分精度最高可以达到 10 000 个脉冲电动机转一圈)。

输送工作单元步进传动组件采用同步轮和同步带传动，同步轮齿距为 5mm，共 12 个齿，旋转一周输送机械手位移 60mm，即每步机械手位移 0.006mm；电动机驱动电流设为 5.2A；静态锁定方式为静态半流。

4. 步进电动机使用中应注意事项

1) 应注意的问题

控制步进电动机运行时，应注意考虑在防止步进电动机运行中失步的问题。步进电动机失步包括丢步和越步。丢步时，转子前进的步数小于脉冲数，丢步严重时，将使转子停留在一个位置上或围绕一个位置振动；越步时，转子前进的步数多于脉冲数，越步严重时，设备将发生过冲。

2) 对策

(1) 机械手返回原点越步处理。使机械手返回原点的操作常常会出现越步情况。当机械手装置回到原点时，原点开关动作，使指令输入 OFF。如果到达原点前速度过高，惯性转矩将大于步进电动机的保持转矩而使步进电动机越步。因此回原点的操作应确保足够低速为宜。

(2) 高速运行时紧急停止处理。当步进电动机驱动机械手装配高速运行时紧急停止，出现越步情况不可避免，因此急停复位后应采取先低速返回原点重新校准，再恢复原有操作的方法。(注：所谓保持扭矩是指电动机各相绕组通额定电流，且处于静态锁定状态时，电动机所能输出的最大转矩，它是步进电动机最主要参数之一)

(3) 指定频率不能过高，否则会出现丢步现象。由于电动机绕组本身是感性负载，输入频率越高，励磁电流就越小。频率高，磁通量变化加剧，涡流损失加大。因此，输入频率增高，输出力矩降低。最高工作频率的输出力矩只能达到低频转矩的 40%～50%。进行高速定位控制时，如果指定频率过高，会出现丢步现象。

(4) 机械部件调整必须得当。如果机械部件调整不当，会使机械负载增大。步进电动机不能过负载运行，哪怕是瞬间都会造成失步，严重时停转或不规则原地反复振动。

任务 6.3　输送工作单元伺服电动机的控制

1. 永磁交流伺服系统概述

现代高性能的伺服系统，大多数采用永磁交流伺服系统其中包括永磁同步交流伺服电动机和全数字交流永磁同步伺服驱动器两部分。

1) 交流伺服电动机的工作原理

伺服电动机内部的转子是永磁铁，驱动器控制的 U、V、W 三相电形成电磁场，转子在此磁场的作用下转动，同时电动机自带的编码器反馈信号给驱动器，驱动器根据反馈值与目标值进行比较，调整转子转动的角度。伺服电动机的精度决定于编码器的精度(线数)。

2) 交流永磁同步伺服驱动器

交流永磁同步伺服驱动器主要有伺服控制单元、功率驱动单元、通信接口单元、伺服电动机及相应的反馈检测器件组成，其中伺服控制单元包括位置控制器、速度控制器、转矩和电流控制器等。结构组成如图 6-18 所示。

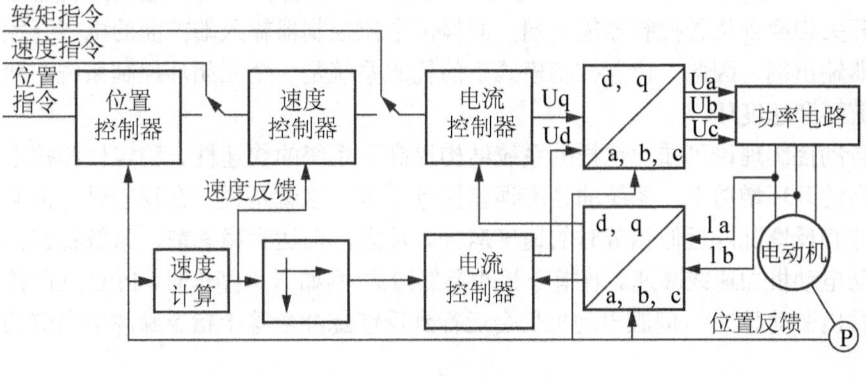

图 6-18　系统控制结构

伺服驱动器均采用数字信号处理器(DSP)作为控制核心，其优点是可以实现比较复杂的控制算法，实现数字化、网络化和智能化。功率器件普遍采用以智能功率模块(IPM)为核心设计的驱动电路，IPM 内部集成了驱动电路，同时具有过电压、过电流、过热、欠压等故障检测保护电路，在主回路中还加入软启动电路，以减小启动过程对驱动器的冲击。

功率驱动单元首先通过整流电路对输入的三相电或者市电进行整流，得到相应的直流电。再通过三相正弦 PWM 电压型逆变器变频来驱动三相永磁式同步交流伺服电动机。

逆变部分(DC-AC)采用功率器件集成驱动电路，保护电路和功率开关于一体的智能功率模块(IPM)，主要拓扑结构是采用了三相桥式电路，如图 6-19 所示。

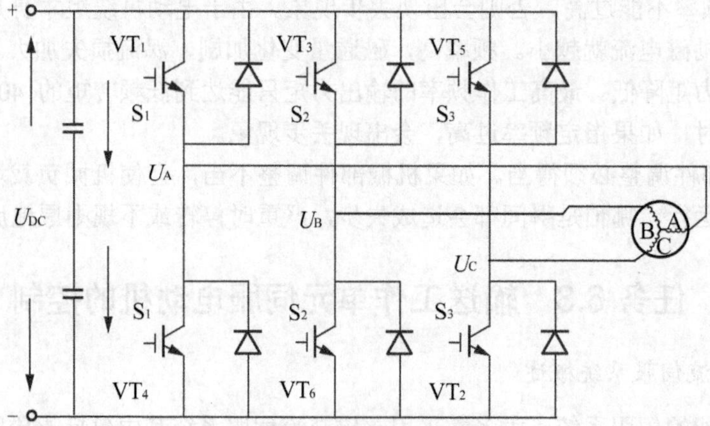

图 6-19　三相逆变电路

利用了脉宽调制技术即 PWM(Pulse Width Modulation)通过改变功率晶体管交替导通的时间来改变逆变器输出波形的频率，改变每半周期内晶体管的通断时间比，也就是说通过改变脉冲宽度来改变逆变器输出电压副值的大小以达到调节功率的目的。

3) 交流伺服系统的位置控制模式

对图 6-18 和图 6-19 说明如下。

(1) 伺服驱动器输出到伺服电动机的三相电压波形基本是正弦波(高次谐波被绕组电感滤除)，而不是像步进电动机那样是三相脉冲序列，即使从位置控制器输入的是脉冲信号。

(2) 伺服系统用作定位控制时，位置指令输入到位置控制器，速度控制器输入端前面的电子开关切换到位置控制器输出端；同样，电流控制器输入端前面的电子开关切换到速度控制器输出端。因此，位置控制模式下的伺服系统是一个三闭环控制系统，两个内环分别是电流环和速度环。

由自动控制理论可知，这样的系统结构提高了系统的快速性、稳定性和抗干扰能力。在足够高的开环增益下，系统的稳态误差接近于零。这就是说，在稳态时，伺服电动机以指令脉冲和反馈脉冲近似相等时的速度运行。反之，在达到稳态前，系统将在偏差信号作用下驱动电动机加速或减速。若指令脉冲突然消失(例如紧急停车时，PLC 立即停止向伺服驱动器发出驱动脉冲)，伺服电动机仍会运行到反馈脉冲数等于指令脉冲消失前的脉冲数才停止。

4) 位置控制模式下电子齿轮的概念

位置控制模式下，等效的单闭环系统方框图如图 6-20 所示。

图中，指令脉冲信号和电动机编码器反馈脉冲信号进入驱动器后，均通过电子齿轮变换才进行偏差计算。电子齿轮实际是一个分倍频器，合理搭配它们的分倍频值，可以灵活地设置指令脉冲的行程。

YL-335B 所使用的松下 MINAS A4 系列 AC 伺服电机驱动器，电动机编码器反馈脉冲为 2 500 pulse/rev。缺省情况下，驱动器反馈脉冲电子齿轮分倍频值为 4 倍频。如果希望指令脉冲为 6 000 pulse/rev，那就应把指令脉冲电子齿轮的分倍频值设置为 10 000/6 000。从而实现 PLC 每输出 6 000 个脉冲，伺服电动机旋转一周，驱动机械手恰好移动 60mm 的整数倍关系。

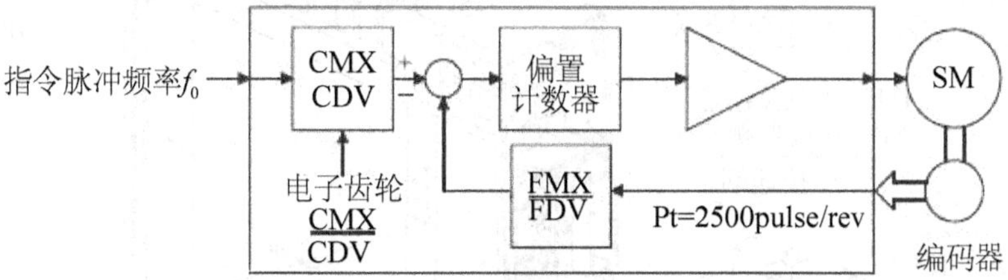

图 6-20　等效的单闭环位置控制系统方框图

2. 输送工作单元选用的伺服电动机及伺服电动机驱动器

在 YL-335B 的输送单元中，采用了松下 MHMD022P1U 永磁同步交流伺服电动机，及 MADDT1207003 全数字交流永磁同步伺服驱动装置作为运输机械手的运动控制装置，如图 6-21 所示。

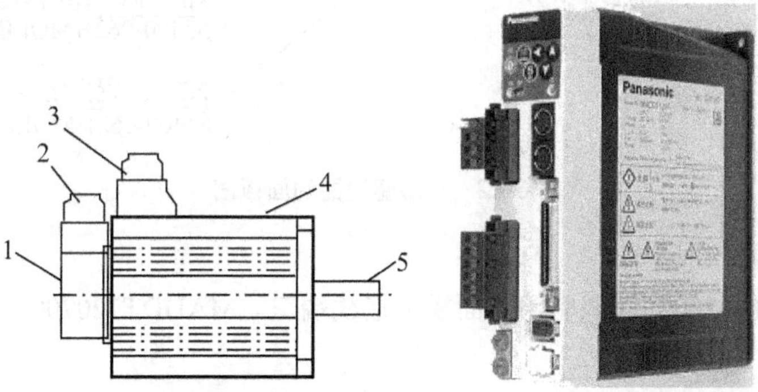

(a)伺服电动机　　(b)伺服电动机驱动器

图 6-21　松下 MHMD022P1U 伺服电动机及 MADDT1207003 伺服驱动器外观

1—编码器；2—编码器插座；

3—电动机插座；4—电动机本体；5—电动机轴

1) 规格型号

(1) 松下 MHMD022P1U 永磁同步交流伺服电动机。

MHMD022P1U 的含义：MHMD 表示电动机类型为大惯量；02 表示电动机的额定功率为 200W；2 表示电压规格为 200V；P 表示编码器为增量式编码器，脉冲数为 2 500p/r，分辨率 10 000，输出信号线数为 5 根线。

(2) MADDT1207003 全数字交流永磁同步伺服驱动装置。

MADDT1207003 的含义：MADDT 表示松下 A4 系列 A 型驱动器；T1 表示最大瞬时输出电流为 10A；2 表示电源电压规格为单相 200V；07 表示电流监测器额定电流为 7.5A；003 表示脉冲控制专用。驱动器的面板如图 6-22 所示。

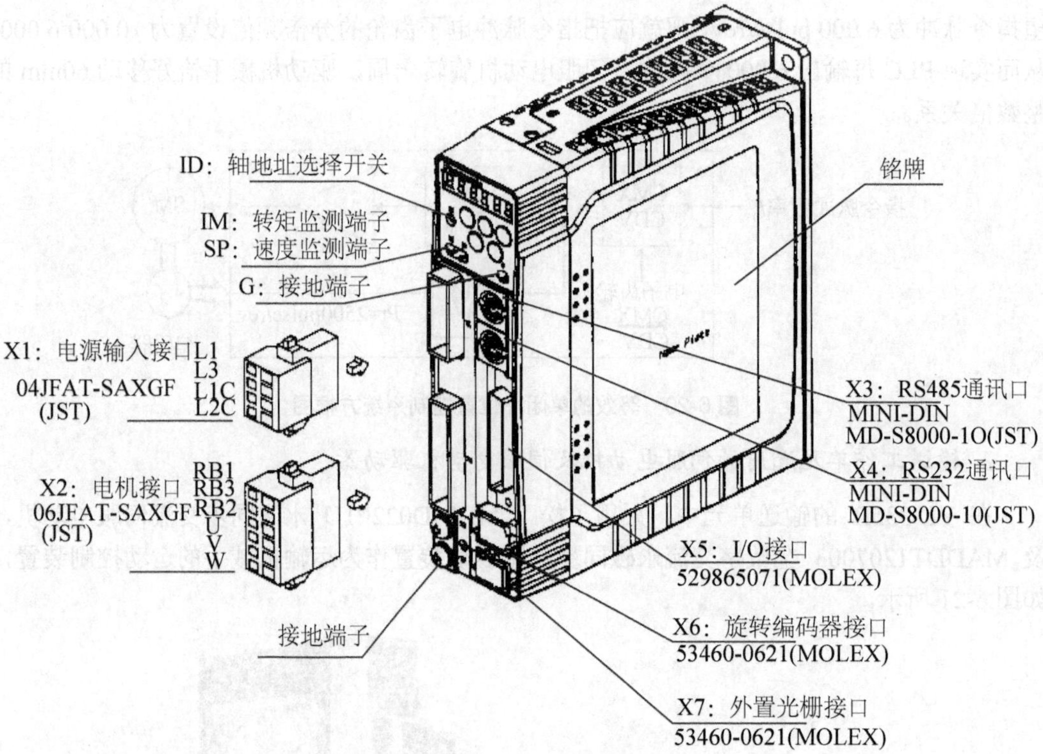

图 6-22　伺服驱动器的面板图

2) 伺服驱动器接线

(1) MADDT1207003 伺服驱动器面板上接线端口。MADDT1207003 伺服驱动器面板上有多个接线端口，其中：

① X1 为电源输入接口，AC 220V 电源连接到 L1、L3 主电源端子，同时连接到控制电源端子 L1C、L2C 上。

② X2 为电动机接口和外置再生放电电阻器接口。U、V、W 端子用于连接电动机。必须注意，电源电压务必按照驱动器铭牌上的指示，电动机接线端子(U、V、W)不可以接地或短路，交流伺服电动机的旋转方向不像感应电动机可以通过交换三相相序来改变，必须保证驱动器上的 U、V、W、E 接线端子与电动机主回路接线端子按规定的次序一一对应，否则可能损坏驱动器。电动机的接线端子和驱动器的接地端子以及滤波器的接地端子必须保证可靠的连接到同一个接地点上。机身也必须接地。RB1、RB2、RB3 端子是外接放电电阻，MADDT1207003 的规格为 100Ω/10W，YL-335B 自动生产线没有使用外接放电电阻。

③ X6 为连接到电动机编码器信号接口，连接电缆应选用带有屏蔽层的双绞电缆，屏蔽层应接到电动机侧的接地端子上，并且应确保将编码器电缆屏蔽层连接到插头的外壳(FG)上。

④ X5 为 I/O 控制信号端口，其部分引脚信号定义与选择的控制模式有关，不同模式下的接线请参考《松下 A 系列伺服电动机手册》。

(2) YL-335B 输送单元中伺服电动机及驱器接线。YL-335B 输送单元中，伺服电动机用于定位控制，选用位置控制模式。所采用的是简化接线方式，如图 6-23 所示。

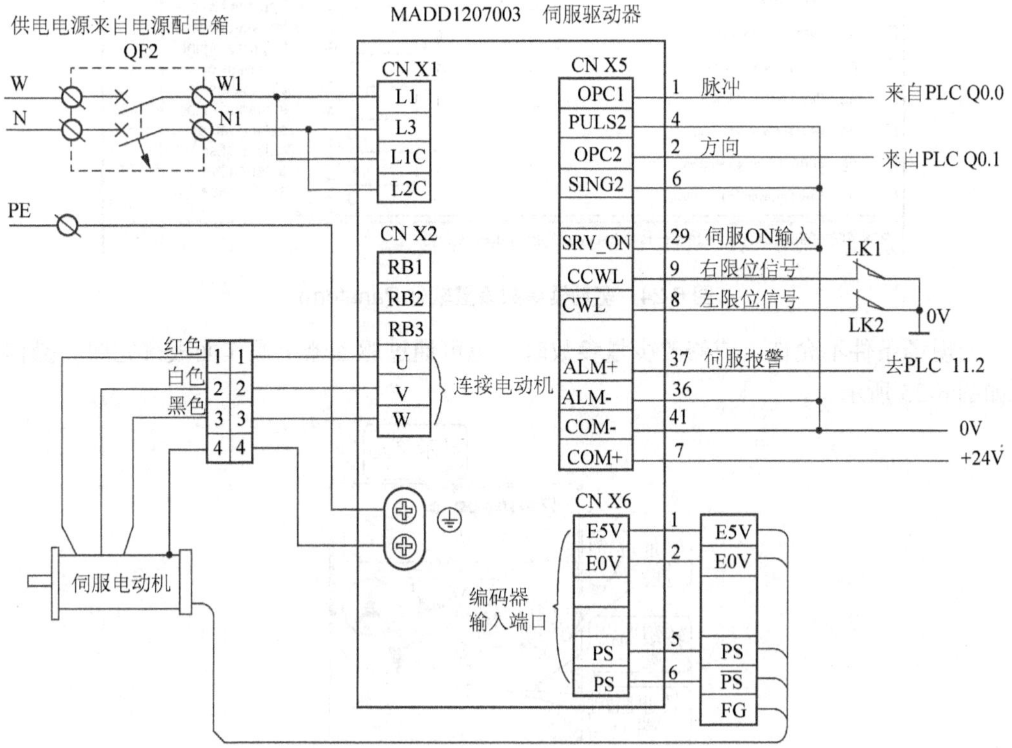

图 6-23　伺服电动机及驱器电气接线图

3) 伺服驱动器的控制运行方式

松下的伺服驱动器有七种控制运行方式，即位置控制、速度控制、转矩控制、位置/速度控制、位置/转矩控制、速度/转矩控制、全闭环控制。

位置方式就是输入脉冲串来使电动机定位运行，电动机转速与脉冲串频率相关，电动机转动的角度与脉冲个数相关；速度方式有两种，一是通过输入直流-10V～+10V 指令电压调速，二是选用驱动器内设置的内部速度来调速；转矩方式是通过输入直流-10V～+10V 指令电压调节电机的输出转矩，这种方式下运行必须要进行速度限制，有两种方法一种是设置驱动器内的参数来限制；另一种是输入模拟量电压限速。

4) 参数设置方式操作说明

(1) 参数设置方式。MADDT1207003 伺服驱动器的参数共有 128 个，Pr00-Pr7F，可以通过与 PC 连接后在专门的调试软件上进行设置，也可以在驱动器上的面板上进行设置。

在 PC 上安装专门的调试软件，通过与伺服驱动器建立起通信，就可将伺服驱动器的参数状态读出或写入，非常方便，如图 6-24 所示。

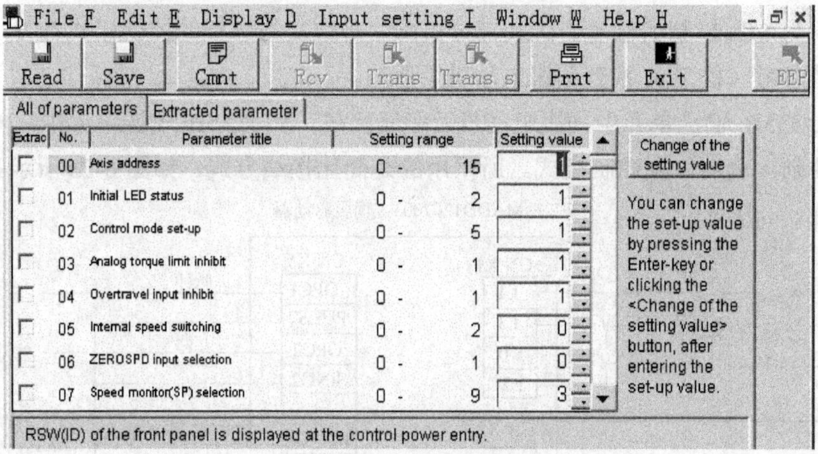

图 6-24 驱动器参数设置软件 Panaterm

当现场条件不允许，或修改少量参数时，也可通过驱动器上操作面板来完成。操作面板如图 6-25 所示。

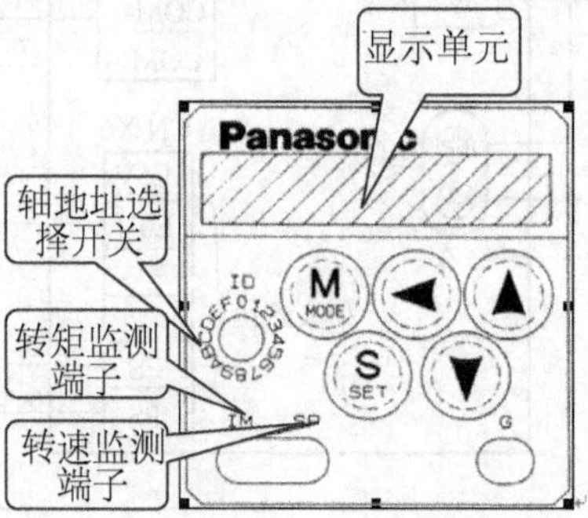

图 6-25 驱动器参数设置操作面板

(2) 驱动器参数设置操作面板上各个按钮说明。驱动器参数设置操作面板上各个按钮的说明见表 6-5。

表 6-5 驱动器参数设置操作面板按钮说明

按键说明	激活条件	功能
MODE	在模式显示时有效	在以下 5 种模式之间切换： 1.监视器模式；2.参数设置模式；3.EEPROM 写入模式；4.自动调整模式；5.辅助功能模式
SET	一直有效	用来在模式显示和执行显示之间切换
▲ ▼	仅对小数点闪烁的哪一位数据位有效	改变个模式里的显示内容、更改参数、选择参数或执行选中的操作
◀	仅对小数点闪烁的哪一位数据位有效	把移动的小数点移动到更高位数

(3) 驱动器参数设置操作面板操作说明。

参数设置，先按“SET”键，再按“MODE”键选择到“Pr00”后，按向上、下或向左的方向键选择通用参数的项目，按“SET”键进入。然后按向上、下或向左的方向键调整参数，调整完后，按“S”键返回。选择其他项再调整。

参数保存，按“M”键选择到“EE-SET”后按“SET”键确认，出现“EEP -”，然后按向上键 3 秒钟，出现“FINISH”或“SESET”，然后重新上电即保存。

手动 JOG 运行，按“MODE”键选择到“AF-ACL”，然后按向上、下键选择到“AF-JOG”按“SET”键一次，显示“JOG -”，然后按向上键 3 秒显示“READY”，再按向左键 3 秒出现“SUR-ON”锁紧轴，按向上、下键，单击正反转。注意先将 S-ON 断开。

5) 部分参数说明

在 YL-335B 上，伺服驱动装置工作于位置控制模式，S7-226 的 Q0.0 输出脉冲作为伺服驱动器的位置指令，脉冲的数量决定伺服电动机的旋转位移，即机械手的直线位移，脉冲的频率决定了伺服电动机的旋转速度，即机械手的运动速度，S7-226 的 Q0.1 输出脉冲作为伺服驱动器的方向指令。对于控制要求较为简单，伺服驱动器可采用自动增益调整模式。根据上述要求，伺服驱动器参数设置见表 6-6。

表 6-6 伺服驱动器参数设置表

序号	参数		设置数值	功能和含义
	参数编号	参数名称		
1	Pr01	LED 初始状态	1	显示电动机转速
2	Pr02	控制模式	0	位置控制(相关代码 P)
3	Pr04	行程限位禁止输入无效设置	2	当左或右限位动作，则会发生 Err38 行程限位禁止输入信号出错报警。设置此参数值必须在控制电源断电重启之后才能修改、写入成功
4	Pr20	惯量比	1678	该值自动调整得到，具体请参 AC
5	Pr21	实时自动增益设置	1	实时自动调整为常规模式，运行时负载惯量的变化情况很小
6	Pr22	实时自动增益的机械刚性选择	1	此参数值设得很大，响应越快
7	Pr41	指令脉冲旋转方向设置	1	指令脉冲 + 指令方向。设置此参数值必须在控制电源断电重启之后才能修改、写入成功
8	Pr42	指令脉冲输入方式	3	指令脉冲 + 指令方向 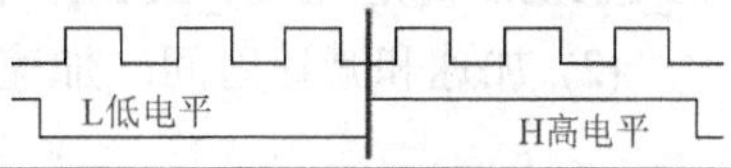
9	Pr48	指令脉冲分倍频第 1 分子	10000	每转所需指令脉冲数=编码器分辨率×$\frac{Pr4B}{Pr48\times 2^{Pr4A}}$ 现编码器分辨率为 10000(2500p/r×4)，参数设置如表，则： 每转所需指令脉冲数$=10000\times\frac{Pr4B}{Pr48\times 2^{Pr4A}}$ $=10000\times\frac{6000}{10000\times 2^{0}}=6000$
10	Pr49	指令脉冲分倍频第 2 分子	0	
11	Pr4A	指令脉冲分倍频分子倍率	0	
12	Pr4B	指令脉冲分倍频分母	6000	

其他参数的说明及设置请参看松下 Ninas A4 系列伺服电动机、驱动器使用说明书。

3. S7-200 PLC 的脉冲输出功能及位控向导编程

S7-200 有两个 PTO/PWM 发生器，它们可以产生一个高速脉冲串服务(PTO) 或者一个脉宽调制(PWM)波形。一个发生器指定给数字输出点 Q0.0；另一个发生器指定给数字输出点 Q0.1。

当组态一个输出为 PTO 操作时，生成一个 50%占空比脉冲串用于步进电动机或伺服电动机的速度和位置的开环控制。内置 PTO 功能提供了脉冲串输出，脉冲周期和数量可由用户控制，应用程序必须通过 PLC 内置 I/O 或扩展模块提供方向和限位控制。

为了简化用户应用程序中位控功能的使用，STEP7-Micro/WIN32 提供的位控向导可以帮助用户在几分钟内全部完成 PWM、PTO 或位控模块的组态。该向导可以生成位控指令，用户可以用这些指令在应用程序中对速度和位置进行动态控制。

1) 开环位控用于步进电动机或伺服电动机的基本信息

借助位控向导组态 PTO 输出时，需要用户提供如下一些基本信息。

(1) 最大速度(MAX_SPEED)和启动/停止速度(SS_SPEED)，如图 6-26 所示。

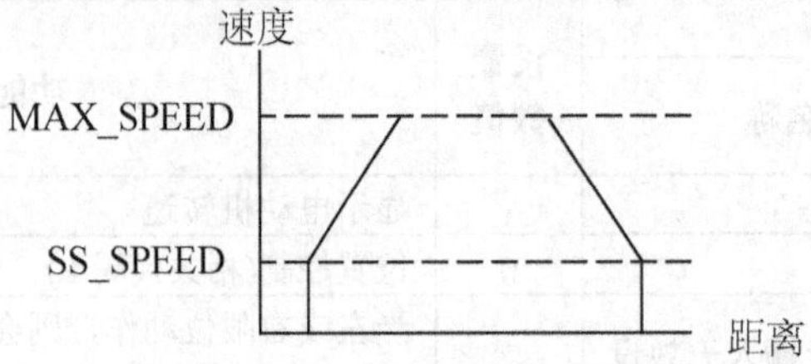

图 6-26　最大速度和启动/停止速度

MAX_SPEED：该数值是应用中操作速度的最大值，它应在电动机力矩能力的范围内。驱动负载所需的力矩由摩擦力、惯性以及加速/减速时间决定。

SS_SPEED：输入该数值应满足电动机在低速时驱动负载的能力，如果 SS_SPEED 的数值过低，电动机和负载在运动的开始和结束时可能会摇摆或颤动。如果 SS_SPEED 的数值过高，电动机会在启动时丢失脉冲，并且负载在试图停止时会使电动机过载。通常，SS_SPEED 值是 MAX_SPEED 值的 5%～15%。

(2) 加速和减速时间。加速和减速时间，如图 6-27 所示。

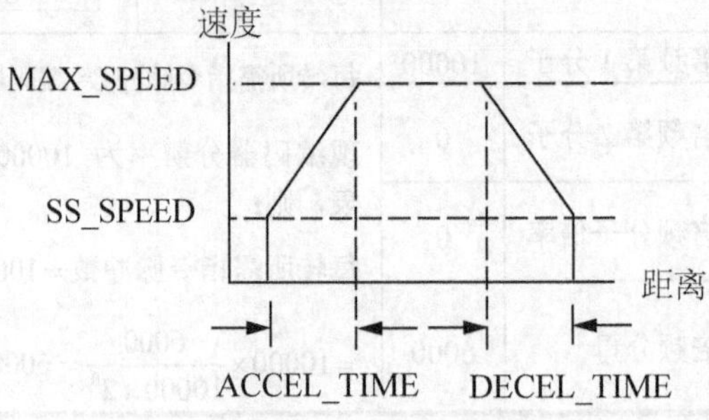

图 6-27　加速和减速时间

ACCEL_TIME：电动机从 SS_SPEED 速度加速到 MAX_SPEED 速度所需的时间。缺省值=1 000ms。

DECEL_TIME：电动机从 MAX_SPEED 速度减速到 SS_SPEED 速度所需要的时间。缺省值=1 000ms。

特别提示

电动机的加速和减速时间要经过测试来确定。开始时，应输入一个较大的值。逐渐减少这个时间值直至电动机开始停止，从而优化应用中的这些设置。

(3) 移动包络。一个包络是一个预先定义的移动描述，它包括一个或多个速度，影响着从起点到终点的移动。一个包络由多段组成，每段包含一个达到目标速度的加速/减速过程和以目标速度匀速运行的一串固定数量的脉冲。如果是单段运动控制或者是多段运动控制中的最后一段，还应该包括一个由目标速度到停止的减速过程。

2) 位控向导定义一个包络的步骤

位控向导提供移动包络定义，在这里可以为应用程序定义每一个移动包络。PTO 支持最大 100 个包络。定义一个包络的步骤如下。

(1) 选择包络操作模式。PTO 支持相对位置和单一速度的连续转动，如图 6-28 所示。

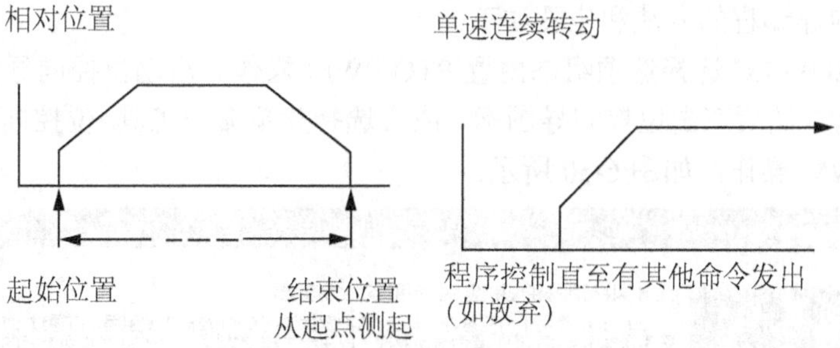

图 6-28　包络操作模式

相对位置模式指的是运动的终点位置是从起点侧开始计算的脉冲量。单速连续转动则不需要提供终点位置，PTO 一直持续输出脉冲，直至有其他命令发出，如到达原点要求停发脉冲。

(2) 为包络的各步定义指标。一个步是工件运动的一个固定距离，包括加速和减速时间内的距离。PTO 每一包络最大允许 29 个步，每一步包括目标速度和结束位置或脉冲数目等几个指标。如图 6-29 所示，为一步、两步、三步和四步包络。

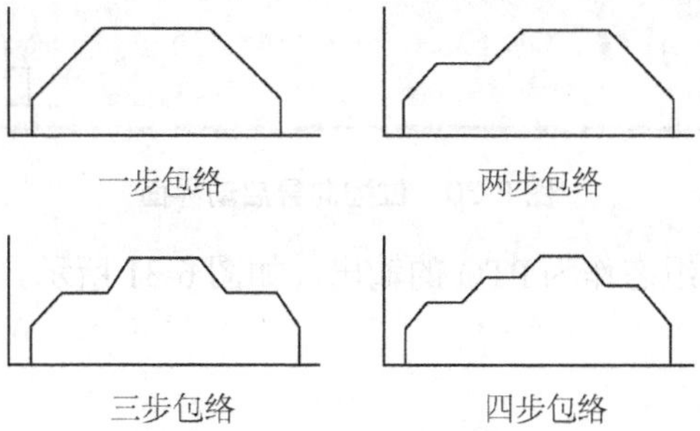

图 6-29　包络的步数

特别提示

一步包络只有一个常速段，两步包络有两个常速段，以此类推。步的数目与包络中常速段的数目一致。

3) 使用位控向导编程

STEP 7 V4.0 软件的位控向导能自动处理 PTO 脉冲的单段管线和多段管线、脉冲调制、SM 位置配置和创建包络表。给出一个简单工作任务为例，介绍使用位控向导编程的方法和步骤。该例子中实现步进电动机运行所需的运动包络见表 6-7。

表 6-7 伺服电动机运行的运动包络

运动包络	站点及距离		脉冲量	移动方向
1	供料站至加工站	470mm	47 000	
2	加工站至装配站	286mm	286 000	
3	装配站至分拣站	235mm	235 000	
4	分拣站至高速回零前	925mm	925 000	DIR
5	低速回零		单速返回	DIR

使用位控向导编程的方法和步骤如下。

(1) 为 S7-200 PLC 选择选项组态内置 PTO/PWM 操作。启动位控向导，可以点击浏览条中的工具图标，然后双击位控向导图标，或者选择菜单命令工具>位控向导，选择选项组态内置 PTO/PWM 操作，如图 6-30 所示。

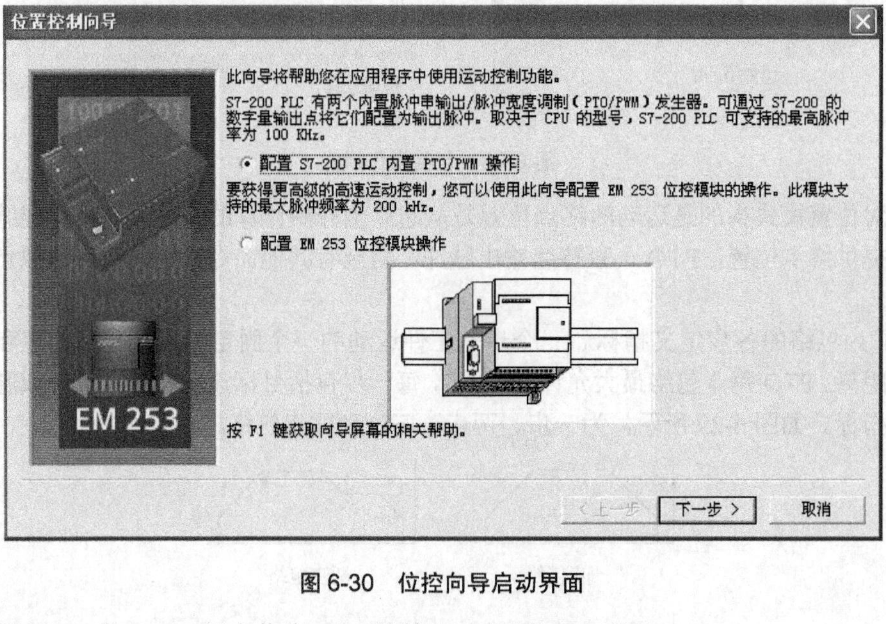

图 6-30 位控向导启动界面

选择 Q0.0 或 Q0.1，组态作为 PTO 的输出，如图 6-31 所示。

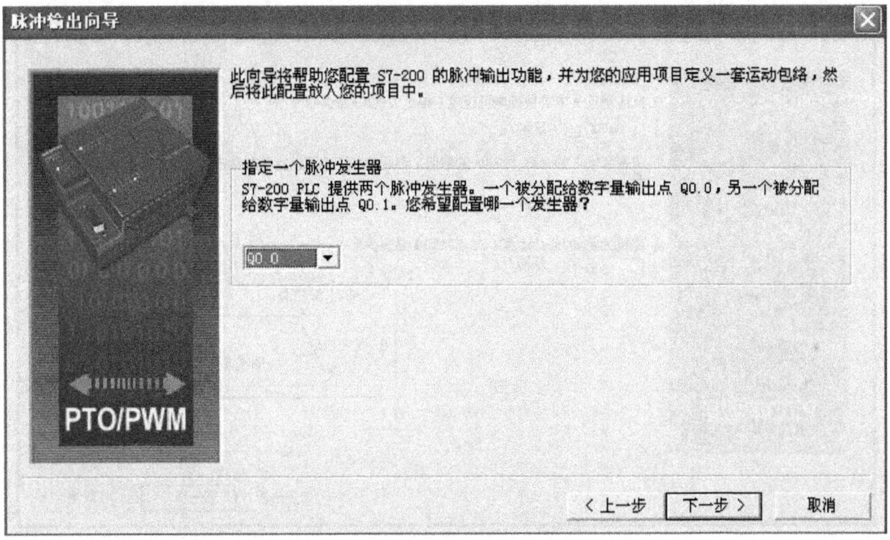

图 6-31　选择 PTO 的输出

从下拉对话框中选择线性脉冲串输出(PTO)，如图 6-32 所示。

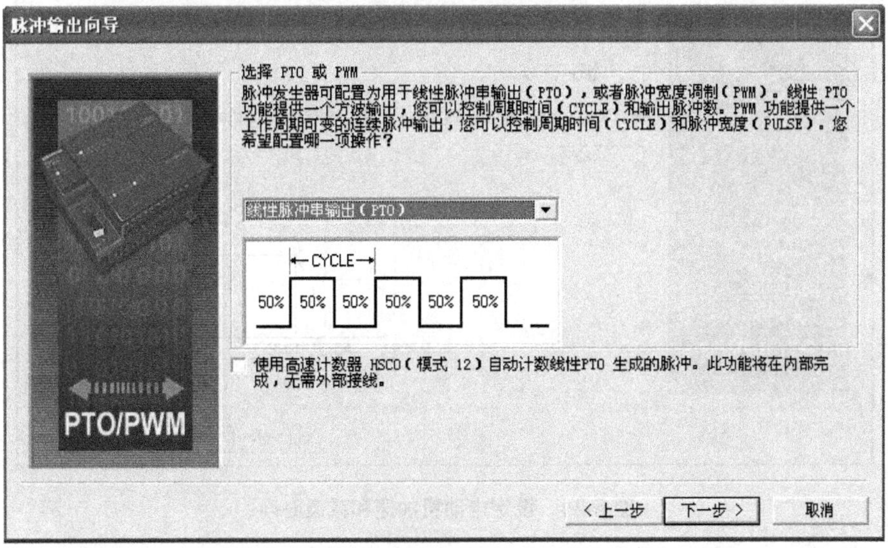

图 6-32　选择 PTO

若想监视 PTO 产生的脉冲数目，点击复选框选择使用高速计数器。

(2) 设定电动机速度参数。在对应的编辑框中输入 MAX_SPEED 和 SS_SPEED 速度值。输入最高电动机速度(MAX_SPEED)为 “90 000”，电动机启动/停止速度(SS_SPEED)设定为“600”，这里单击 MIN_SPEED 值对应的灰色框，可以发现 MIN_SPEED 改为 600，注意 MIN_SPEED 值由计算得出，用户不能在此域中输入其他数值，如图 6-33 所示。

在对应的编辑框中输入加速和减速时间，输入加速时间为“1 500”和减速时间“200”。如图 6-34 所示。

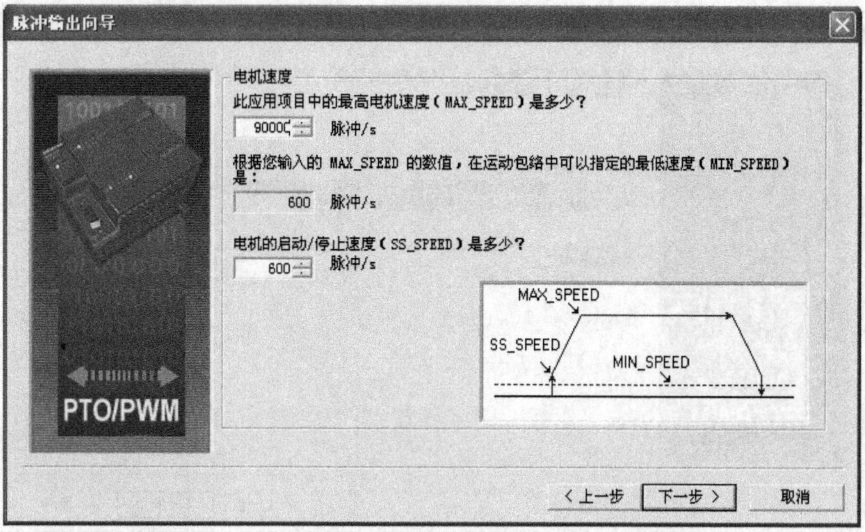

图 6-33　设定电动机速度

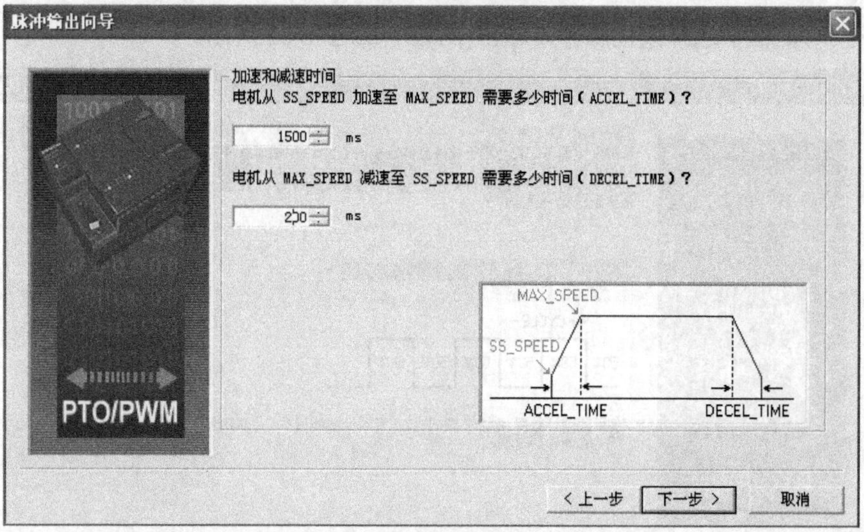

图 6-34　设定电动机加速和减速时间

(3) 配置运动包络。在移动包络定义界面，点击新包络按钮允许定义包络。要求选择所需的操作模式，对于相对位置包络要求输入目标速度和结束位置(脉冲数)。然后，可以点击绘制步按钮，查看移动的图形描述 (根据移动需要，可以定义多个包络和多个步)。例子中包络的数据见表 6-8。

表 6-8　例子中包络的数据

包络号	站点及距离	操作模式	脉冲量	目标速度	移动方向
0	供料站至加工站 470mm	相对位置	85600	60000	
1	加工站至装配站 286mm	相对位置	52000	60000	
2	装配站至分拣站 235mm	相对位置	42700	60000	
3	分拣站至高速回零前 925mm	相对位置	168000	57000	DIR
4	低速回零	单速连续旋转	单速返回	20000	DIR

操作步骤如下。

第 0 个包络的设置即从供料站至加工站的运动包络如图 6-35 所示，若需要多个步，单击“新步”按钮并按要求输入步信息。

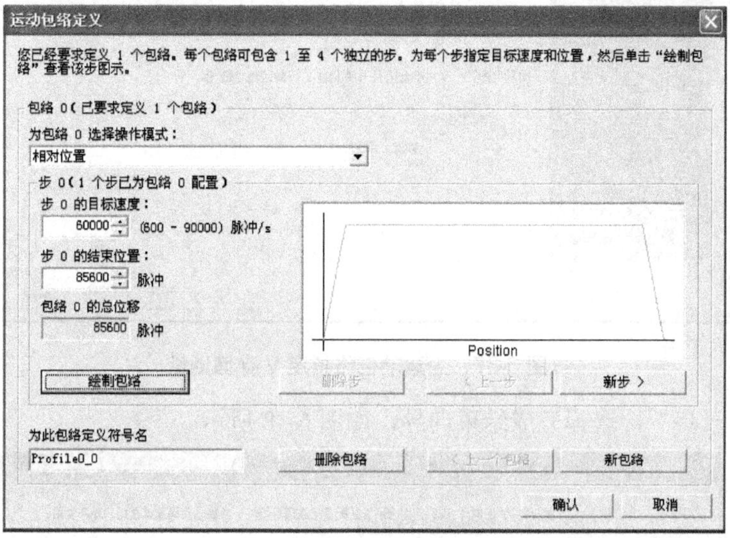

图 6-35　设置第 0 个包络

单击“新包络”，按上述方法将另外 3 个位置数据输入包络中去。

对于单速连续旋转，在编辑框中输入单速连续旋转目标速度。如果想终止单速连续转动，单击子程序编程复选框，并输入停止事件后的移动脉冲数。第 4 个包络的设置即低速回零的运动包络如图 6-36 所示。

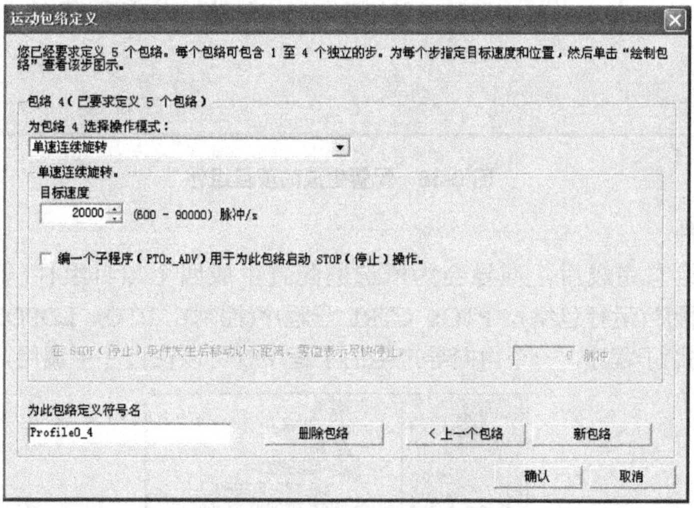

图 6-36　设置第 4 个包络

(4) 为配置分配存储区。运动包络编写完成单击“确认”，向导会要求为运动包络指定 V 存储地址(建议地址为 VB75~VB300)，默认这一建议，也可自行输入一个合适的地址。如图 6-37 所示。

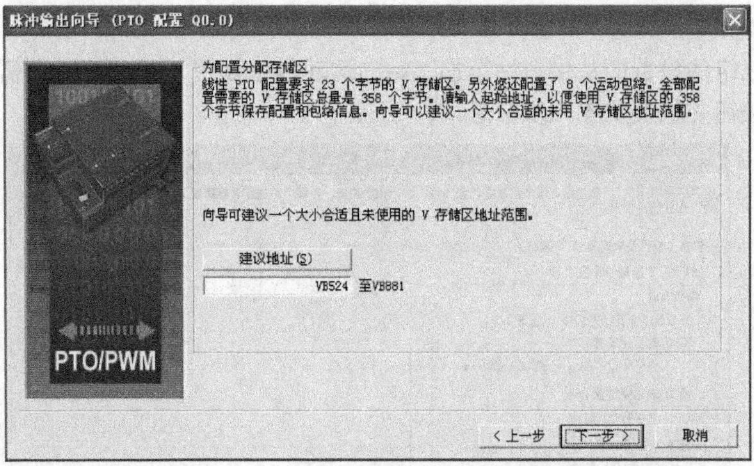

图 6-37　为运动包络指定 V 存储地址

单击“下一步”，选择完成结束向导，如图 6-38 所示。

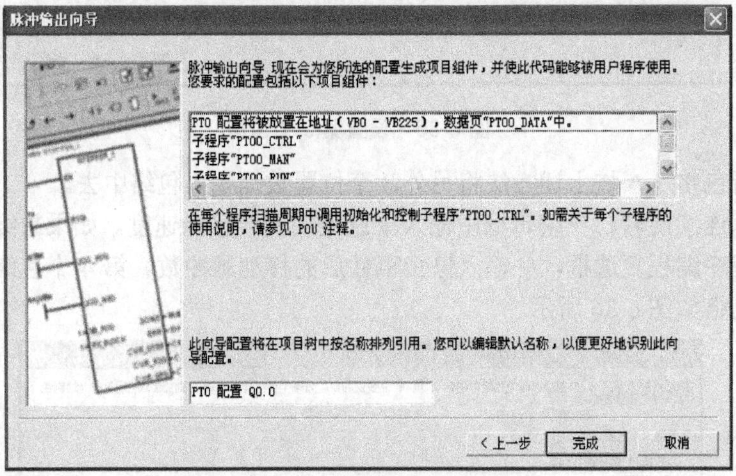

图 6-38　配置生成的项目组件

3) 项目组件

运动包络组态完成后，向导会为所选的配置生成四个项目组件(子程序)，分别是 PTOx_RUN 子程序(运行包络)，PTOx_CTRL 子程序(控制)，PTOx_LDPOS 和 PTOx_MAN 子程序(手动模式)子程序。一个由向导产生的子程序就可以在程序中调用，如图 6-39 所示。

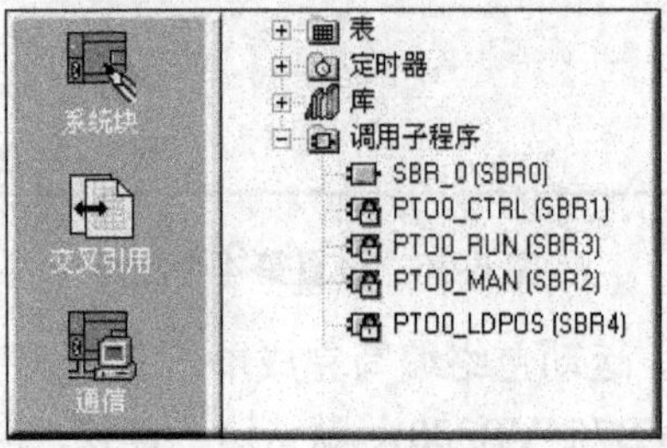

图 6-39　4 个项目组件

(1) PTOx_CTRL 子程序。如图 6-40 所示，PTOx_CTRL 子程序(控制)使能和初始化用于步进电动机或伺服电动机的 PTO 输出。在程序中仅能使用该子程序一次，并保证每个扫描周期该子程序都被执行。一直使用 SM0.0 作为 EN 输入的输入。

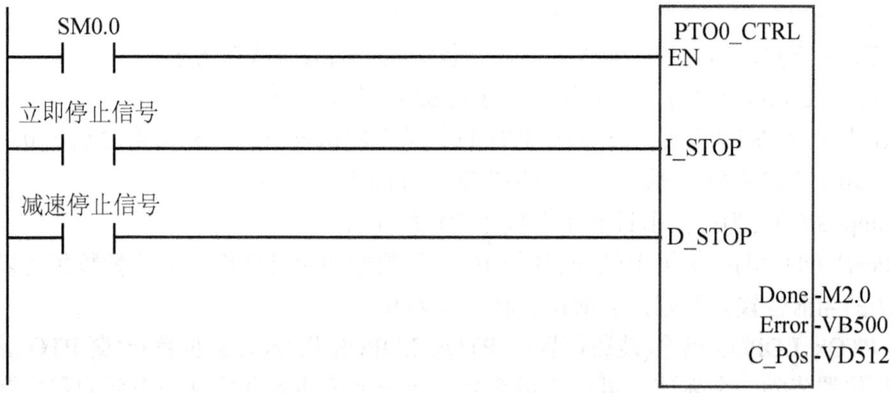

图 6-40　运行 PTOx_CTRL 子程序

I_STOP(立即停止)输入(BOOL 型)：当此输入为低时，PTO 功能会正常工作。当此输入变为高时，PTO 立即终止脉冲的发出。

D_STOP(减速停止)输入(BOOL 型)：当此输入为低时，PTO 功能会正常工作。当此输入变为高时，PTO 会产生将电动机减速至停止的脉冲串。

Done(完成)输出(BOOL 型)：当“完成”位被设置为高时，它表明上一个指令也已执行。

Error(错误)参数(BYTE 型)：包含本子程序的结果。当“完成”位为高时，错误字节会报告无错误或有错误代码的正常完成。

C_Pos(DWORD 型)：如果 PTO 向导的 HSC 计数器功能已启用，此参数包含以脉冲数表示的模块当前位置，否则此数值始终为零。

(2) PTOx_RUN 子程序。PTOx_RUN 子程序(运行包络)命令 PLC 执行存储于配置/包络表的特定包络中的运动操作。运行这一子程序的梯形图如图 6-41 所示。

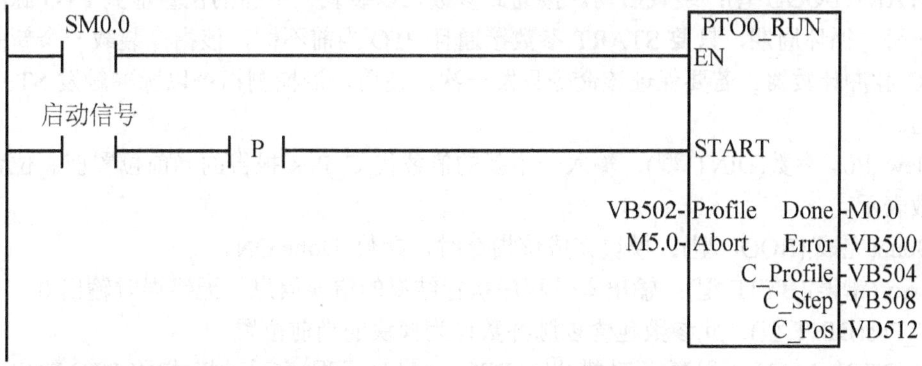

图 6-41　运行 PTOx_RUN 子程序

EN 位：子程序的使能位。在“完成”(Done)位发出子程序执行已经完成的信号前，应使 EN 位保持开启。

START 参数(BOOL 型)：包络执行的启动信号。对于在 START 参数已开启，且 PTO

当前不活动时的每次扫描，此子程序会激活 PTO。为了确保仅发送一个命令，一般用上升沿以脉冲方式开启 START 参数。

Abort(终止)命令(BOOL 型)：命令为 ON 时位控模块停止当前包络，并减速至电动机停止。

Profile(包络)(BYTE 型)：输入为此运动包络指定的编号或符号名。

Done(完成)(BOOL 型)：本子程序执行完成时，输出 ON。

Error(错误)(BYTE 型)：输出本子程序执行结果的错误信息。无错误时输出 0。

C_Profile(BYTE 型)：输出位控模块当前执行的包络。

C_Step(BYTE 型)：输出目前正在执行的包络步骤。

C_Pos(DINT 型)：如果 PTO 向导的 HSC 计数器功能已启用，则此参数包含以脉冲数作为模块的当前位置。否则，当前位置将一直为 0。

(3) PTOx_LDPOS 指令(装载位置)。PTOx_LDPOS 指令(装载位置)改变 PTO 脉冲计数器的当前位置值为一个新值。可用该指令为任何一个运动命令建立一个新的零位置。一个使用 PTO0_LDPOS 指令实现返回原点完成后清零功能的梯形图如图 6-42 所示。

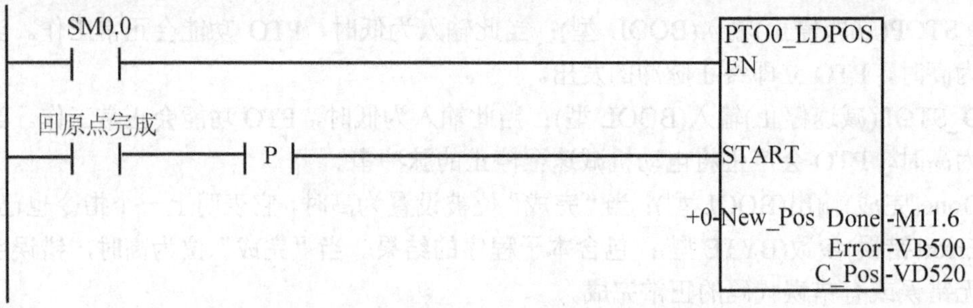

图 6-42　用 PTO0_LDPOS 指令实现返回原点后清零

EN 位：子程序的使能位。在“完成”(Done)位发出子程序执行已经完成的信号前，应使 EN 位保持开启。

START(BOOL 型)：装载启动。接通此参数，以装载一个新的位置值到 PTO 脉冲计数器。在每一循环周期，只要 START 参数接通且 PTO 当前不忙，该指令装载一个新的位置给 PTO 脉冲计数器。若要保证该命令只发一次，使用边沿检测指令以脉冲触发 START 参数接通。

New_Pos 参数(DINT 型)：输入一个新的值替代 C_Pos 报告的当前位置值。位置值用脉冲数表示。

Done(完成)(BOOL 型)：模块完成该指令时，参数 Done ON。

Error(错误)(BYTE 型)：输出本子程序执行结果的错误信息。无错误时输出 0。

C_Pos(DINT 型)：此参数包含以脉冲数作为模块的当前位置。

(4) PTOx_MAN 子程序(手动模式)。PTOx_MAN 子程序(手动模式)将 PTO 输出置于手动模式。执行这一子程序允许电动机启动、停止和按不同的速度运行。但当 PTOx_MAN 子程序已启用时，除 PTOx_CTRL 外任何其他 PTO 子程序都无法执行。运行这一子程序的梯形图如图 6-43 所示。

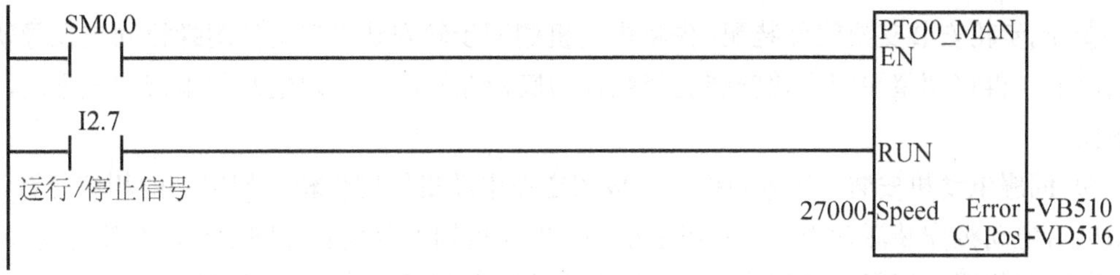

图 6-43　运行 PTOx_MAN 子程序

EN 位：子程序的使能位。在“完成”(Done)位发出子程序执行已经完成的信号前，应使 EN 位保持开启。

RUN(运行/停止)参数：命令 PTO 加速至指定速度[Speed(速度)参数]，从而允许在电动机运行中更改 Speed 参数的数值。停用 RUN 参数命令 PTO 减速至电动机停止。当 RUN 已启用时，Speed 参数确定着速度。速度是一个用每秒脉冲数计算的 DINT(双整数)值。可以在电动机运行中更改此参数。

Error(错误)参数：输出本子程序的执行结果的错误信息，见错误时输出 0。

C_Pos 参数：如果 PTO 向导的 HSC 计数器功能已启用，包含用脉冲数目表示模块的当前位置，否则此数值始终为零。

由上述四个子程序的梯形图可以看出，为了调用这些子程序。编程时应预置一个数据存储区，用的存储子程序执行时间参数，存储区所存储的信息，可根据程序的需要调用。

任务 6.4　输送工作单元安装

1. 输送工作单元机械部件组装

1) 安装要求

按照输送工作单元机械装配图及参照输送工作单元实物全貌图进行组装。

2) 安装的步骤

按照“零件→组件→总装”步骤进行。

(1) 组装直线运动组件。在底板上装配直线导轨。直线导轨是精密机械运动部件，其安装、调整都要遵循一定的方法和步骤，而且该单元中使用的导轨长度较长，要快速准确的调整好两导轨的相互位置，使其运动平稳、受力均匀、运动噪音小。

装配大溜板、四个滑块组件：将大溜板与两直线导轨上四个滑块的位置找准并进行固定，在拧紧固定螺栓的时候，应一边推动大溜板左右运动一边拧紧螺栓，直到滑动顺畅为止。

① 连接同步带：将连接了四个滑块的大溜板从导轨的一端取出。由于用于滚动的钢球嵌在滑块的橡胶套内，一定要避免橡胶套受到破坏或用力太大致使钢球掉落。将两个同步带固定座安装在大溜板的反面，用于固定同步带的两端。接下来分别将调整端同步轮安装支架组件、电动机侧同步轮安装支架组件上的同步轮，套入同步带的两端，在此过程中应注意电动机侧同步轮安装支架组件的安装方向、两组件的相对位置，并将同步带两端分别固定在各自的同步带固定座内，同时也要注意保持连接安装好后的同步带平顺一致。完成以上安装任务后，再将滑块套在柱形导轨上，套入时，一定不能损坏滑块内的滑动滚珠以及滚珠的保持架。

② 同步轮安装支架组件装配：先将电动机侧同步轮安装支架组件用螺栓固定在导轨安装底板上，再将调整端同步轮安装支架组件与底板连接，然后调整好同步带的张紧度，锁紧螺栓。

③ 伺服电动机安装：将电动机安装板固定在电动机侧同步轮支架组件的相应位置，将电动机与电动机安装活动连接，并在主动轴、电动机轴上分别套接同步轮，安装好同步带，调整电动机位置，锁紧连接螺栓。最后安装左右限位以及原点传感器支架。

完成装配的直线运动组件如图 6-6 所示。

(2) 组装机械手装置。提升机构组装如图 6-44 所示。

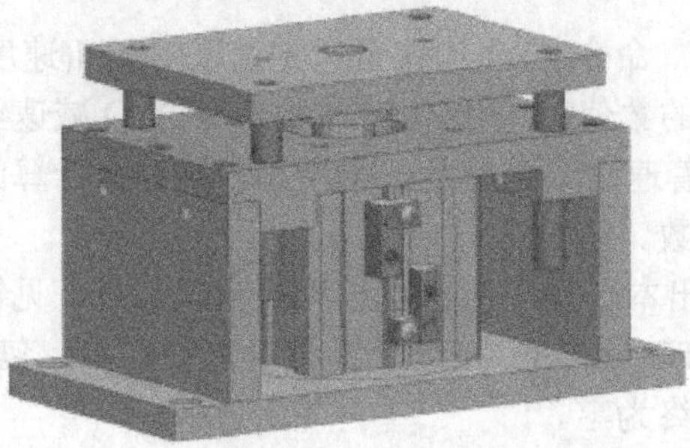

图 6-44 提升机构组装

装配步骤如下。

把气动摆台固定在组装好的提升机构上，然后在气动摆台上固定导杆气缸安装板，安装时注意要先找好导杆气缸安装板与气动摆台连接的原始位置，以便有足够的回转角度。

连接气动手指和导杆气缸，然后把导杆气缸固定到导杆气缸安装板上。完成抓取机械手装置的装配。

(3) 把抓取机械手装置固定到直线运动组件的大溜板，如图 6-45 所示。

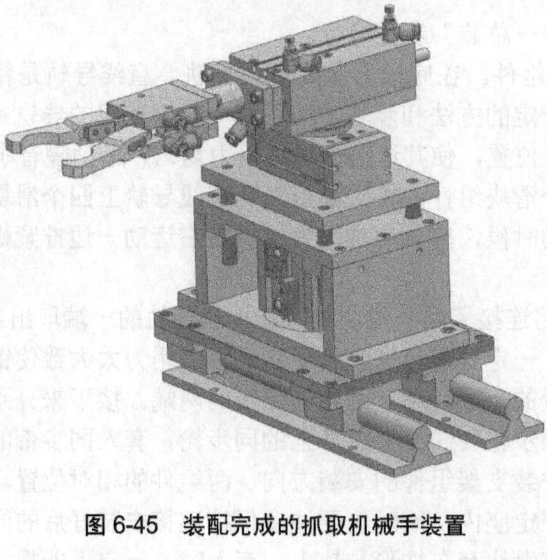

图 6-45 装配完成的抓取机械手装置

检查摆台上的导杆气缸、气动手指组件的回转位置是否满足在其余各工作站上抓取和放下工件的要求，进行适当的调整。

3) 安装注意事项

(1) 在直线传动组件的各构成零件中，轴承以及轴承座均为精密机械零部件，拆卸以及组装需要较熟练的技能和专用工具，因此，不可轻易对其进行拆卸或修配工作。

(2) 在完成组装机械手装置时需检查摆台上的导杆气缸、气动手指组件的回转位置是否满足在其余各工作站上抓取和放下工件的要求，进行适当的调整。

2. 输送工作单元气动系统连接

1) 气路连接

输送工作单元气动控制回路如图6-46所示。从汇流板开始，按图进行气动系统连接。并将气泵与过滤调压组件连接，在过滤调压组件上设定压力为6×10^5Pa。

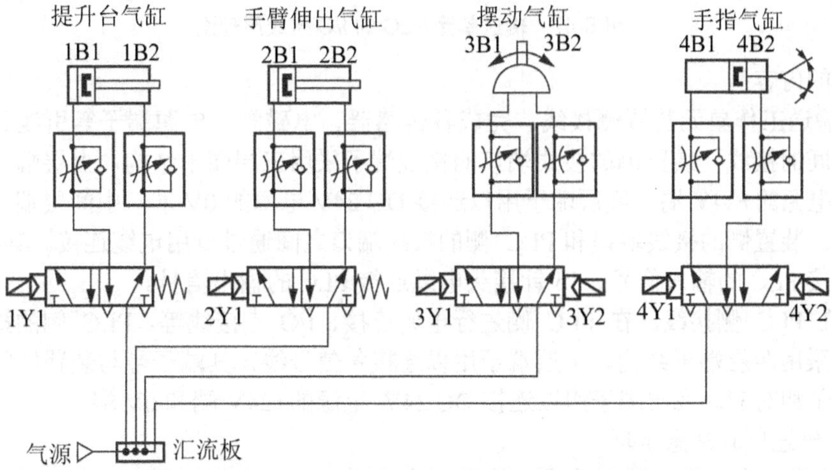

图6-46　输送工作单元气动控制回路

2) 气动系统安装注意事项

(1) 气体汇流板与电磁阀组的连接要求密封良好，无漏气现象。

(2) 气路连接时，气管一定要在快速接头中插紧，不能够有漏气现象。

(3) 连接到机械手装置上的气管首先绑扎在拖链安装支架上，然后沿拖链敷设，进入管线线槽中。绑扎管线时要注意管线引出端到绑扎处保持足够长度，以免机构运动时被拉紧而造成脱落。沿拖链敷设时注意管线间不要相互交叉。

3. 输送工作单元电气连接

1) 电气连接

根据输送工作单元生产任务要求，PLC的I/O接线图原理图如图6-47所示。输送工作单元PLC的I/O接线可参照进行连接。

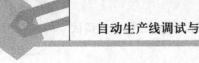

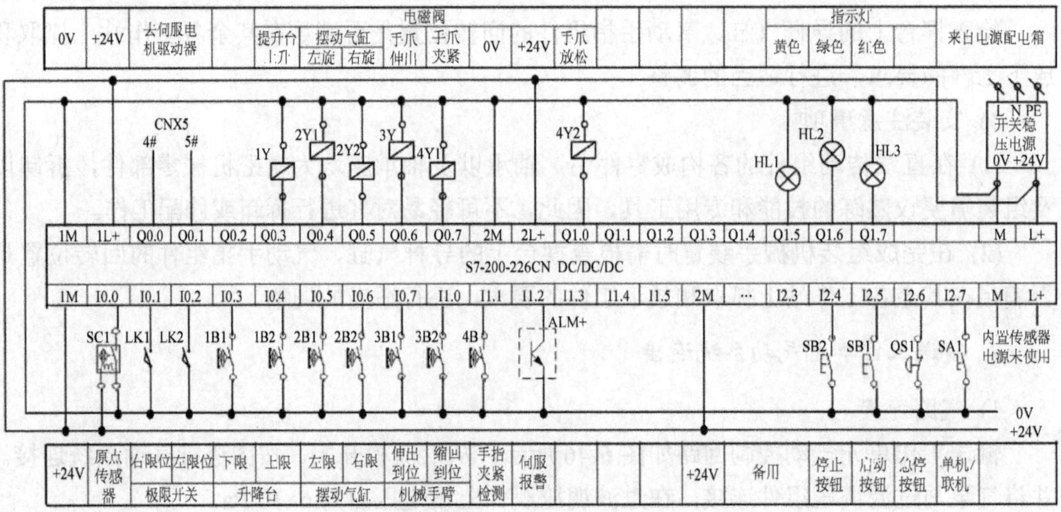

图 6-47　输送单元 PLC 的 I/O 接线原理图

连接的内容：

(1) 输送工作单元装置侧接线。完成各传感器、电磁阀、电源端子等引线到装置侧接线端口之间的接线。装置侧的接线端口的接线端子采用三层端子结构，上层端子用以连接 DC 24V 电源的+24V 端，底层端子用以连接 DC 24V 电源的 0V 端，中间层端子用以连接各信号线。装置侧的接线端口和 PLC 侧的接线端口之间通过专用电缆连接。其中 25 针接头电缆连接 PLC 的输入信号，15 针接头电缆连接 PLC 的输出信号。

(2) 在 PLC 侧接线。在 PLC 侧进行电源连接、I/O 点接线等。PLC 侧的接线端口的接线端子采用两层端子结构，上层端子用以连接各信号线，其端子号与装置侧的接线端口的接线端子相对应。底层端子用以连接 DC 24V 电源的+24V 端和 0V 端。

2) 电气连接时注意事项

(1) 输送工作单元装置侧接线。装置侧接线端口中，输入信号端子的上层端子(+24V)只能作为传感器的正电源端，切勿用于电磁阀等执行元件的负载。电磁阀等执行元件的正电源端和 0V 端应连接到输出信号端子下层端子的相应端子上。

特别提示

注意气缸磁性开关和漫射式光电接近开关的极性不能接反。

(2) PLC 侧的接线。包括电源接线，PLC 的 I/O 点和 PLC 侧接线端口之间的连线，PLC 的 I/O 点与按钮指示灯模块的端子之间的连线，具体接线要求与工作任务有关。

(3) 连接到机械手装置上的电气接线首先绑扎在拖链安装支架上，然后沿拖链敷设，进入管线线槽中。绑扎管线时要注意管线引出端到绑扎处保持足够长度，以免机构运动时被拉紧造成脱落。沿拖链敷设时注意管线间不要相互交叉。

(4) 电气接线的工艺要求应符合国家职业标准的规定。导线连接到端子时，导线端做冷压插针处理，线端套规定的线号；连接线须有符合规定的标号；每一端子连接的导线不超过两根；导线走向应该平顺有序，线路应该用尼龙带进行绑扎，绑扎力度以不使导线外皮变形为宜，力求整齐美观。

任务 6.5　编制输送工作单元 PLC 控制程序

依据输送工作单元的生产任务要求(在任务引入中)，编写输送工作单元单站独立运行 PLC 控制程序。

1. 输送工作单元的控制器 PLC 选用

1) PLC 选用型号

输送工作单元的控制器 PLC 选用西门子 S7-226 DC/DC/DC 型 PLC，共 24 点输入，16 点晶体管输出。

2) 选用原因

输送单元所需的 I/O 点较多。其中，输入信号包括来自按钮/指示灯模块的按钮、开关等主令信号，各构件的传感器信号等；输出信号包括输出到抓取机械手装置各电磁阀的控制信号和输出到伺服电动机驱动器的脉冲信号和驱动方向信号；此外尚需考虑在需要时输出信号到按钮/指示灯模块的指示灯，以显示本单元或系统的工作状态。由于需要输出驱动伺服电动机的高速脉冲，PLC 应采用晶体管输出型。

2. 写出 PLC 的 I/O 地址分配表

参照 PLC 的 I/O 接线原理图，写出 PLC 的 I/O 地址分配表，见表 6-9。

表 6-9　输送工作单元 PLC I/O 地址分配表

序号	PLC 输入点	信号名称	信号来源	序号	PLC 输出点	信号名称	信号来源
1	I0.0			1	Q0.0		
2	I0.1			2	Q0.1		
3	I0.2			3	Q0.2		
4	I0.3			4	Q0.3		
5	I0.4			5	Q0.4		
6	I0.5			6	Q0.57		
7	I0.6			7	Q0.6		
8	I0.7			8	Q0.7		
9	I1.0			9	Q1.0		
10	I1.1			10	Q1.1		
11	I1.2			11	Q1.2		
12	I1.3			12	Q1.3		
13	I1.4			13	Q1.4		
14	I1.5			14	Q1.5		
15	I1.6			15	Q1.6		
16	I1.7			16	Q1.7		
17	I2.0						
18	I2.1						
19	I2.2						

续表

序号	PLC 输入点	信号名称	信号来源	序号	PLC 输出点	信号名称	信号来源
20	I2.3						
21	I2.4						
22	I2.5						
23	I2.6						
24	I2.7						

3. 写出工作流程(动作顺序)

根据工作单元功能要求，确定初始工作状态，写出工作流程(动作顺序)。

4. 编写 PLC 控制程序

编写输送工作单元单站独立运行程序，并下载至 PLC。

5. 编程要点

1) 基本思路

从任务引入中所述的传送工件功能测试任务可以看出，整个功能测试过程应包括上电后复位、传送功能测试、紧急停止处理和状态指示等部分，传送功能测试是一个步进顺序控制过程。在子程序中可采用步进指令驱动实现。

紧急停止处理过程也要编写一个子程序单独处理。这是因为，当抓取机械手装置正在向某一目标点移动时按下急停按钮，PTOx_CTRL 子程序的 D_STOP 输入端变成高位，停止启用 PTO，PTOx_RUN 子程序使能位 OFF 而终止，使抓取机械手装置停止运动。急停复位后，原来运行的包络已经终止，为了使机械手继续往目标点移动。可让它首先返回原点，然后运行从原点到原目标点的包络。这样当急停复位后，程序不能马上回到原来的顺控过程，而是要经过使机械手装置返回原点的一个过渡过程。

输送单元程序控制的关键点是伺服电动机的定位控制，在编写程序时，应预先规划好各段的包络，然后借助位置控制向导组态 PTO 输出。伺服电动机运行的运动包络数据，是根据工作任务的要求和图 7-31 所示的各工作单元的位置确定的，见表 6-10。

表 6-10 伺服电动机运行的运动包络数据

运动包络	站 点		脉 冲 量	移动方向
0	低速回零		单速返回	DIR
1	供料站→加工站	430mm	43000	
2	加工站→装配站	350mm	35000	
3	装配站→分拣站	260mm	26000	
4	分拣站→高速回零前	900mm	90000	DIR
5	供料站→装配站	780mm	78000	
6	供料站→分拣站	1040mm	104000	

表中包络 5 和包络 6 用于急停复位，经急停处理返回原点后重新运行的运动包络。

前面已经指出，当运动包络编写完成后，位置控制向导会要求为运动包络指定 V 存储区地址，为了与后面项目 7 的工作任务相适应，V 存储区地址的起始地址指定为 VB524。

2) 主程序

主程序应包括上电初始化、复位过程(子程序)、准备就绪后投入运行等阶段。主程序清单如图 6-48 所示。

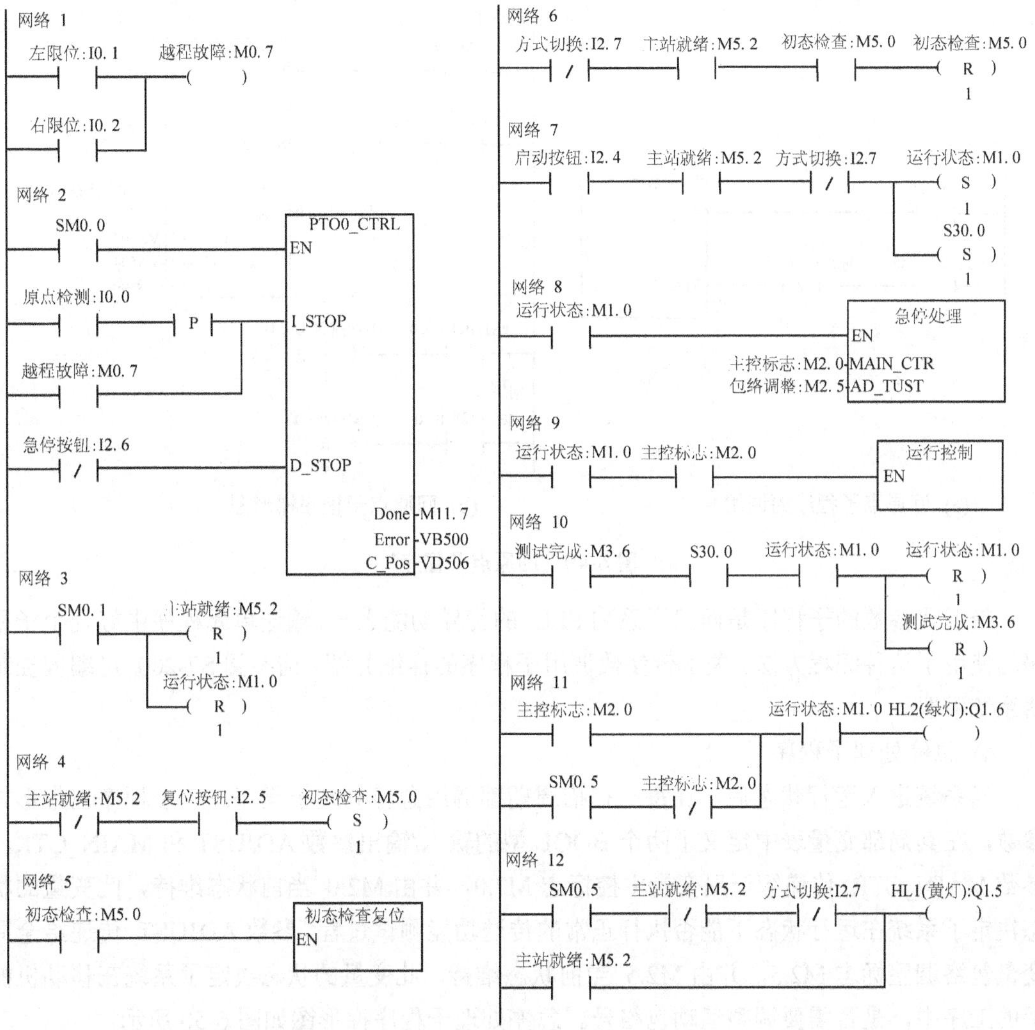

图 6-48　主程序梯形图(参考)

3) 初态检查复位子程序和回原点子程序

系统上电且按下复位按钮后，就调用初态检查复位子程序，进入初始状态检查和复位操作阶段，目标是确定系统是否准备就绪，若未准备就绪，则系统不能启动进入运行状态。该子程序的内容是检查各气动执行元件是否处在初始位置，抓取机械手装置是否在原点位置，如果不在，则进行相应的复位操作，直至准备就绪。子程序中，除调用回原点子程序外，主要是完成简单的逻辑运算。

在输送单元的整个工作过程中，抓取机械手装置返回原点的操作都会频繁地进行。因此编写一个子程序供需要时调用是必要的。回原点子程序是一个带形式参数的子程序，在其局部变量表中定义了一个 BOOL 输入参数 START，当使能输入(EN)和 START 输入为

ON 时，启动子程序调用，如图 6-49(a)所示，子程序的梯形图则如图 6-49(b)所示。当 START (即局部变量 L0.0) ON 时，置位 PLC 的方向控制输出 Q0.0，并且这一操作放在 PTO0_RUN 指令之后，这就确保了方向控制输出的下一个扫描周期才开始脉冲输出。

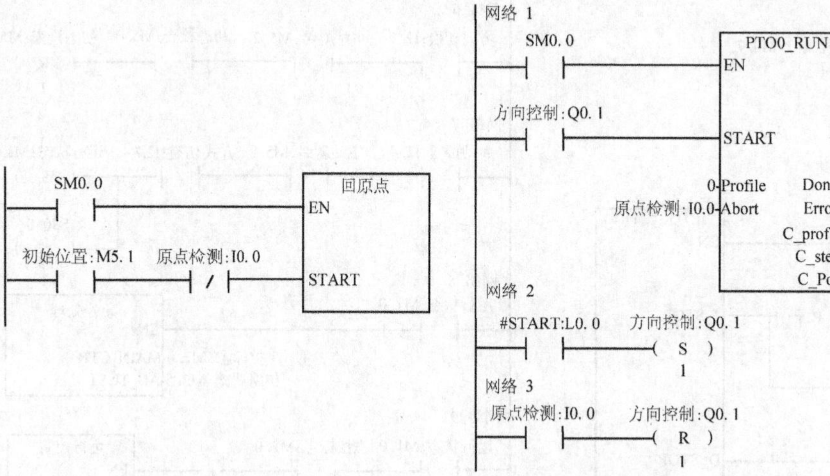

(a) 回原点子程序的调用　　　　(b) 回原点子程序梯形图

图 6-49　回原点子程序

带形式参数的子程序是西门子系列 PLC 的优异功能之一，输送单元程序中好几个子程序均使用了这种编程方法。关于带参数调用子程序的详细介绍，请参阅 S7-200 可编程控制器系统手册。

4) 急停处理子程序

当系统进入运行状态后，在每一扫描周期都调用急停处理子程序。该子程序也带形式参数，在其局部变量表中定义了两个 BOOL 型的输入/输出参数 ADJUST 和 MAIN_CTR，参数 MAIN_CTR 传递给全局变量主控标志 M2.0，并由 M2.0 当前状态维持，此变量的状态决定了系统在运行状态下能否执行正常的传送功能测试过程。参数 ADJUST 传递给全局变量包络调整标志 M2.5，并由 M2.5 当前状态维持，此变量的状态决定了系统在移动机械手的工序中，是否需要调整运动包络号。急停处理子程序梯形图如图 6-50 所示。

对图 6-50 说明如下：

(1) 当急停按钮被按下时，MAIN_CTR 置 0，M2.0 置 0，传送功能测试过程停止。

(2) 若急停前抓取机械手正在前进中(从供料往加工，或从加工往装配，或从装配往分拣)，则当急停复位的上升沿到来时，需要启动使机械手低速回原点过程。到达原点后，置位 ADJUST 输出，传递给包络调整标志 M2.5，以便在传送功能测试过程重新运行后，给处于前进工步的过程调整包络用，例如，对于从加工到装配的过程，急停复位重新运行后，将执行从原点(供料单元处)到装配的包络。

(3) 若急停前抓取机械手正在高速返回中，则当急停复位的上升沿到来时，使高速返回步复位，转到下一步即摆台右转和低速返回。

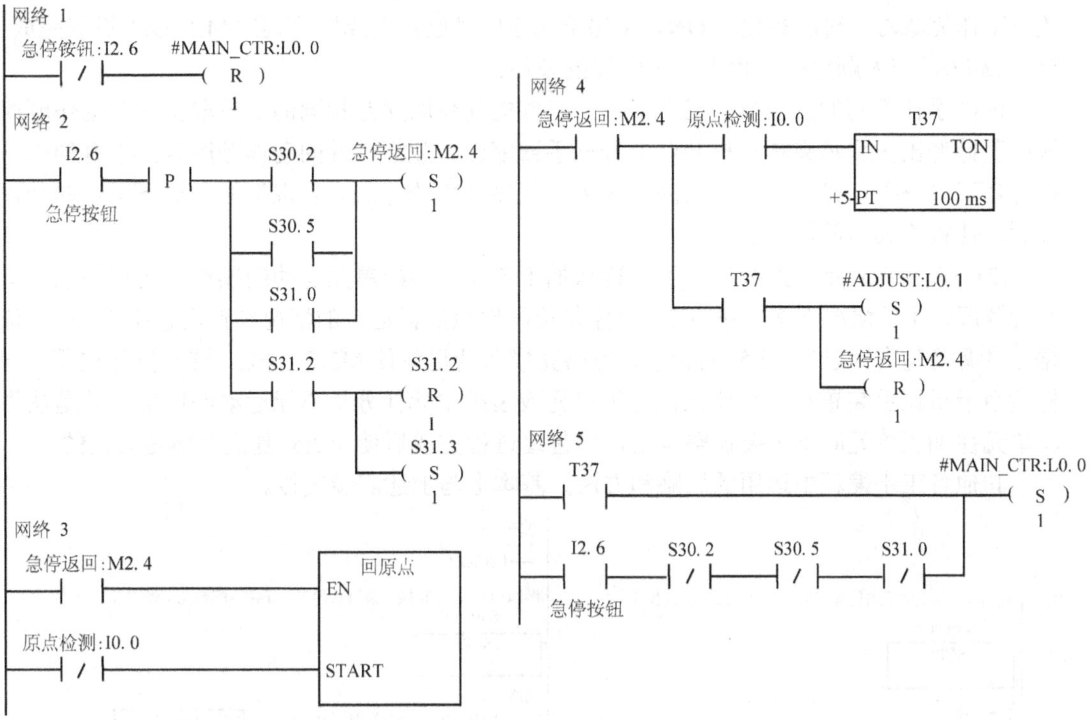

图 6-50　急停处理子程序

5) 传送功能测试子程序的结构

传送功能测试过程是一个单序列的步进顺序控制。在运行状态下，若主控标志 M2.0 为 ON，则调用该子程序。步进过程的流程(参考)如图 6-51 所示。

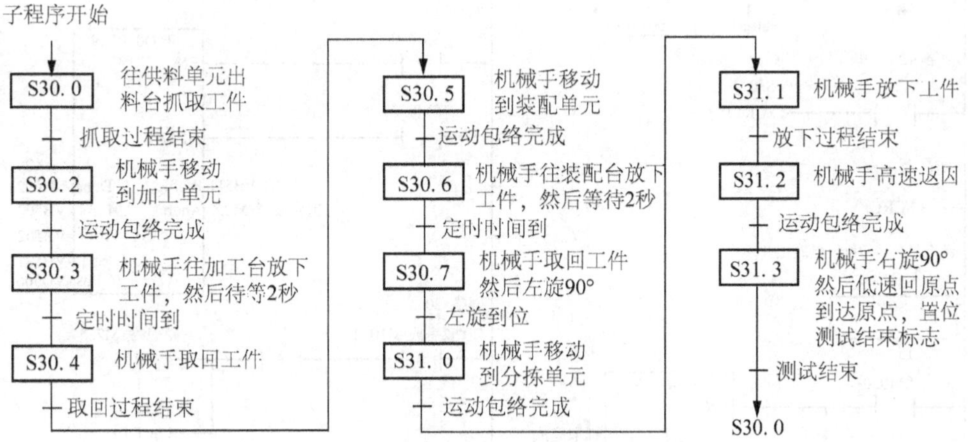

图 6-51　传送功能测试过程的流程(参考)

下面以机械手在加工台放下工件开始，机械手移动到装配单元为止，以这 3 步过程为例说明编程思路，参考梯形图如图 6-52 所示。

由图可见：

(1) 在机械手执行放下工件的工作步中，调用“放下工件”子程序，在执行抓取工件的工作步中，调用“抓取工件”子程序。这两个子程序都带有 BOOL 输出参数，当抓取或放下工作完成时，输出参数为 ON，传递给相应的“放料完成” 标志 M4.1 或“抓取完成”标志 M4.0，作为顺序控制程序中步转移的条件。

机械手在不同的阶段抓取工件或放下工件的动作顺序是相同的。抓取工件的动作顺序为：手臂伸出→手爪夹紧→提升台上升→手臂缩回。放下工件的动作顺序为：手臂伸出→提升台下降→手爪松开→手臂缩回。采用子程序调用的方法来实现抓取和放下工件的动作控制，使程序编写简化。

(2) 在 S30.5 步，执行机械手装置从加工单元往装配单元运动的操作，运行的包络有两种情况，正常情况下使用包络 2，急停复位回原点后再运行的情况则使用包络 5，选择依据是“调整包络标志”M2.5 的状态，包络完成后请记住使 M2.5 复位。这一操作过程，同样适用于机械手装置从供料单元往加工单元或装配单元往分拣单元运动的情况，只是从供料单元往加工单元时不需要调整包络，但包络过程完成后使 M2.5 复位仍然是必需的。

其他各工步编程中运用的思路和方法，基本上与上述三步类似。

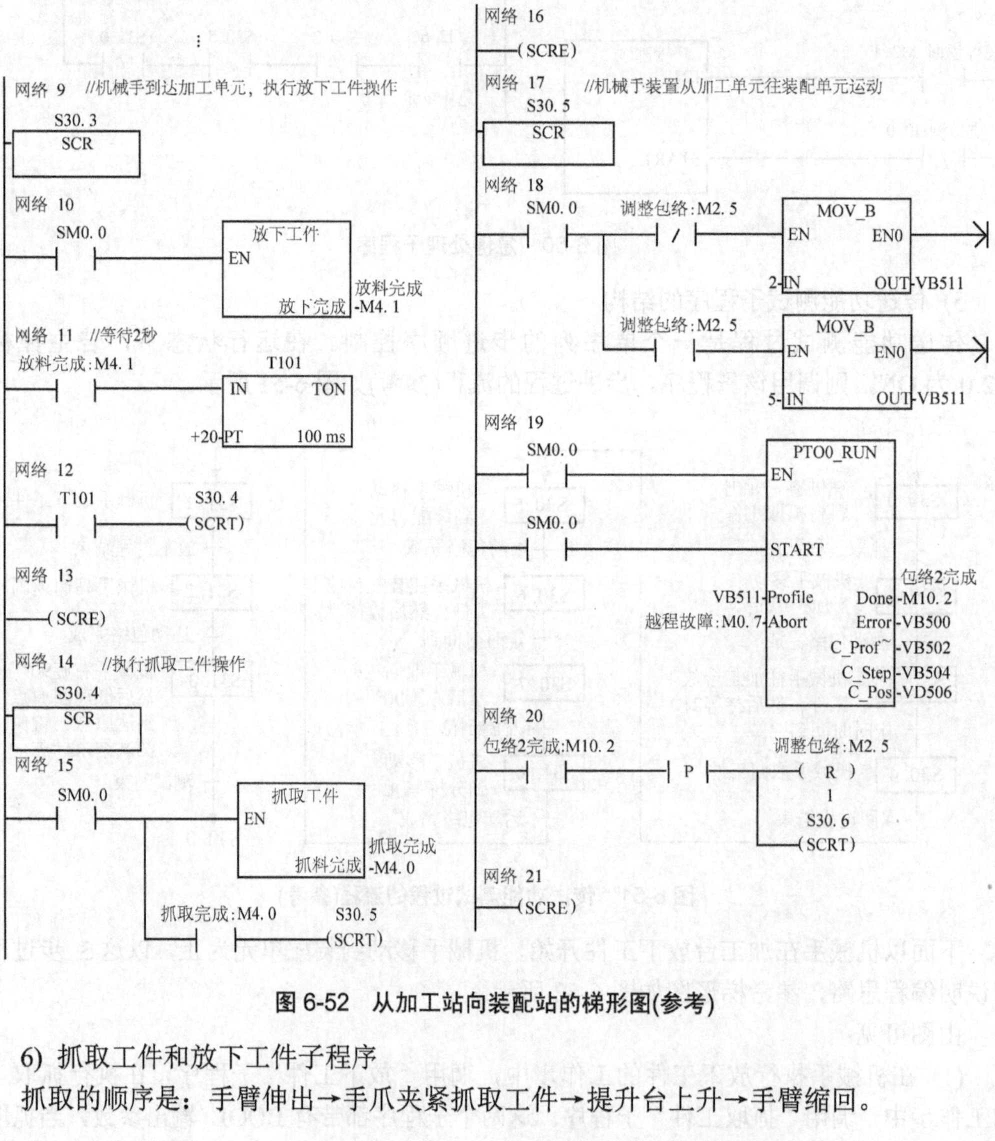

图 6-52 从加工站向装配站的梯形图(参考)

6) 抓取工件和放下工件子程序

抓取的顺序是：手臂伸出→手爪夹紧抓取工件→提升台上升→手臂缩回。

放下工件的顺序是：手臂伸出→提升台下降→手爪松开放下工件→手臂缩回。

气动手指气缸、气动摆台由双电控电磁阀控制，双电控电磁阀控的两个电控信号不能同时为“1”，即在控制过程中不允许两个线圈同时得电，否则，可能会造成电磁线圈烧毁。当然，在这种情况下阀芯的位置是不确定的，编程时要特别注意。

任务 6.6　输送工作单元运行调试

调试内容分为机械部件调试、电气调试、气动系统调试、PLC 程序调试。

1. 机械部件调试

机械部件调试内容见表 6-11。

表 6-11　机械部件调试内容

序号	调试对象	调试方法	调试目的
1	输送工作单元底板上直线导轨	调整导轨固定螺钉、滑板固定螺钉、底板固定螺钉	输送工作单元抓取机械手的滑动溜板在直线导轨上运动平稳顺滑

2. 电气调试

内容包括电气接线和传感器调试，见表 6-12。

表 6-12　电气调试

序号	调试对象	调试方法	调试目的
1	检查电气接线	按 PLC 的 I/O 接线原理图，检查电气接线	满足控制要求，避免错接、漏接
2	各气缸上的磁性开关	松开磁性开关的紧定螺丝，让它沿着气缸缸体上的滑轨移动，到达指定位置后，再旋紧紧定螺丝	传感器动作时，输出信号“1”，LED 亮；传感器不动作时，输出信号“0”，LED 不亮，实时检测气缸工作状态

3. 气动系统调试

内容包括检查气动系统连接和气缸动作速度调试，具体调试见表 6-13。

表 6-13　气动系统调试

序号	调试对象	调试方法	调试目的
1	检查气动控制回路	按气动控制回路图，检查气动系统连接	满足控制要求，避免错接、漏接
2	各气缸上的节流阀	旋紧或旋松节流螺钉	分别调整气缸动作速度，使气缸动作平稳可靠

4. PLC 程序调试

1) 调试步骤

(1) 程序的运行。将 S7-200 CPU 上的状态开关拨到 RUN 位置，CPU 上的黄色 STOP 指示灯灭，绿色 RUN 指示灯点亮。当 PLC 工作方式开关在 TERM 或 RUN 位置时，操作

STEP7-Micro/WIN32 的菜单命令或快捷按钮都可以对 CPU 工作方式进行软件设置。

(2) 程序监视。程序编辑器都可以在 PLC 运行时监视程序执行的过程和各元件的状态及数据。

梯形图监视功能：拉开调试菜单，选中程序状态，这时闭合触点和通电线圈内部颜色变蓝(呈阴影状态)。在 PLC 的运行(RUN)工作状态，随输入条件的改变、定时及计数过程的运行，每个扫描周期的输出处理阶段将各个器件的状态刷新，可以动态显示各个定时、计数器的当前值，并用阴影表示触点和线圈通电状态，以便在线动态观察程序的运行。

(3) 动态调试。结合程序监视运行的动态显示，分析程序运行的结果，以及影响程序运行的因素，然后，退出程序运行和监视状态，在 STOP 状态下对程序进行修改编辑，重新编译、下载、监视运行，如此反复修改调试，直至得出正确运行结果。

2) 调试过程注意事项

(1) 下载、运行程序前的工作。必须认真检查程序，重点检查：各执行机构之间是否会发生冲突，如何采取措施避免冲突，同一执行机构在不同阶段所做的动作是否能区分开。

(2) 在认真、全面检查了程序，并确保无误后，才可以运行程序，进行实际调试。否则，如果程序存在问题，很容易造成设备损坏和人员伤害。

(3) 在调试过程中，仔细观察执行机构的动作，并且在调试运行记录表中做好实时记录，作为分析的依据，从而分析程序可能存在的问题。经调试，如果程序能够实现预期的控制功能，则应多运行几次，检查运行的可靠性，并进行程序优化。

(4) 在运行过程中，应该时刻注意现场设备的运行情况，一旦发生执行机构相互冲突事件，应该及时采取措施，如急停、切断执行机构控制信号，切断气源和切断总电源等，以避免造成设备损坏。

(5) 总结经验。把调试过程中遇到的问题、解决的方法记录下来。

5. 填写调试运行记录表

根据调试运行根据实际情况填写输送工作单元调试运行记录表。

检查与评估

根据每个学生实际完成情况进行客观的评价，评价内容见表 6-14。

表 6-14　项目六学习评价表

姓名：　　　　　　　　　　　　　班别：　　　组别：

项目 6　输送工作单元调试　　　　　　　评价时间：　　年　　月　　日

任务	工作内容	评价要点	配分	学生自评	学生互评	教师评分
任务 6.1 认识输送工作单元	1.单元结构及组成	能说明各部件名称、作用及单元工作流程	10			
	2.执行元件	能说明其名称、工作原理、作用				
	3.传感器	能说明其名称、工作原理、作用				

续表

序号	工作内容	评价要点	配分	学生自评	学生互评	教师评分
任务 6.2 输送工作单元安装	1.机械部件	按机械装配图，参考装配视频资料进行装配(装配是否完成；有无紧固件松动现象)	30			
	2.气动连接	识读气动控制回路图并按图连接气路(连接是否完成或有错气路连接；有无漏气现象；气管有无绑扎或气路连接是否规范)				
	3.电气连接	识读电气原理图并按图连接(连接是否完成或有错电气连接；端子连接、插针压接质量，同一端子超过两根导线；端子连接处有无线号等；电路接线有无绑扎或电路接线是否凌乱)				
任务 6.3 编制输送工作单元 PLC 控制程序	1.写出 PLC 的 I/O 分配表	与 PLC 的 I/O 接线原理图是否相符	20			
	2.写出单元初始工作状态	描述清楚、正确				
	3.写出单元工作流程	描述清楚、正确				
	4.按控制要求编写 PLC 程序	满足控制要求				
任务 6.4 输送工作单元运行调试	1.机械	满足控制要求(抓取机械手装置装配是否恰当)	30			
	2.电气(检测元件)	满足控制要求				
	3.气动系统	气动系统无漏气；动作平稳(摆动气缸摆角调整是否恰当；气缸节流阀调整是否恰当)				
	4.相关参数设置	满足控制要求(步进电动机驱动器细分设置等于 10 000 步/转)				
	5.PLC 程序	满足控制要求(能否完成抓取工件操作；抓取工件操作逻辑是否合理；能否完成移动操作，定位误差是否影响机械手放下工件的工作；放下工件操作逻辑是否合理。机械手装置移动过程中，手爪状态是否合理；返回过程中是否有高速段和低速段，返回时能否正确复位)				
	6.填写调试运行记录表	按实际填写调试运行记录表，是否符合控制要求				
职业素养与安全意识	职业素养与安全意识	1.现场操作安全保护是否符合安全操作规程；	10			
		2.工具摆放、包装物品、导线线头等的处理是否符合职业岗位的要求；				
		3.是否有分工又有合作，配合紧密；				
		4.遵守纪律，尊重老师，爱惜实训设备和器材，保持工位的整洁				
评分小计						

习　题

1. 请根据本项目给出的输送工作单元工作任务要求，写出输送工作单元工作的初始状态、启动条件。

2. 书中介绍了 S7-200 PLC 位控向导完成 PTO 的组态，向导生成位控指令在程序中对伺服电动机进行速度和位置进行动态控制，请查阅有关 S7-200 PLC 脉冲输出 MAP 库文件的使用资料，先安装 MAP 库文件，然后使用该库基于 S7-200 PLC 本体脉冲输出指令，用于实现定位功能，控制伺服驱动电动机。

3. 请查阅步进/伺服电动机及驱动器的厂家资料，整理输送工作单元调试中步进/伺服电动机及驱动器在使用中应注意的环节，根据控制要求选择步进/伺服电动机及驱动器。

项目 7

自动生产线总调试

项目目标

专业能力目标	了解自动生产线的生产工艺流程，掌握网络通信技术，人机界面控制技术，对特定的模块进行 PLC 编程，系统纠错，掌握自动化生产线整线总调试技能
方法能力目标	培养查阅资料，通过自学获取新技术的能力，培养分析问题、制定工作计划的能力，评估工作结果（自我、他人）的能力
社会能力目标	培养良好的工作习惯，严谨的工作作风；培养较强的社会责任心和环境保护意识；培养自信心、自尊心和成就感；培养语言表达力

引言

YL-335B 自动生产线由供料、加工、装配、分拣和输送等 5 个工作单元(站)组成，各工作单元(站)均设置一台 PLC 承担其控制任务，各 PLC 之间通过 RS485 串行通信实现互连，构成分布式的控制系统。如图 7-1 所示为 YL-335B 自动生产线实物的全貌。

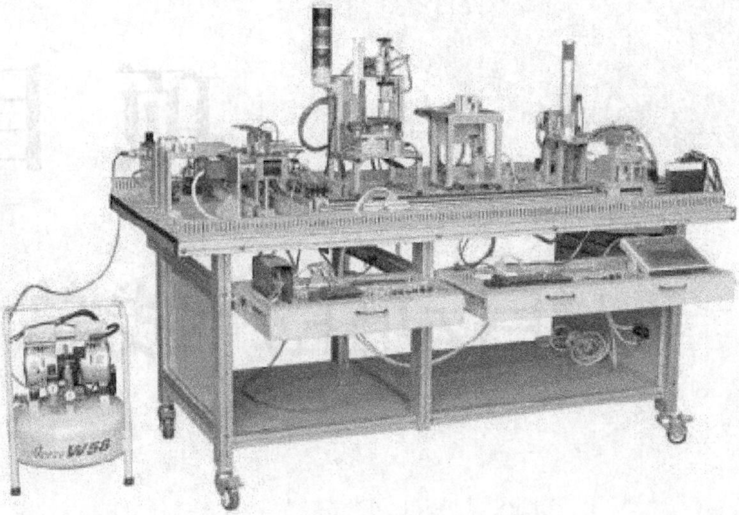

图 7-1　YL-335B 自动生产线实物的全貌

任务引入

YL-335B 自动生产线由供料、加工、装配、分拣和输送等 5 个工作单元(站)组成，各工作单元(站)均设置一台 PLC 承担其控制任务，各 PLC 之间通过 RS485 串行通信实现互连，构成分布式的控制系统。自动生产线的工作目标是：将供料单元料仓内的工件送往加工单元的物料台，加工完成后，把加工好的工件送往装配单元的装配台，然后把装配单元料仓内的白色和黑色两种不同颜色的小圆柱零件嵌入到装配台上的工件中，完成装配后的成品送往分拣单元分拣输出。

给 YL-335B 自动生产线设定的生产任务如下。

系统的工作模式分为单站工作和全线运行模式。

从单站工作模式切换到全线运行方式的条件是：各工作站均处于停止状态，各站的按钮/指示灯模块上的工作方式选择开关置于全线模式，此时若人机界面中选择开关切换到全线运行模式，系统进入全线运行状态。

要从全线运行方式切换到单站工作模式，仅限当前工作周期完成后人机界面中选择开关切换到单站运行模式才有效。

在全线运行方式下，各工作站仅通过网络接受来自人机界面的主令信号，除主站急停按钮外，所有本站主令信号无效。

1. 单站运行模式测试

单站运行模式下，各单元工作的主令信号和工作状态显示信号来自其 PLC 旁边的按钮/指示灯模块。并且，按钮/指示灯模块上的工作方式选择开关 SA 应置于“单站方式”位置。各站的具体控制要求如下。

1) 供料站单站运行工作要求

设备上电和气源接通后，如果工作单元的两个气缸满足初始位置要求，且料仓内有足够的待加工工件，则“正常工作”指示灯 HL1 常亮，表示设备准备好。否则，该指示灯以 1Hz 频率闪烁。

如果设备准备好，按下启动按钮，工作单元启动，“设备运行”指示灯 HL2 常亮。启动后，如果出料台上没有工件，则应把工件推到出料台上。出料台上的工件被人工取出后，如果没有停止信号，则进行下一次推出工件操作。

如果在运行中按下停止按钮，则在完成本工作周期任务后，各工作单元停止工作，HL2 指示灯熄灭。

如果在运行中料仓内工件不足，则工作单元继续工作，但“正常工作”指示灯 HL1 以 1Hz 的频率闪烁，“设备运行”指示灯 HL2 保持常亮。如果料仓内没有工件，则 HL1 指示灯和 HL2 指示灯均以 2Hz 频率闪烁。工作站在完成本周期任务后停止。除非向料仓补充足够的工件，否则工作站不能再启动。

2) 加工站单站运行工作要求

上电和气源接通后，如果各气缸满足初始位置要求，则“正常工作”指示灯 HL1 常亮，表示设备准备好。否则，该指示灯以 1Hz 频率闪烁。

如果设备准备好，按下启动按钮，设备启动，“设备运行”指示灯 HL2 常亮。当待加工工件送到加工台上并被检出后，设备执行将工件夹紧，送往加工区域冲压，完成冲压动作后返回待料位置的工件加工工序。如果没有停止信号输入，当再有待加工工件送到加工台上时，加工单元又开始下一周期工作。

在工作过程中，如果按下停止按钮，加工单元在完成本周期的动作后停止工作，HL2 指示灯熄灭。

当待加工工件被检出而加工过程开始后，如果按下急停按钮，本单元所有机构应立即停止运行，HL2 指示灯以 1Hz 频率闪烁。急停按钮复位后，设备从急停前的断点开始继续运行。

3) 装配站单站运行工作要求

设备上电和气源接通后，如果各气缸满足初始位置要求，料仓上已经有足够的小圆柱零件，工件装配台上没有待装配工件，则“正常工作”指示灯 HL1 常亮，表示设备准备好。否则，该指示灯以 1Hz 频率闪烁。

如果设备准备好，按下启动按钮，装配单元启动，“设备运行”指示灯 HL2 常亮。如果回转台上的左料盘内没有小圆柱零件，就执行下料操作；如果左料盘内有零件，而右料盘内没有零件，执行回转台回转操作。

如果回转台上的右料盘内有小圆柱零件且装配台上有待装配工件，执行装配机械手抓取小圆柱零件，放入待装配工件中的控制。

完成装配任务后，装配机械手应返回初始位置，等待下一次装配。

若在运行过程中按下停止按钮，则供料机构应立即停止供料，在装配条件满足的情况下，装配单元在完成本次装配后停止工作。

在运行中发生“零件不足”报警时，指示灯 HL3 以 1Hz 的频率闪烁，HL1 和 HL2 灯常亮；在运行中发生“零件没有”报警时，指示灯 HL3 以亮 1s，灭 0.5s 的方式闪烁，HL2 熄灭，HL1 常亮。

4) 分拣站单站运行工作要求

初始状态：设备上电和气源接通后，如果工作单元的三个气缸满足初始位置要求，则“正常工作”指示灯 HL1 常亮，表示设备准备好。否则，该指示灯以 1Hz 频率闪烁。

如果设备准备好，按下启动按钮，系统启动，“设备运行”指示灯 HL2 常亮。当传送带入料口人工放下已装配的工件时，变频器即启动，驱动传动电动机把工件带往分拣区。

如果金属工件上的小圆柱工件为白色，则该工件对到达 1 号滑槽中间，传送带停止，工件对被推到 1 号槽中；如果塑料工件上的小圆柱工件为白色，则该工件对到达 2 号滑槽中间，传送带停止，工件对被推到 2 号槽中；如果工件上的小圆柱工件为黑色，则该工件对到达 3 号滑槽中间，传送带停止，工件对被推到 3 号槽中。工件被推出滑槽后，该工作单元的一个工作周期结束。仅当工件被推出滑槽后，才能再次向传送带下料。

如果在运行期间按下停止按钮，该工作单元在本工作周期结束后停止运行。

5) 输送站单站运行工作要求

单站运行的目标是测试设备传送工件的功能。要求其他各工作单元已经就位，并且在供料单元的出料台上放置了工件。具体测试过程要求如下：

输送单元在通电后，按下复位按钮 SB1，执行复位操作，使抓取机械手装置回到原点位置。在复位过程中，“正常工作”指示灯 HL1 以 1Hz 的频率闪烁。

当抓取机械手装置回到原点位置，且输送单元各个气缸满足初始位置的要求，则复位完成，“正常工作”指示灯 HL1 常亮。按下起动按钮 SB2，设备启动，“设备运行”指示灯 HL2 也常亮，开始功能测试过程。

抓取机械手装置从供料站出料台抓取工件，抓取的顺序是：手臂伸出→手爪夹紧抓取工件→提升台上升→手臂缩回。

抓取动作完成后，伺服电动机驱动机械手装置向加工站移动，移动速度不小于 300mm/s。

机械手装置移动到加工站物料台的正前方后，即把工件放到加工站物料台上。抓取机械手装置在加工站放下工件的顺序是：手臂伸出→提升台下降→手爪松开放下工件→手臂缩回。

放下工件动作完成 2 秒后，抓取机械手装置执行抓取加工站工件的操作。抓取的顺序与供料站抓取工件的顺序相同。

抓取动作完成后，伺服电动机驱动机械手装置移动到装配站物料台的正前方，然后把工件放到装配站物料台上。其动作顺序与加工站放下工件的顺序相同。

放下工件动作完成 2 秒后，抓取机械手装置执行抓取装配站工件的操作。抓取的顺序与供料站抓取工件的顺序相同。

机械手手臂缩回后，摆台逆时针旋转 90°，伺服电动机驱动机械手装置从装配站向分拣站运送工件，到达分拣站传送带上方入料口后把工件放下，动作顺序与加工站放下工件的顺序相同。

放下工件动作完成后，机械手手臂缩回，然后执行返回原点的操作。伺服电动机驱动机械手装置以 400mm/s 的速度返回，返回 900mm 后，摆台顺时针旋转 90°，然后以 100mm/s 的速度低速返回原点停止。

当抓取机械手装置返回原点后，一个测试周期结束。当供料单元的出料台上放置了工件时，再按一次启动按钮 SB2，开始新一轮的测试。

2. 系统正常的全线运行模式测试

全线运行模式下各工作单元的工作顺序、对输送站机械手装置运行速度的要求，与单站运行模式一致。全线运行步骤如下。

1) 系统复位

系统在上电，PPI 网络正常后开始工作。触摸人机界面上的复位按钮，执行复位操作，在复位过程中，绿色警示灯以 2Hz 的频率闪烁，红色和黄色灯均熄灭。

复位过程包括：使输送站机械手装置回到原点位置和检查各工作站是否处于初始状态。

各工作站初始状态是指：各工作单元气动执行元件均处于初始位置；供料单元料仓内有足够的待加工工件；装配单元料仓内有足够的小圆柱零件；输送站的紧急停止按钮未按下。

2) 全线正常运行

当输送站机械手装置回到原点位置，且各工作站均处于初始状态，则复位完成，绿色警示灯常亮，表示允许启动系统。这时如果触摸人机界面上的启动按钮，系统启动，绿色和黄色警示灯均常亮。

(1) 供料站的运行：系统启动后，如果供料站的出料台上没有工件，则应把工件推到出料台上，并向系统发出出料台上有工件信号。如果供料站的料仓内没有工件或工件不足，则向系统发出报警或预警信号。出料台上的工件被输送站机械手取出后，如果系统仍然需要推出工件进行加工，则进行下一次推出工件操作。

(2) 输送站运行 1：当工件推到供料站出料台后，输送站抓取机械手装置应执行抓取供料站工件的操作。动作完成后，伺服电动机驱动机械手装置移动到加工站加工物料台的正前方，把工件放到加工站的加工台上。

(3) 加工站运行：加工站加工台的工件被检出后，执行加工过程。当加工好的工件重新送回待料位置时，向系统发出冲压加工完成信号。

(4) 输送站运行 2：系统接收到加工完成信号后，输送站机械手应执行抓取已加工工件的操作。抓取动作完成后，伺服电动机驱动机械手装置移动到装配站物料台的正前方。然后把工件放到装配站物料台上。

(5) 装配站运行：装配站物料台的传感器检测到工件到来后，开始执行装配过程。装入动作完成后，向系统发出装配完成信号。

如果装配站的料仓或料槽内没有小圆柱工件或工件不足，应向系统发出报警或预警信号。

(6) 输送站运行 3：系统接收到装配完成信号后，输送站机械手应抓取已装配的工件，然后从装配站向分拣站运送工件，到达分拣站传送带上方入料口后把工件放下，然后执行返回原点的操作。

(7) 分拣站运行：输送站机械手装置放下工件、缩回到位后，分拣站的变频器即启动，驱动传动电动机以 80%输入运行频率(由人机界面指定)的速度，把工件带入分拣区进行分拣，工件分拣原则与单站运行相同。当分拣气缸活塞杆推出工件并返回后，应向系统发出分拣完成信号。

(8) 系统工作结束：仅当分拣站分拣工作完成，并且输送站机械手装置回到原点，系统的一个工作周期才认为结束。如果在工作周期期间没有触摸过停止按钮，系统在延时 1 秒后开始下一周期工作。如果在工作周期期间曾经触摸过停止按钮，系统工作结束，警示灯中黄色灯熄灭，绿色灯仍保持常亮。系统工作结束后如果再按下启动按钮，则系统又重新工作。

3. 异常工作状态测试

1) 工件供给状态的信号警示

如果发生来自供料站或装配站的“工件不足够”的预报警信号或“工件没有”的报警信号，则系统动作如下：

如果发生“工件不足够”的预报警信号警示灯中红色灯以 1Hz 的频率闪烁，绿色和黄色灯保持常亮。系统继续工作。

如果发生“工件没有”的报警信号，警示灯中红色灯以亮 1s，灭 0.5s 的方式闪烁；黄色灯熄灭，绿色灯保持常亮。

如果“工件没有”的报警信号来自供料站，且供料站物料台上已推出工件，系统继续运行，直至完成该工作周期尚未完成的工作。当该工作周期工作结束，系统将停止工作，除非“工件没有”的报警信号消失，系统不能再启动。

如果“工件没有”的报警信号来自装配站，且装配站回转台上已落下小圆柱工件，系统继续运行，直至完成该工作周期尚未完成的工作。当该工作周期工作结束，系统将停止工作，除非“工件没有”的报警信号消失，系统不能再启动。

2) 急停与复位

系统工作过程中按下输送站的急停按钮，则输送站立即停车。在急停复位后，应从急停前的断点开始继续运行。但如果急停按钮按下时，机械手装置正在向某一目标点移动，则急停复位后输送站机械手装置应首先返回原点位置，然后再向原目标点运动。

本项目学习是以 YL-335B 自动生产线为载体，根据自动生产线的生产任务要求(工作目标)，完成自动生产线总装、编程、总调试的工作(学习)任务。

任务分析

1. 自动生产线总调试的主要任务内容

任务 7.1：通信技术(西门子 PPI)在自动生产线中的应用。
任务 7.2：人机界面在自动生产线中的应用。
任务 7.3：完成自动线的总装。
① 机械：自动生产线总装。
② 气动：完成自动生产线气路连接。
③ 电气：控制电路的接线；完成各工作站 PLC 组网连接；连接触摸屏。
任务 7.4：编制各站 PLC 控制程序。
任务 7.5：总调试。传感器、气动系统、PLC 控制程序。
总调试的总要求：系统能平稳、准确地按工艺要求运行。

2. 自动生产线总调试工作计划

自动生产线总调试的工作计划见表 7-1。

表 7-1　自动生产线总调试工作计划表

任　　务	工作内容	计划时间	实际完成时间	完成情况
任务 7.1　通信技术(西门子 PPI)在自动生产线中的应用	介绍西门子 PPI 通信技术在 YL-335B 自动生产线中的应用			
任务 7.2　人机界面在自动生产线中的应用	介绍人机界面在 YL-335B 自动生产线中的应用			
任务 7.3　完成自动线的总装	1.机械部件			
	2.气动连接			
	3.电气连接			
任务 7.4　编制各站 PLC 控制程序	1.写出自动线工作流程			
	2.规划系统网络通信数据			
	3.编写 PLC 程序			
任务 7.5　总调试	1.机械			
	2.电气(检测元件)			
	3.气动系统			
	4.相关参数设置			
	5.PLC 程序			

任务 7.1　通信技术(西门子 PPI)在自动生产线中的应用

自动生产线中，不同的工作站控制设备并不是独立运行的。各个工作站通过通信手段，相互之间进行信息交换，形成一个整体，提高设备的控制能力、运行的可靠性，实现集中处理、分散控制。YL-335B 自动生产线由供料、加工、装配、分拣和输送等 5 个工作单元(站)组成，各工作单元(站)均设置一台 PLC 承担其控制任务，各 PLC 之间通过 RS485 串行通信实现互联，构成分布式的控制系统。

PLC 网络的具体通信模式取决于所选厂家的 PLC 类型，如：

(1) 采用西门子 S7-200 系列时，用 PPI 方式。

(2) 采用松下 FP-X 系列时，用 PC-Link 方式。

(3) 采用三菱 FX 系列时，用为 N：N 方式。

这些通信模式的使用均可从相关的手册中查阅到，由于实训中 YL-335B 采用西门子 S7-200 系列 PLC 控制，因此在这里着重介绍 PPI 方式。

1. 西门子 PPI 通信概述

通信技术的作用就是实现不同的设备之间进行数据交换，PPI(Point To Point)是点对点的串行通信，串行通信是指每次只传送一位二进制数。因而其传输的速度较慢，但是其接线少，可以长距离传输数据。S7-200 系列 PLC 自带通信端口为西门子规定的 PPI 通信协议，硬件接口为 RS-485 通信接口。

RS-485 只有一对平衡差分信号线用于发送和接收数据，为半双工通信方式。使用 RS-485 通信接口和连接线路可以组成串行通信网络，实现分布式控制系统。网络中最多可以有 32 个子站(PLC)组成，为提高网络的抗干扰能力，在网络的两端要并联两个电阻，电阻值一般为 120Ω。在 RS-485 通信网络中，为区别每个设备，每个设备都有一个编号，称为地址，地址必须是唯一的。RS-485 组网接线示意图如图 7-2 所示。

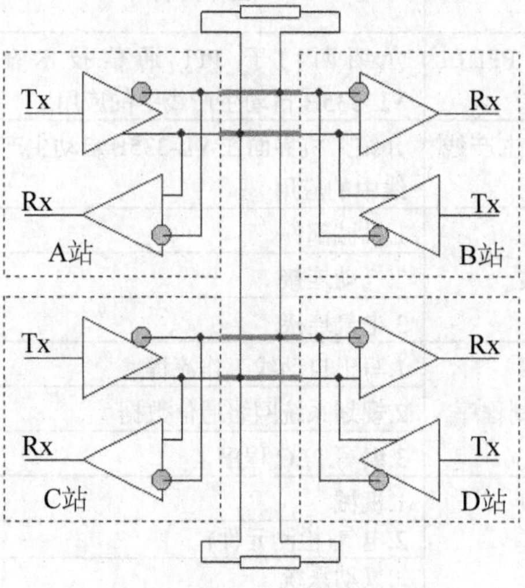

图 7-2　RS-485 组网接线示意图

S7-200 通信接口定义如图 7-3 所示。

连接器	针	端口0/端口1
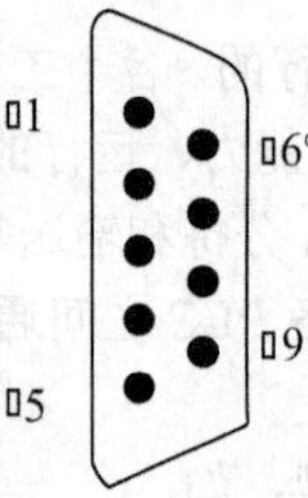	1	机壳接地
	2	逻辑地
	3	RS-485信号B
	4	RTS（TTL）
	5	逻辑地
	6	+V，100Ω串联电阻
	7	+24V
	8	RS-485信号A
	9	10位协议选择（输入）
	连接器外壳	机壳接地

图 7-3　S7-200 通信接口定义

PPI 协议是 S7-200 CPU 最基本的通信方式，通过原来自身的端口(PORT0 或 PORT1) 就可以实现通信，是 S7-200 默认的通信方式。PPI 是一种主—从协议通信，主—从站在一个令牌环网中，主站发送要求到从站器件，从站器件响应；从站器件不发信息，只是等待主站的要求并对要求做出响应。如果在用户程序中使能 PPI 主站模式，就可以在主站程序中使用网络读写指令来读写从站信息，而从站程序没有必要使用网络读写指令。

2. YL-335B 各工作站 PLC 实现通信实例

下面以 YL-335B 各工作站 PLC 实现 PPI 通信的操作步骤为例，说明使用 PPI 协议实现通信的步骤。

1) 设置通信端口参数

对网络上每一台 PLC，设置其系统块中的通信端口参数，对用作 PPI 通信的端口(PORT 0 或 PORT 1) ，指定其地址(站号)和波特率。设置后把系统块下载到该 PLC。

具体操作：运行 STEP7 V4.0(SP5) 程序，打开设置端口界面，如图 7-4 所示。

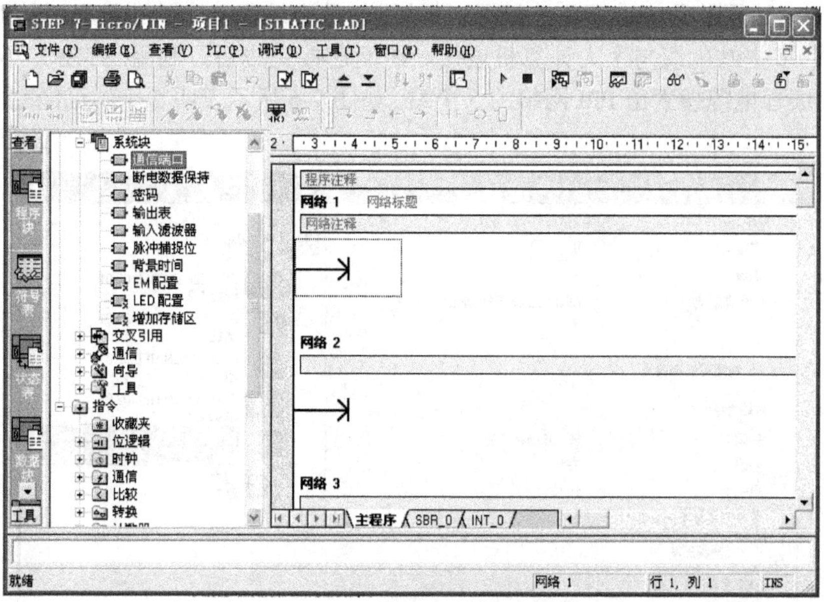

图 7-4　打开设置端口画面

利用 PPI/RS485 编程电缆单独地把输送单元 CPU 系统块里设置端口 0 为 1 号站，波特率为了 19.2 千波特，如图 7-5 所示。

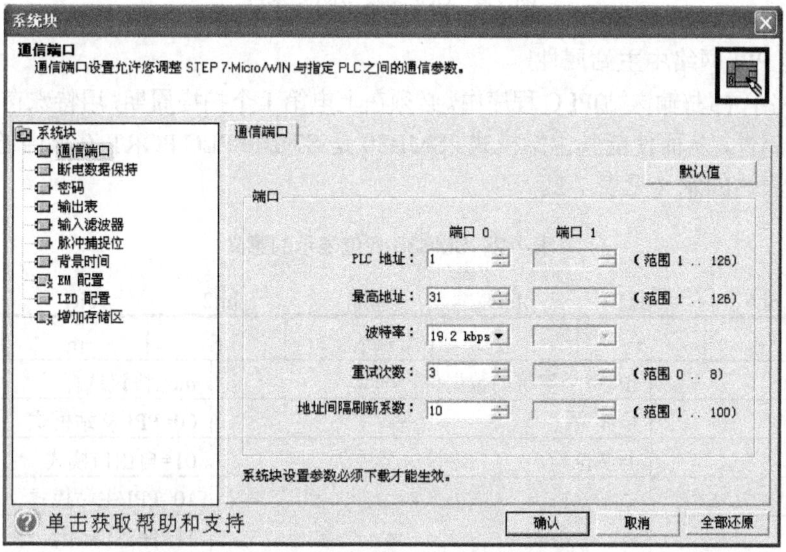

图 7-5　设置输送站 PLC 端口 0 参数

同样方法设置供料单元 CPU 端口 0 为 2 号站，波特率为 19.2 千波特；加工单元 CPU 端口 0 为 3 号站，波特率为了 19.2 千波特；装配单元 CPU 端口 0 为 4 号站，波特率为 19.2

千波特；最后设置分拣单元 CPU 端口 0 为 5 号站，波特率为了 19.2 千波特，分别把系统块下载到相应的 CPU 中。

2) 连接组网，并搜索出 PPI 网络的 5 个站

利用网络接头和网络线把各台 PLC 中用作 PPI 通信的端口 0 连接，所使用的网络接头中，2#～5#站用的是标准网络连接器 1#站用的是带编程接口的连接器，该编程口通过 RS-232/PPI 多主站电缆与个人计算机连接。组网连接完成后，利用 STEP7 V4.0 软件和 PPI/RS485 编程电缆搜索出 PPI 网络的 5 个站。如图 7-6 所示表明 5 个站已经完成 PPI 网络连接。

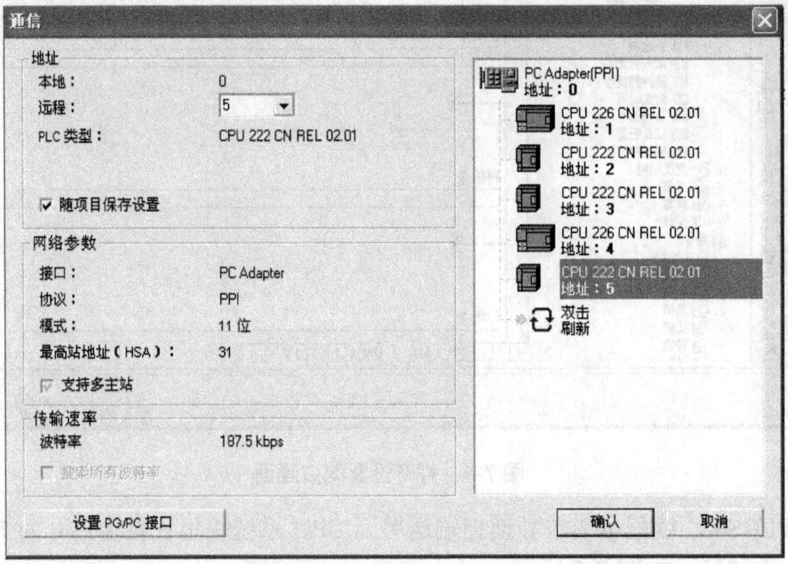

图 7-6 PPI 网络上的 5 个站

3) 指定 PPI 网络中主站属性

PPI 网络中主站(输送站)PLC 程序中，必须在上电第 1 个扫描周期，用特殊存储器 SMB30 指定其主站属性，从而使能其主站模式。SMB30 是 S7-200 PLC PORT_0 自由通信口的控制字节，各位表达的意义见表 7-2。

表 7-2 SMB30 各位表示的意义

bit7	bit6	bit5	bit4	bit3	bit2	bit1	bit0
p	p	d	b	b	b	m	m

pp:校验选择	d: 每个字符的数据位	mm:协议选择
00=不校验	0=8 位	00=PPI/从站模式
01=偶校验	1=7 位	01=自由口模式
10=不校验		10=PPI/主站模式
11=奇校验		11=保留(未用)
bbb: 自由口波特率	(单位：波特)	
000=38400	011=4800	110=115.2k
001=19200	100=2400	111=57.6k
010=9600	101=1200	

在 PPI 模式下，控制字节的 2 到 7 位是忽略掉的。即 SMB30=0000 0010，定义 PPI 主站。SMB30 中协议选择缺省值是 00=PPI 从站，因此，从站侧不需要初始化。

YL-335B 系统中，按钮及指示灯模块的按钮、开关信号连接到输送单元的 PLC(S7-226 CN)输入口，以提供系统的主令信号。因此在网络中指定输送站为主站，指定其余各站均为从站。YL-335B 的 PPI 网络如图 7-7 所示。

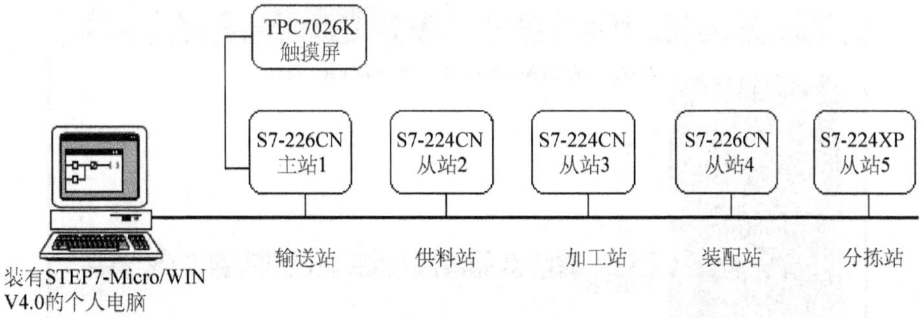

图 7-7　YL-335B 的 PPI 网络

4) 编写主站网络读写程序段

在 PPI 网络中，只有主站程序中使用网络读写指令来读写从站信息。而从站程序没有必要使用网络读写指令。在编写主站的网络读写程序前，应预先规划好下面数据：

(1) 发送数据(写指令完成)：主站向各从站发送数据的长度(字节数)；发送的数据位于主站何处；数据发送到从站的何处。

(2) 接收数据(读指令完成)：主站从各从站接收数据的长度(字节数)；主站从从站的何处读取数据；接收到的数据放在主站何处。

以上数据，应根据系统工作要求，信息交换量等统一筹划。考虑 YL-335B 中，各工作站 PLC 所需交换的信息量不大，主站向各从站发送的数据只是主令信号，从从站读取的只是各从站状态信息，发送和接收的数据均 1 个字(2 个字节)已经足够。作为例子，所规划的数据见表 7-3。

表 7-3　网络读写数据规划实例

输　送　站 1#站(主站)	供　料　站 2#站(从站)	加　工　站 3#站(从站)	装　配　站 4#站(从站)	分　拣　站 5#站(从站)
发送数据的长度	2 字节	2 字节	2 字节	2 字节
从主站何处发送	VB1000	VB1000	VB1000	VB1000
发往从站何处	VB1000	VB1000	VB1000	VB1000
接收数据的长度	2 字节	2 字节	2 字节	2 字节
数据来自从站何处	VB1010	VB1010	VB1010	VB1010
数据存到主站何处	VB1200	VB1204	VB1208	VB1212

网络读写指令可以向远程站发送或接收 16 个字节的信息，在 CPU 内同一时间最多可以有 8 条指令被激活。YL-335B 有 4 个从站，考虑同时激活 4 条网络读指令和 4 条网络写指令。

根据上述数据，即可编制主站的网络读写程序。网络读写向导程序可以快速简单地配置复杂的网络读写指令操作，为所需的功能提供一系列选项。一旦完成，向导将为所选配置生成程序代码。并初始化指定的PLC为PPI主站模式，同时使能网络读写操作。步骤如下：

① 启动网络读写向导程序。在STEP7 V4.0软件命令菜单中选择 工具→指令导向，并且在指令向导窗口中选择 NETR/NETW(网络读写)，单击“下一步”后，就会出现 NETR/NETW 指令向导界面，如图7-8所示。

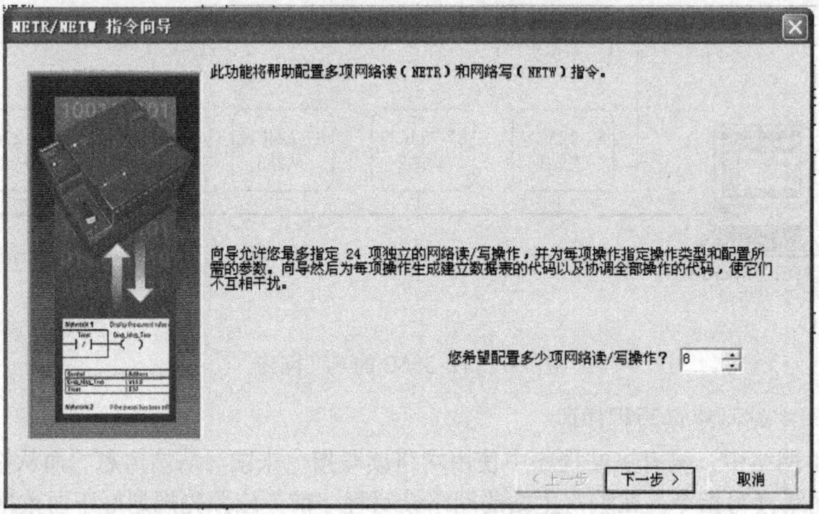

图7-8 NETR/NETW指令向导界面

② 配置网络读写操作。本界面和紧接着的下一个界面，将要求用户提供希望配置的网络读写操作总数、指定进行读写操作的通信端口、指定配置完成后生成的子程序名字，完成这些设置后，将进入对具体每一条网络读或写指令的参数进行配置的界面。

在本例中，8项网络读写操作如下安排：第1～4项为网络写操作，主站向各从站发送数据。第5～8项为网络读操作，主站读取各从站数据。图7-9为第1项操作配置界面，选择NETW操作，按表7-3中规划填写数据。

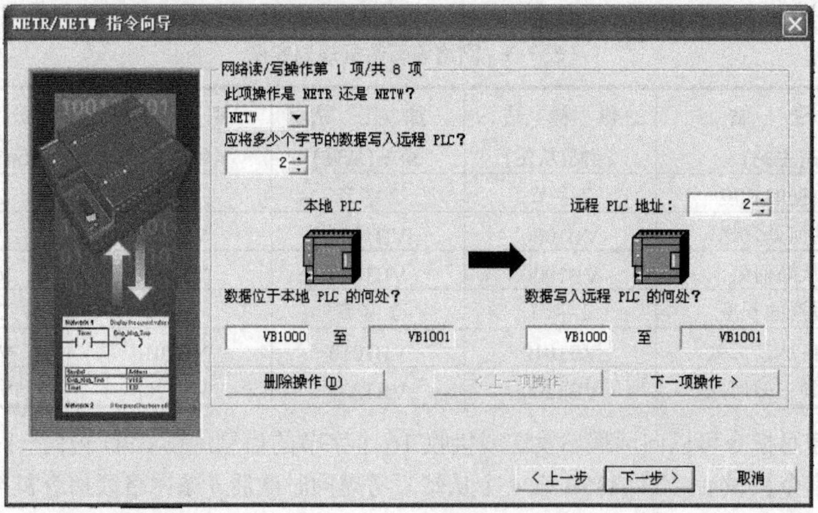

图7-9 对供料单元的网络写操作

单击“下一项操作”，填写对加工单元(3#从站)写操作的参数，以此类推，直到第 4 项，完成对分拣单元(5#从站)写操作的参数填写。

再单击“下一项操作”，进入第 5 项配置，5～8 项都是选择网络读操作，按表 2-2 中各站规划逐项填写数据，直至 8 项操作配置完成。图 7-10 是对供料单元的网络读操作配置。

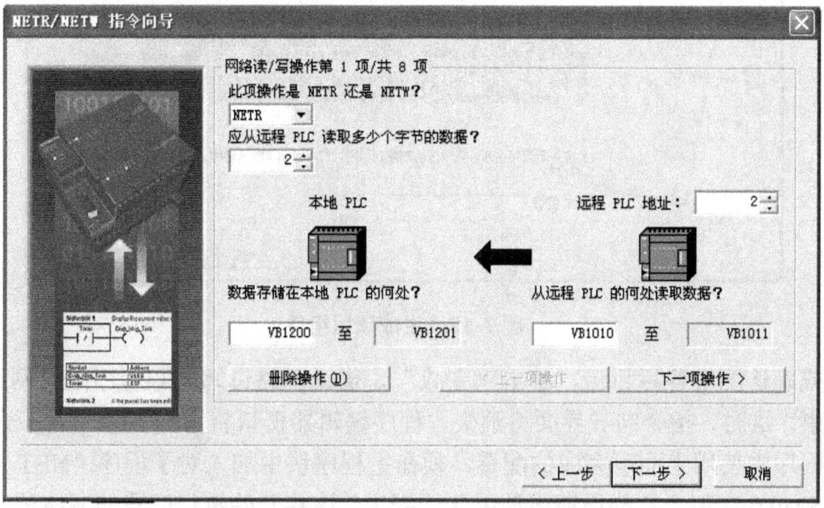

图 7-10　对供料单元的网络读操作配置

③ 为配置分配存储区及完成配置。8 项配置完成后，单击“下一步”，导向程序将要求指定一个 V 存储区的起始地址，以便将此配置放入 V 存储区。这时若在选择框中填入一个 VB 值(例如，VB1000)，单击“建议地址”，程序自动建议一个大小合适且未使用的 V 存储区地址范围，如图 7-11 所示。

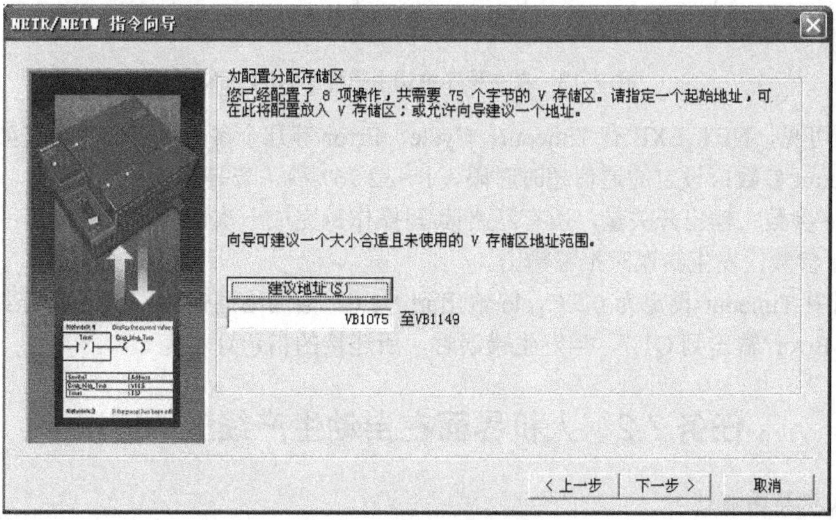

图 7-11　为配置分配存储区

单击“下一步”，全部配置完成，向导将为所选的配置生成项目组件，如图 7-12 所示。

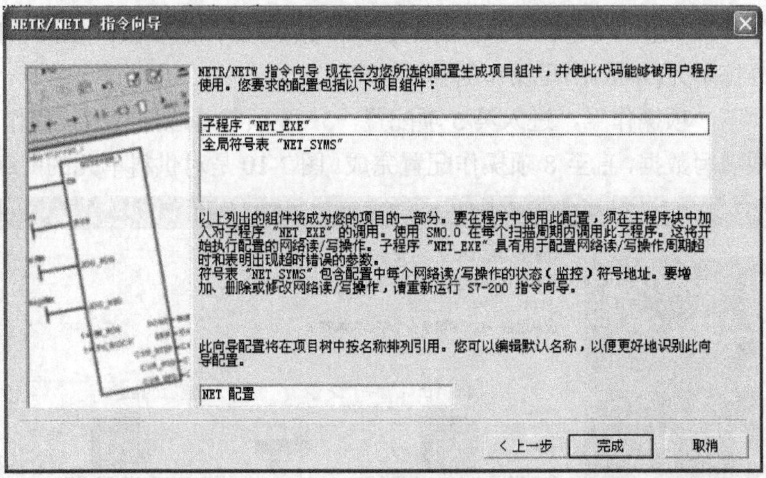

图 7-12　生成项目组件

修改或确认图中各栏目后，单击“完成”，借助网络读写向导程序配置网络读写操作的工作结束。这时，指令向导界面将消失，程序编辑器窗口将增加 NET_EXE 子程序标记。

要在程序中使用上面所完成的配置，须在主程序块中加入对子程序“NET_EXE”的调用。使用 SM0.0 在每个扫描周期内调用此子程序，这将开始执行配置的网络读/写操作。梯形图如图 7-13 所示。

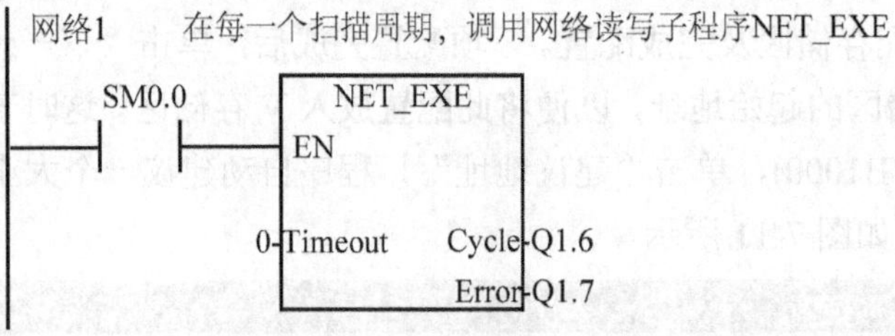

图 7-13　在主程序中调用子程序 NET_EXE

由图可见，NET_EXE 有 Timeout、Cycle、Error 等几个参数，它们的含义如下。

Timeout 参数：设定的通信超时时限，1～32 767 秒，若等于 0，则不计时。

Cycle 参数：输出开关量，所有网络读/写操作每完成一次切换状态。

Error 参数：发生错误时报警输出。

本例中 Timeout 设定为 0，Cycle 输出到 Q1.6，故网络通信时，Q1.6 所连接的指示灯将闪烁。Error 输出到 Q1.7，当发生错误时，所连接的指示灯将亮。

任务 7.2　人机界面在自动生产线上的应用

1. 人机界面概述

人机界面(Human-Computer Interface，简写 HCI，又称用户界面或使用者界面)，是人与计算机之间传递、交换信息的媒介和对话接口，是计算机系统的重要组成部分。它实现信息的内部形式与人类可以接受形式之间的转换。凡参与人机信息交流的领域都存在着人机界面，它是人机双向信息交互的支持软件和硬件。人机界面的典型应用如图 7-14 所示。

(a)触摸点采系统

(b)触摸屏手机

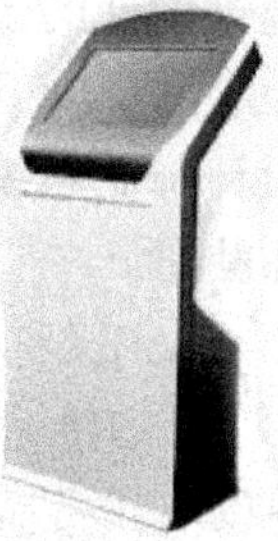

(c)触摸屏查询系统

(d)带人机界面的生产线

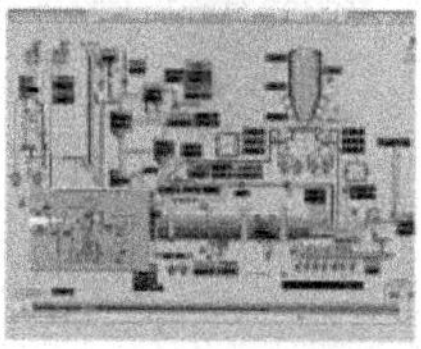

(e)工业组态界面

图7-14　人机界面的典型应用

特定行业的人机界面可能有特定的定义和分类，比如工业人机界面(Industrial Human-machine Interface 或简称 Industrial HMI)。

1) 工业人机界面

工业人机界面(Industrial Human-machine Interface，简称 Industrial HMI)是一种带微处理器的智能终端，一般用于工业场合，实现人和机器之间的信息交互，包括文字或图形显示以及输入等功能。目前也有大量的工业人机界面因其成熟的人机界面技术和高可靠性而被广泛用于智能楼宇、智能家居、城市信息管理、医院信息管理等非工业领域，因此，工业人机界面正在向应用范围更广的高可靠性智能化信息终端发展。

根据功能的不同，工业人机界面习惯上被分为文本显示器、触摸屏人机界面和平板电脑三大类，如图 7-15 所示。

(a)文本显示器

(b)触摸屏人机界面

(c)平板电脑

图7-15　工业人机界面

文本显示器一般采用单片机控制，图形化显示功能较弱，成本较低，适合低端的工业人机界面应用。触摸屏人机界面采用较高等级的嵌入式电脑设计，目前比较流行的设计是采用 32 位的 ARM 微处理器，主频一般在 100MHz 以上，采用 Linux 或 WinCE 等嵌入式操作系统。

触摸屏人机界面具备丰富的图形功能，能够实现各种需求的图形显示、数据存储、联网通讯等功能，是最直接的操作设备，且可靠性高，成本比平板电脑低，体积小，是工业场合的首选，近期也逐渐替代工业 PC 成为主流的智能化信息终端。

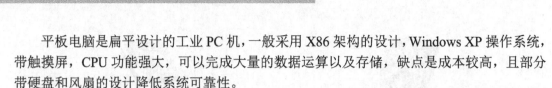

平板电脑是扁平设计的工业 PC 机，一般采用 X86 架构的设计，Windows XP 操作系统，带触摸屏，CPU 功能强大，可以完成大量的数据运算以及存储，缺点是成本较高，且部分带硬盘和风扇的设计降低系统可靠性。

2) 触摸屏人机界面

触摸屏(Touch panel)又称为触控面板，是个可接收触头等输入信号的感应式液晶显示装置，当接触了屏幕上的图形按钮时，屏幕上的触觉反馈系统可根据预先编程的程式驱动各种连接装置，可用以取代机械式的按钮面板，并借由液晶显示画面制造出生动的影音效果。触摸屏在工控系统中的应用如图 7-16 所示。

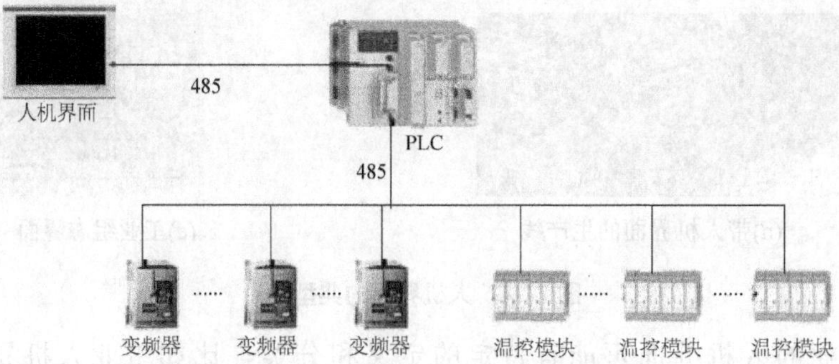

图 7-16　触摸屏在工控系统中的应用

触摸屏的基本原理是，用手指或其他物体触摸安装在显示器前端的触摸屏时，所触摸的位置(以坐标形式)由触摸屏控制器检测，并通过接口(如 RS-232 串行口)送到 CPU，从而确定输入的信息。

触摸屏系统一般包括触摸屏控制器(卡)和触摸检测装置两个部分。其中，触摸屏控制器(卡)的主要作用是从触摸点检测装置上接收触摸信息，并将它转换成触点坐标，再送给 CPU，它同时能接收 CPU 发来的命令并加以执行；触摸检测装置一般安装在显示器的前端，主要作用是检测用户的触摸位置，并传送给触摸屏控制卡。

按照触摸屏的工作原理和传输信息的介质，分为电阻式、电容感应式、红外线式以及表面声波式等。下面分别介绍常见的触摸屏的结构及特点。

(1) 电阻式触摸屏。电阻式触摸屏的屏体部分是一块与显示器表面相匹配的多层复合薄膜，由一层玻璃或有机玻璃作为基层，表面涂有一层透明的导电层，上面再盖有一层外表面硬化处理、光滑防刮的塑料层，它的内表面也涂有一层透明导电层，在两层导电层之间有许多细小 (小于千分之一英寸)的透明隔离点把它们隔开绝缘，如图 7-17 所示。

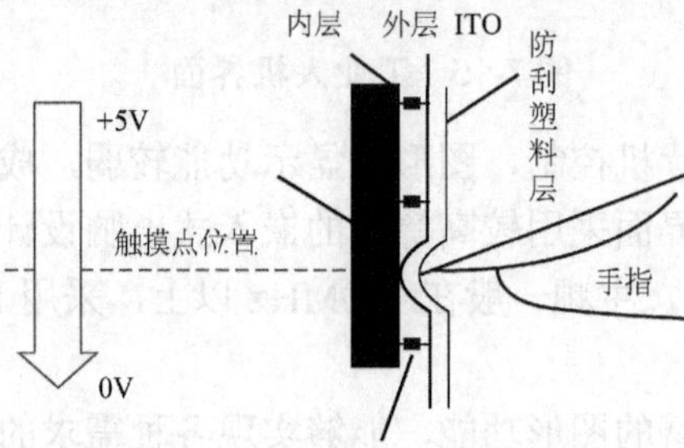

图 7-17　电阻触摸屏构造原理

电阻式触摸屏在强化玻璃表面分别涂上两层 OTI 透明氧化金属导电层，最外面的一层 OTI 涂层作为导电体，第二层 OTI 则经过精密的网络附上横竖两个方向的 0～+5V 的电压场，两层 OTI 之间以细小的透明隔离点隔开。当手指接触屏幕时，两层 OTI 导电层就会出现一个接触点，电脑同时检测电压及电流，计算出触摸的位置，反应速度为 10～20ms。

电阻式触摸屏的工作原理：当手指触摸屏幕时，平常相互绝缘的两层导电层就在触摸点位置有了一个接触，因其中一面导电层接通 Y 轴方向的 5V 均匀电压场，使得侦测层的电压由零变为非零，这种接通状态被控制器侦测到后，进行 A / D 转换，并将得到的电压值与 5V 相比即可得到触摸点的 Y 轴坐标，同理得出 X 轴的坐标，这就是所有电阻技术触摸屏共同的最基本原理。

电阻式触摸屏的关键在于材料科技。根据引出线数多少，可分为四线、五线、六线等多线电阻式触摸屏。五线电阻式触摸屏的外层导电层使用的是延展性好的镍金涂层材料，外导电层由于频繁触摸，使用延展性好的镍金材料可延长使用寿命，但是工艺成本比较高。镍金导电层虽然延展性好，但是只能作透明导体，不适合作为电阻式触摸屏的工作面，因为它导电率高，而且金属不易做到厚度非常均匀，不宜作电压分布层，只能作为探层。

电阻式触摸屏是一种对外界完全隔离的工作环境，不怕灰尘、水汽、油污等，适用范围广。电阻式触摸屏共同的缺点是因为复合薄膜的外层采用塑胶材料，触摸太用力或使用锐器触摸可能划伤整个触摸屏而导致报废。

(2) 红外线触摸屏。红外线触摸屏安装简单，只需在显示器上加上光点距架框，无需在屏幕表面加上涂层或接驳控制器。光点距架框的四边排列了红外线发射管及接收管，在屏幕表面形成一个红外线网。用户以手指触摸屏幕某一点，便会挡住经过该位置的横竖两条红外线，电脑便可即时算出触摸点的位置，如图 7-18 所示。

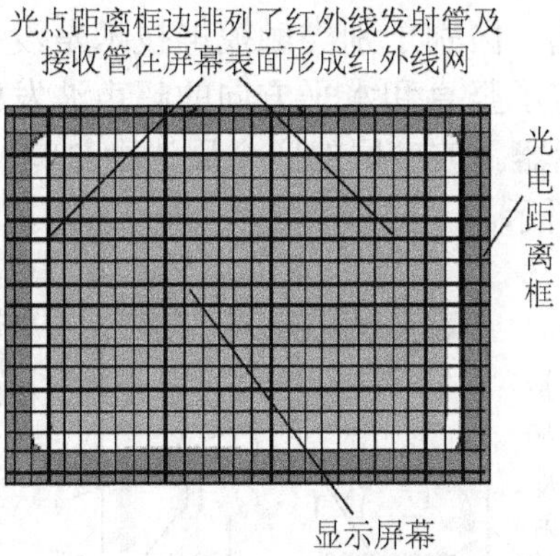

图 7-18　红外线触摸屏构造原理

任何触摸物体都可改变触点上的红外线而实现触摸屏操作。

红外线式触摸屏的主要优点是价格便宜、安装容易、能较好地感应轻微触摸与快速触摸。目前红外线式触摸屏稳定性能及分辨率不高，但红外线式触摸屏不受电流、电压和静电干扰，只要真正实现了高稳定性能和高分辨率，必将替代其他技术产品而成为触摸屏市场主流。

(3) 电容式触摸屏。电容式触摸屏的构造主要是在玻璃屏幕上镀一层透明的薄膜体层，再在导体层外上一块保护玻璃，双玻璃设计能彻底保护导体层及感应器，在附加的触摸屏四边均镀上狭长的电极，在导电体内形成一个低电压交流电场。用户触摸屏幕时，由于人体电场、手指与导体层间会形成一个耦合电容，四边电极发出的电流会流向触点，而其强弱与手指及电极的距离成正比，位于触摸屏幕后的控制器便会计算电流的比例及强弱，准确算出触摸点的位置，如图 7-19 所示。

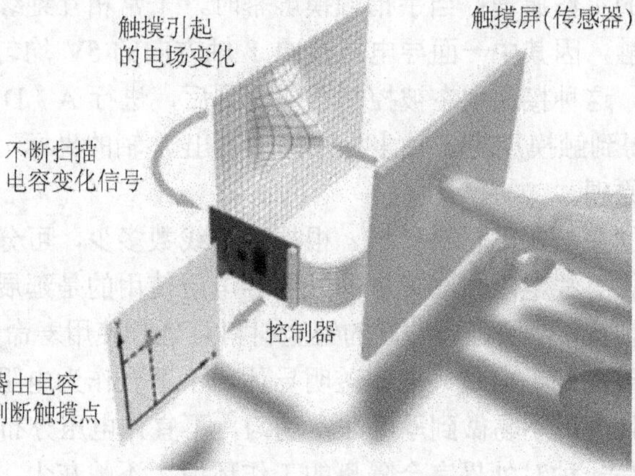

图 7-19　电容式触摸屏构造原理

电容式触摸屏的双玻璃不但能保护导体及感应器，更能有效地防止外在环境因素给触摸屏造成影响，就算屏幕沾有污秽、尘埃或油渍，电容式触摸屏依然能准确算出触摸位置。

(4) 表面声波触摸屏。表面声波触摸屏的触摸屏部分可以是一块平面、球面或是柱面的玻璃平板，安装在 CRT、LED、LCD 或是等离子显示器屏幕的前面。这块玻璃平板只是一块纯粹的强化玻璃，区别于别类触摸屏技术是没有任何贴膜和覆盖层。玻璃屏的左上角和右下角各固定了竖直和水平方向的超声波发射换能器，右上角则固定了两个相应的超声波接收换能器。玻璃屏的四个周边则刻有 45° 角由疏到密间隔非常精密的反射条纹，如图 7-20 所示。

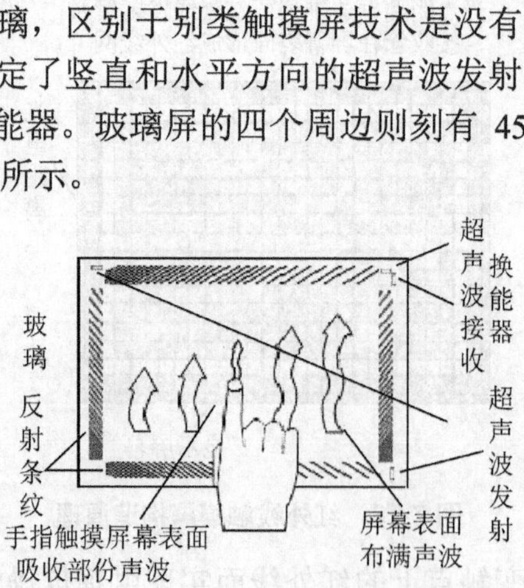

图 7-20　表面声波触摸屏构造原理图

当手指或软性物体触摸屏幕，部分声波能量被吸收，于是改变了接收信号，经过控制器的处理得到触摸的 *X*、*Y* 坐标。

表面声波触摸屏的优点有：不受温度、湿度等环境因素影响，分辨率高，寿命长(维护良好情况下 5 000 万次)；透光率高(92%)，能保持清晰透亮的图像质量；高度耐久，抗刮伤性良好(相对于电阻、电容等有表面镀膜)；没有漂移，只需安装时一次校正表面声波屏。

表面声波触摸屏的缺点是触摸屏表面的灰尘和水滴也阻挡表面声波的传递，此时表面声波触摸屏变得迟钝甚至不工作。

(5) 组态软件。工业人机界面一般会配套组态软件，以方便客户的图形化编程。组态软件是一种可视化的图形界面编程工具，一般与厂家的硬件配套使用，不同的工业人机界面硬件一般搭配自己的组态软件。目前人机界面组态软件也开始向开放式的方向发展，比如基于 WinCE 的组态软件可以用于各种有 WinCE 操作系统的工业人机界面硬件。

2. YL-335B 自动生产线选用的人机界面

YL-335B 自动生产线中人机界面安装位置如图 7-21 所示。

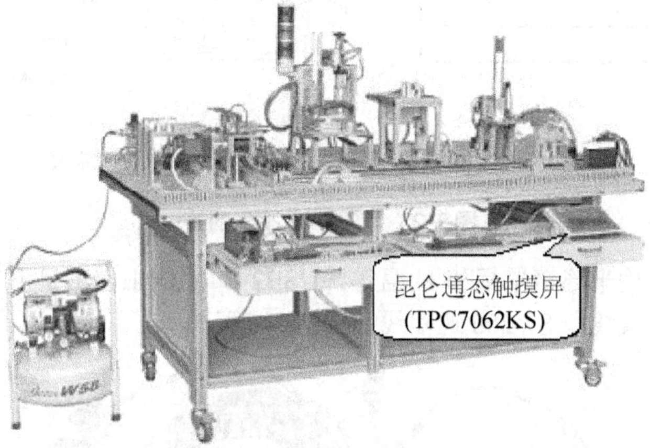

图 7-21　YL-335B 自动生产线人机界面安装位置示意图

选用的是昆仑通态研发的人机界面 TPC7062KS，如图 7-22 所示。这是一款在实时多任务嵌入式操作系统 Windows CE 环境中运行，MCGS 嵌入式组态软件组态的人机界面。该产品设计采用了 7 英寸高亮度 TFT 液晶显示屏(分辨率 800×480)，四线电阻式触摸屏(分辨率 4 096×4 096)，色彩达 64K 彩色。TPC7062KS 的硬件结构采用 ARM 结构嵌入式低功耗 CPU 为核心，主频 400MHz，存储空间为 64MB 的 CPU 主板。

(a)正视图　　(b)背视图

图 7-22　昆仑通态人机界面 TPC7062KS 外观

1) TPC7062KS 人机界面的硬件连接

TPC7062KS 人机界面的电源进线、各种通信接口均在其背面进行，如图 7-23 所示。

项 目	TPC7062KS
LAN(RJ45)	无
串口(DB9)	1×RS232，1×RS485
USB1	主口，USB1.1兼容
USB2	从口，用于下载工程
电源接口	24V DC±20%

(a)TPC7062KS 接口

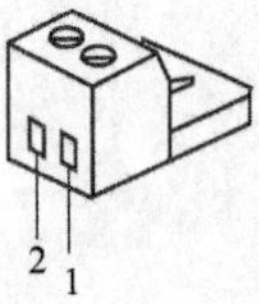

PIN	定义
1	+
2	−

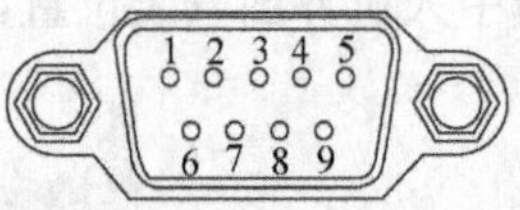

接口	PIN	引脚定义
COM1	2	RS232RXD
	3	RS232TXD
	5	GND
COM2	7	RS485 +
	8	RS485 −

(b)电源接口 (c)串口引脚定义

图 7-23 TPC7062KS 的接口

其中 USB1 口用来连接鼠标和 U 盘等，USB2 口用作工程项目下载，COM(RS232)用来连接 PLC。屏下载线和 S7-200 通信线如图 7-24 所示。

图 7-24 屏下载线和 S7-200 通讯线

(1) TPC7062KS 触摸屏与个人计算机的连接。在 YL-335B 上，TPC7062KS 触摸屏是通过 USB2 口与个人计算机连接，如图 7-25 所示。

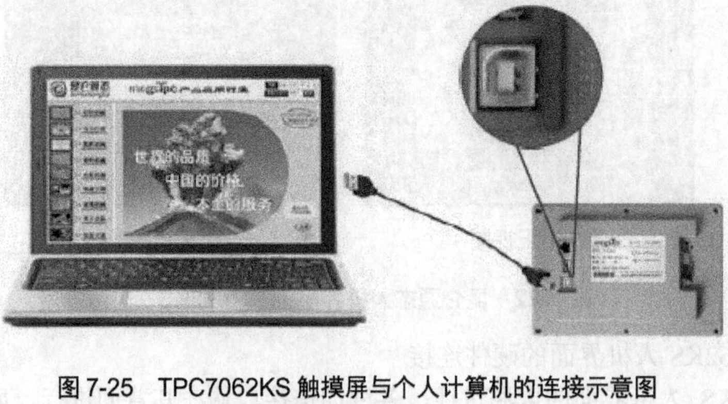

图 7-25 TPC7062KS 触摸屏与个人计算机的连接示意图

连接以前，个人计算机应先安装 MCGS 组态软件。当需要在 MCGS 组态软件上把资料下载到 HMI 时，只要在下载配置里，选择“连接运行”，单击“工程下载”即可进行下载，如图 7-26 所示。

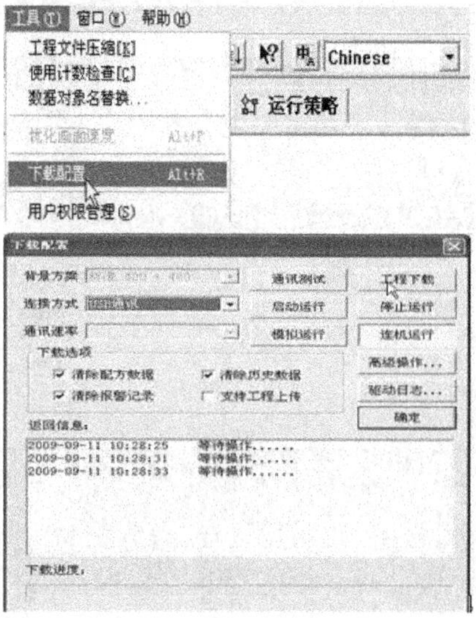

图 7-26　工程下载方法

如果工程项目要在电脑模拟测试，则选择“模拟运行”，然后下载工程。

(2) TPC7062KS 触摸屏与 S7-200PLC 的连接。在 YL-335B 中，触摸屏通过 COM 口直接与输送站的 PLC(PORT1)的编程口连接，如图 7-27 所示。所使用的通信线采用西门子 PC-PPI 电缆，PC-PPI 电缆把 RS232 转为 RS485。PC-PPI 电缆 9 针母头插在屏侧，9 针公头插在 PLC 侧。

正确进行硬件连接后，为了实现正常通信，还需在设备窗口组态中对触摸屏的串行口 0 属性进行设置。

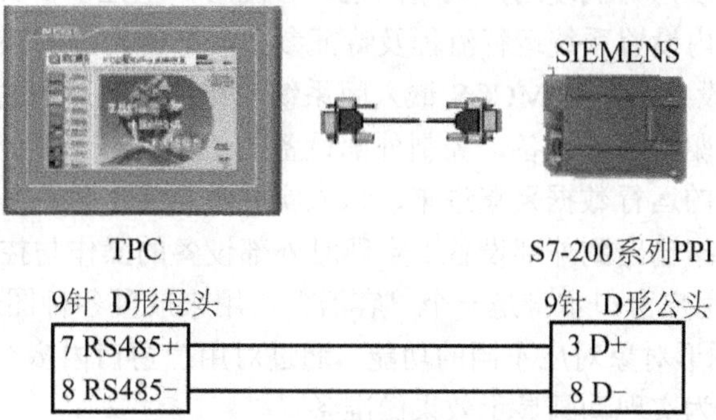

图 7-27　TPC7062KS 触摸屏与 S7-200 PLC 的连接示意图

2) 触摸屏设备组态

为了通过触摸屏设备操作机器或系统，必须给触摸屏设备组态用户界面，该过程称为“组态阶段”。系统组态就是通过 PLC 以“变量”方式进行操作单元与机械设备或过程之间的通信。变量值写入 PLC 上的存储区域(地址)，由操作单元从该区域读取。

运行 MCGS 嵌入版组态环境软件，在出现的界面上，点击菜单中“文件”→“新建工程”，弹出工作台界面，如图 7-28 所示。

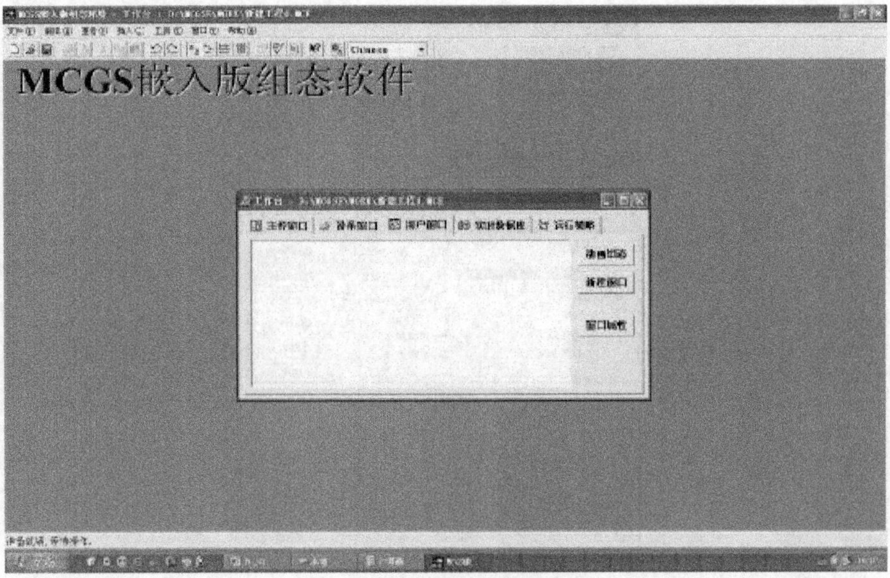

图 7-28 工作台界面

MCGS 嵌入版用“工作台”窗口来管理构成用户应用系统的五个部分，工作台上的五个标签：主控窗口、设备窗口、用户窗口、实时数据库和运行策略，分别对应于五个不同的窗口页面，每一个页面负责管理用户应用系统的一个部分，单击不同的标签可选取不同窗口页面，对应用系统的相应部分进行组态操作。

(1) 主控窗口。MCGS 嵌入版的主控窗口是组态工程的主窗口，是所有设备窗口和用户窗口的父窗口，它相当于一个大的容器，可以放置一个设备窗口和多个用户窗口，负责这些窗口的管理和调度，并调度用户策略的运行。同时，主控窗口又是组态工程结构的主框架，可在主控窗口内设置系统运行流程及特征参数，方便用户的操作。

(2) 设备窗口。设备窗口是 MCGS 嵌入版系统与作为测控对象的外部设备建立联系的后台作业环境，负责驱动外部设备，控制外部设备的工作状态。系统通过设备与数据之间的通道，把外部设备的运行数据采集进来，送入实时数据库，供系统其他部分调用，并且把实时数据库中的数据输出到外部设备，实现对外部设备的操作与控制。

(3) 用户窗口。用户窗口本身是一个“容器”，用来放置各种图形对象(图元、图符和动画构件)，不同的图形对象对应不同的功能。通过对用户窗口内多个图形对象的组态，生成漂亮的图形界面，为实现动画显示效果做准备。

(4) 实时数据库。在 MCGS 嵌入版中，用数据对象来描述系统中的实时数据，用对象变量代替传统意义上的值变量，把数据库技术管理的所有数据对象的集合称为实时数据库。

实时数据库是 MCGS 嵌入版系统的核心，是应用系统的数据处理中心。系统各个部分均以实时数据库为公用区交换数据，实现各个部分协调动作。

设备窗口通过设备构件驱动外部设备，将采集的数据送入实时数据库；由用户窗口组成的图形对象，与实时数据库中的数据对象建立连接关系，以动画形式实现数据的可视化；

运行策略通过策略构件，对数据进行操作和处理，如图 7-29 所示。

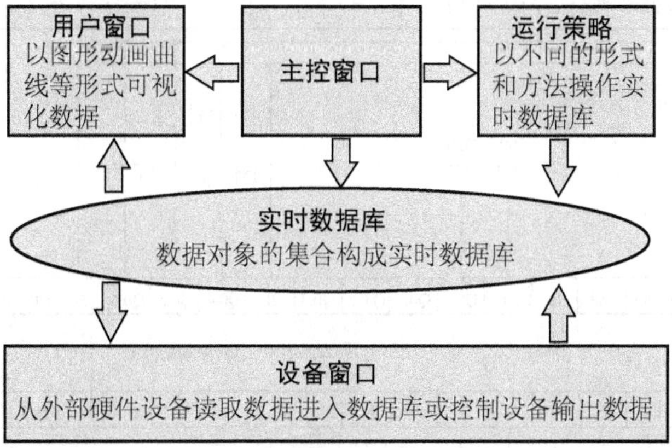

图 7-29　实时数据库数据流图

(5) 运行策略。对于复杂的工程，监控系统必须设计成多分支、多层循环嵌套式结构，按照预定的条件，对系统的运行流程及设备的运行状态进行有针对性选择和精确地控制。为此，MCGS 嵌入版引入运行策略的概念，用以解决上述问题。

所谓“运行策略”，是用户为实现对系统运行流程自由控制所组态生成的一系列功能块的总称。MCGS 嵌入版为用户提供了进行策略组态的专用窗口和工具箱。运行策略的建立，使系统能够按照设定的顺序和条件，操作实时数据库，控制用户窗口的打开、关闭以及设备构件的工作状态，从而实现对系统工作过程精确控制及有序调度管理的目的。

3. YL-335B 自动生产线中人机界面控制分拣工作单元运行实例

1) 人机界面控制分拣工作单元运行实例的任务要求

在项目 5 分拣工作单元调试的工作任务中，主令信号并显示系统工作状态改由人机界面提供，根据以下要求完成人机界面组态和分拣程序的编写。

(1) 设备的工作目标、上电和气源接通后的初始位置。设备的工作目标、上电和气源接通后的初始位置，具体的分拣要求，均与项目 5 分拣工作单元调试的工作任务相同。启停操作和工作状态指示不通过按钮指示灯盒操作指示，而是在触摸屏上实现。分拣工作单元 PLC 的 I/O 接线原理如图 7-30 所示。

(2) 工作过程。当传送带入料口人工放下已装配的工件时，变频器即启动，驱动传动电动机以触摸屏给定的速度(频率在 40～50Hz 可调节)，把工件带往分拣区。各料槽工件累计数据在触摸屏上给以显示，且数据在触摸屏上可以清零。

(3) 分拣站画面效果图要求。分拣站画面效果图要求如图 7-31 所示。

图 7-31 分拣站界面中包含了如下方面的内容。

①状态指示：单机/全线、运行、停止；②切换旋钮：单机全线切换；③按钮：启动、停止、清零累计按钮；④数据输入：变频器输入频率设置；⑤数据输出显示：白芯金属工件累计、白芯塑料工件累计、黑色芯体工件累计；⑥矩形框。

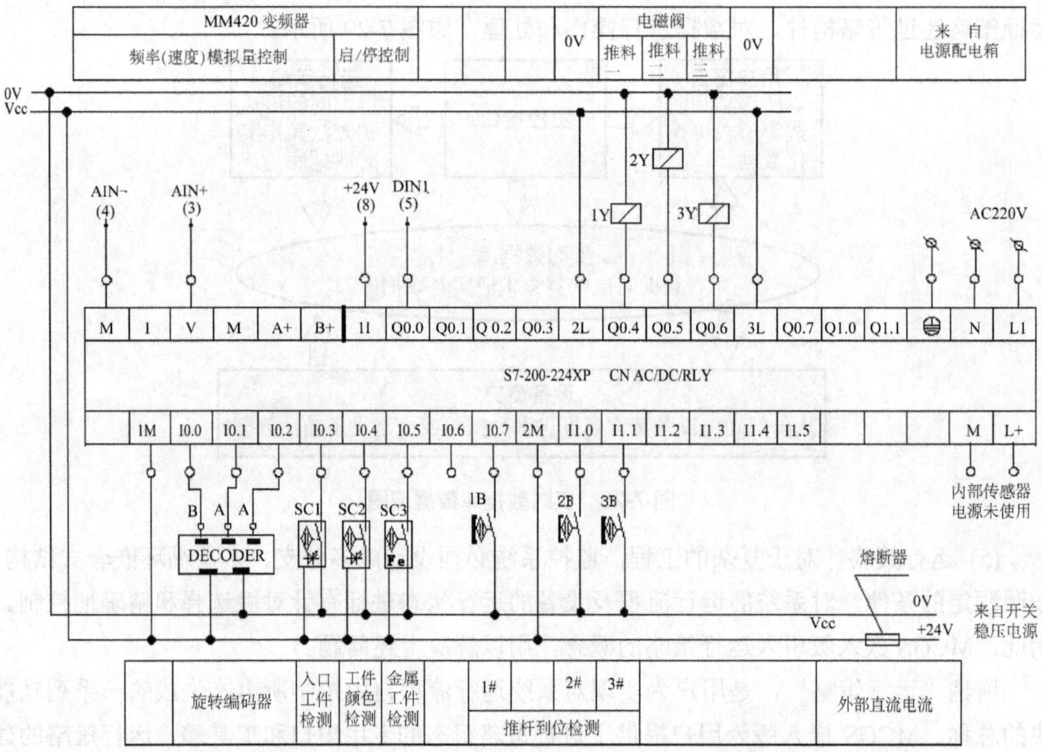

图 7-30 分拣工作单元 PLC 的 I/O 接线原理图

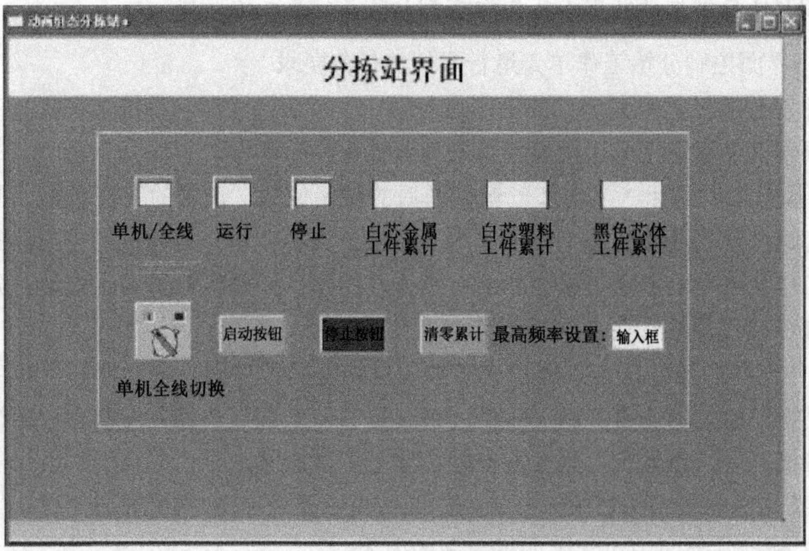

图 7-31 分拣站界面

下面列出了触摸屏组态画面各元件对应 PLC 地址，见表 7-4。

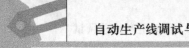

表 7-4　触摸屏组态画面各元件对应 PLC 地址

元件类别	名　称	输入地址	输出地址	备　注
位状态切换开关	单机/全线切换	M0.1	M0.1	
位状态开关	启动按钮	M0.2		
	停止按钮	M0.3		
	清零累计按钮	M0.4		
位状态指示灯	单机/全线指示灯	M0.1	M0.1	
	运行指示灯	M0.0		
	停止指示灯	M0.0		
数值输入元件	变频器频率给定	VW1002	VW1002	最小值 40，最大值 50
数值输出元件	白芯金属工件累计	VW70		
	白芯塑料工件累计	VW72		
	黑色芯体工件累计	VW74		

2) 人机界面组态

根据任务要求，人机界面的组态步骤、方法如下。

(1) 第 1 步：创建工程。TPC 类型中如果找不到“TPC7062KS”的话，则请选择“TPC7062K”，工程名称为“335B-分拣站”。

(2) 第 2 步：定义数据对象。根据表 7-1，定义数据对象，所有的数据对象见表 7-5。

表 7-5　数据对象列表

数据名称	数据类型	注　释
运行状态	开 关 型	
单机全线切换	开 关 型	
启动按钮	开 关 型	
停止按钮	开 关 型	
数据清零按钮	开 关 型	
输入频率设置	数 值 型	
白色金属料累计	数 值 型	
白色非金属料累计	数 值 型	
黑色非金属料累计	数 值 型	

定义数据对象“运行状态”的操作步骤：

① 单击工作台中的“实时数据库”窗口标签，进入实时数据库窗口页。

② 单击“新增对象”按钮，在窗口的数据对象列表中，增加新的数据对象，系统缺省定义的名称为“Data1”、“Data2”、“Data3”等(多次点击该按钮，则可增加多个数据对象)。

③ 选中对象，按“对象属性”按钮，或双击选中对象，则打开“数据对象属性设置”窗口。

④ 将对象名称改为：运行状态；对象类型选择：开关型；单击“确认”。

按照上述步骤，设置表 7-5 中其他数据对象。

(3) 第 3 步：设备连接。把定义好的数据对象和 PLC 内部变量进行连接，才能使触摸屏和 PLC 通信连接上，操作步骤如下。

① 在“设备窗口”中双击“设备窗口”图标进入。

② 点击工具条中的“工具箱” 图标，打开“设备工具箱”。

③ 在可选设备列表中，双击“通用串口父设备”，然后双击“西门子_S7200PPI”，在下方出现“通用串口父设备”，“西门子_S7200PPI”，如图 7-32 所示。

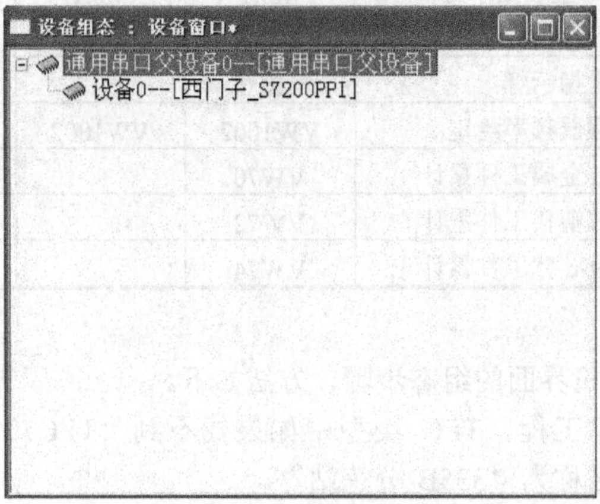

图 7-32　设备窗口

④ 双击“通用串口父设备”，进入通用串口父设备的基本属性设置，进行设置，如图 7-33 所示。

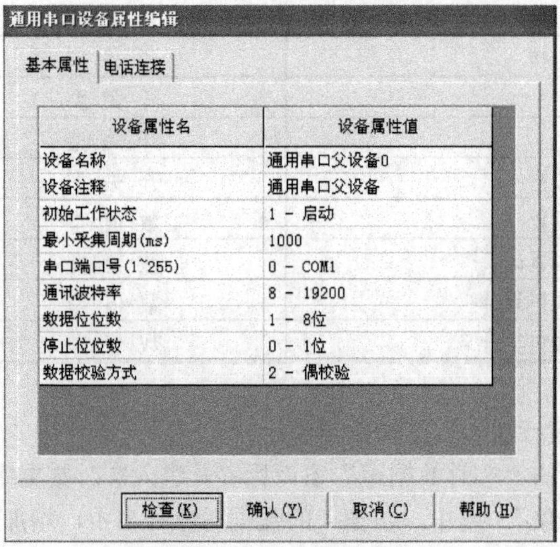

图 7-33　通用串口设置

⑤ 双击“西门子_S7200PPI”，进入设备编辑窗口，如图 7-34 所示。默认右窗口自动生成通道名称 I000.0～I000.7。可以单击“删除全部通道”按钮给以删除。

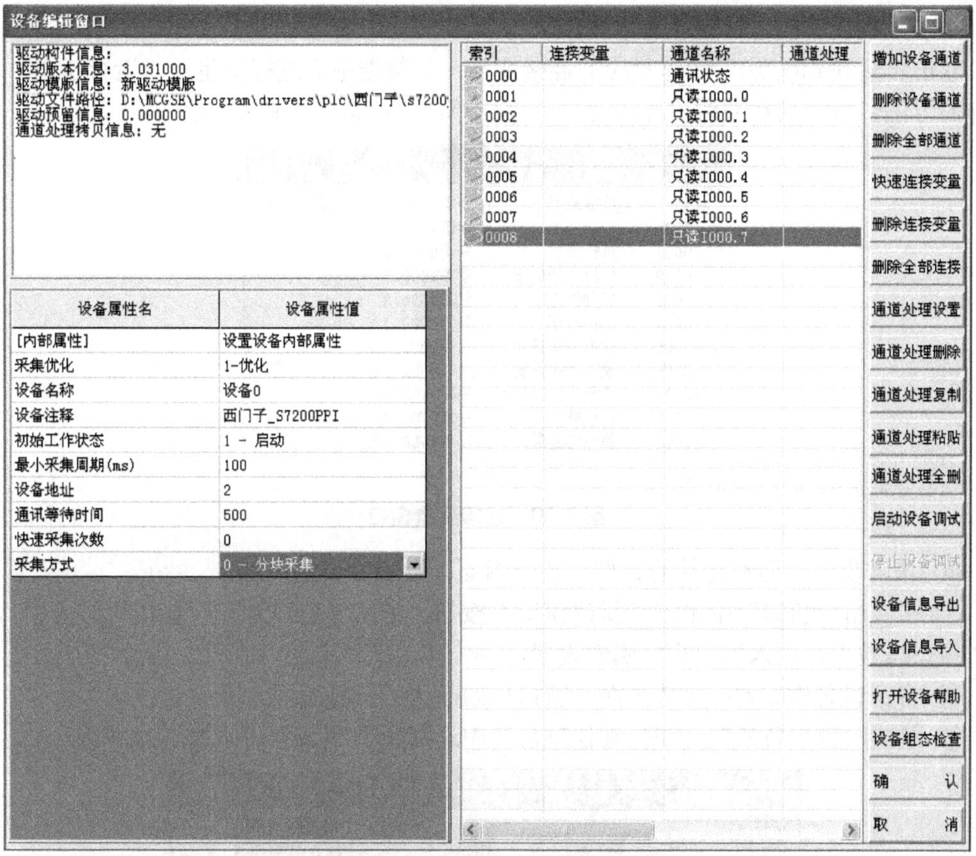

图 7-34　设备编辑窗口

⑥ 变量的连接。以“运行状态”变量进行连接为例说明。

单击“增加设备通道”按钮，出现如图 7-35 所示窗口。

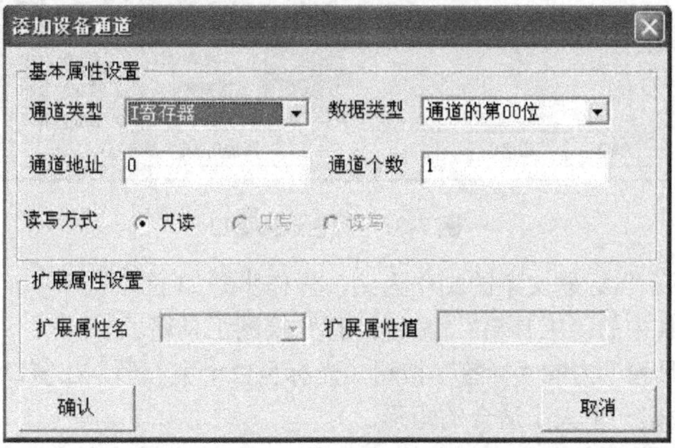

图 7-35　添加设备通道窗口

参数设置如下。

通道类型：M 寄存器；数据类型：通道的第 00 位；通道地址：0；通道个数：1；读写方式：只读。

单击“确认”按钮，完成基本属性设置。

双击“只读 M000.0”通道对应的连接变量，从数据中心选择变量：“运行状态”。用同样的方法，增加其他通道，连接变量，完成单击“确认”按钮，如图 7-36 所示。

索引	连接变量	通道名称	通道处理
0000		通讯状态	
0001	运行状态	只读M000.0	
0002	单机全线切换	读写M000.1	
0003	启动按钮	只写M000.2	
0004	停止按钮	只写M000.3	
0005	数据清零按钮	只写M000.4	
0006	最高频率设置	只写VWUB072	
0007	白色金属料累计	只写VWUB074	
0008	白色非金属...	只写VWUB076	
0009	黑色非金属...	读写VWUB1002	

图 7-36　连接变量窗口

(4) 第 4 步：画面和元件的制作。新建画面以及属性设置：

① 在“用户窗口”中单击“新建窗口”按钮，建立“窗口 0”。选中“窗口 0”，单击“窗口属性”，进入用户窗口属性设置。

② 将窗口名称改为：分拣画面；窗口标题改为：分拣画面。

③ 单击“窗口背景”，在“其他颜色”中选择所需的颜色，如图 7-37 所示。

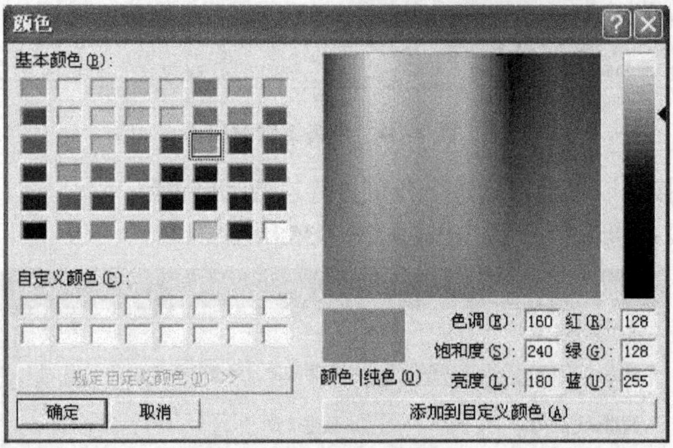

图 7-37　颜色选择窗口

制作文字框图。以标题文字的制作为例，操作步骤如下。

① 单击工具条中的“工具箱” 按钮，打开绘图工具箱。

② 选择“工具箱”内的“标签”按钮，光标呈“十字”形，在窗口顶端中心位置拖拽鼠标，根据需要拉出一个大小适合的矩形。

③ 在光标闪烁位置输入文字“分拣站界面”，按回车键或在窗口任意位置单击一下，文字输入完毕。

④ 选中文字框，作如下设置：

单击工具条上的“填充色”按钮，设定文字框的背景颜色为：白色；

单击工具条上的“线色”按钮，设置文字框的边线颜色为：没有边线；

单击工具条上的“字符字体”按钮，设置文字字体为：华文细黑；字型为：粗体；大小为：二号；

单击工具条上的“字符颜色”按钮，将文字颜色设为：藏青色。

⑤ 其他文字框的属性设置如下。

背景颜色：同画面背景颜色；

边线颜色：没有边线；

文字字体为：华文细黑；字型为：常规；字体大小为：二号。

以“单机/全线”指示灯为例，制作状态指示灯操作步骤如下。

① 单击绘图工具箱中的(插入元件)图标，弹出对象元件管理对话框，选择指示灯 6，单击“确认”按钮。双击指示灯，弹出的对话框如图 7-38 所示。

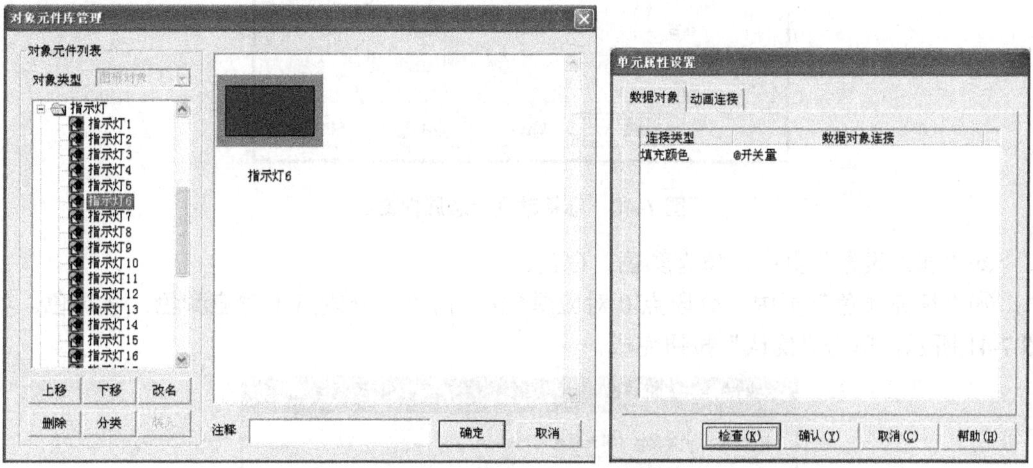

图 7-38　对象元件管理对话框

② 数据对象中，单击右角的“？”按钮，从数据中心选择“单机全线切换”变量。

③ 动画连接中，单击“填充颜色”，右边出现“ > ”按钮，如图 7-39 所示。

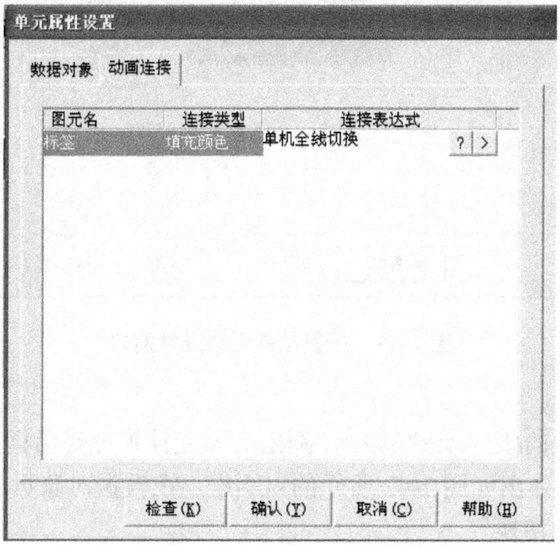

图 7-39　单元属性设置窗口

④ 单击“ > ”按钮，出现如图 7-40 所示对话框。

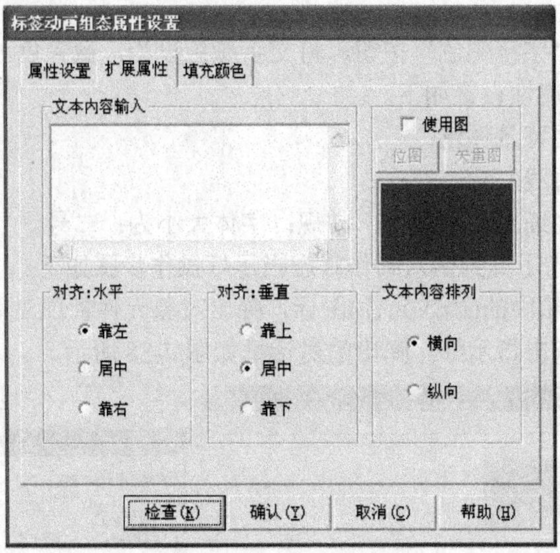

图 7-40　标签动画组态属性窗口

⑤“属性设置”页中，填充颜色：白色。

⑥“填充颜色”页中，分段点 0 对应颜色：白色；分段点 1 对应颜色：浅绿色。如图 7-41 所示，单击“确认”按钮完成。

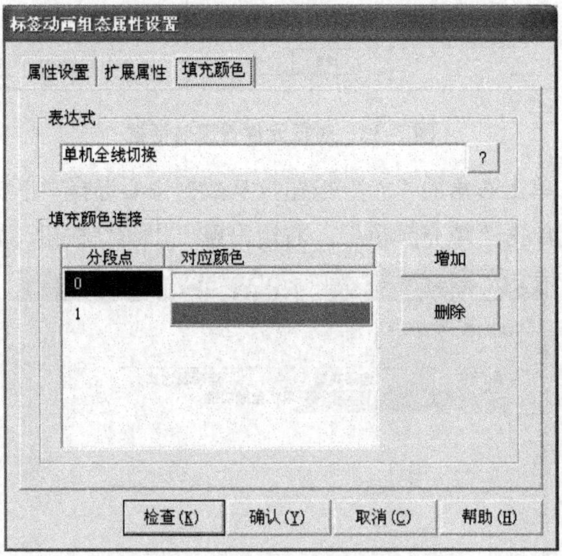

图 7-41　标签动画组态属性窗口

制作切换旋钮：

单击绘图工具箱中的(插入元件)图标，弹出对象元件管理对话框，选择开关 6，单击“确认”按钮。双击旋钮，弹出如图 7-42 所示的对话框。在数据对象页的按钮输入和可见度连接数据对象“单机全线切换”。

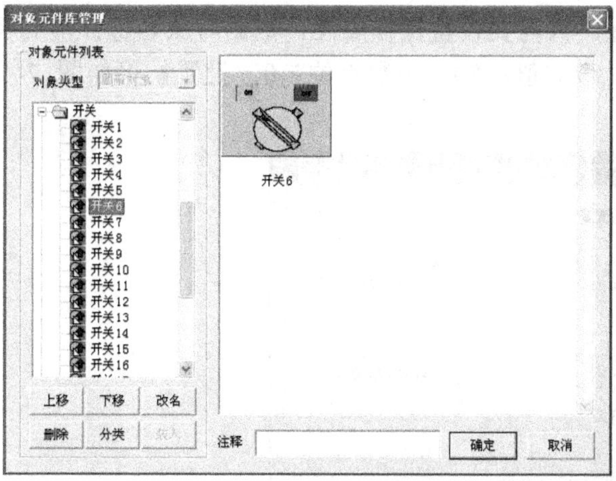

图 7-42　对象元件库管理窗口

制作按钮。以制作启动按钮为例，操作步骤如下。

① 单击绘图工具箱中“”图标，在窗口中拖出一个大小合适的按钮，双击按钮，出现如图 7-43 所示窗口，属性设置如下：

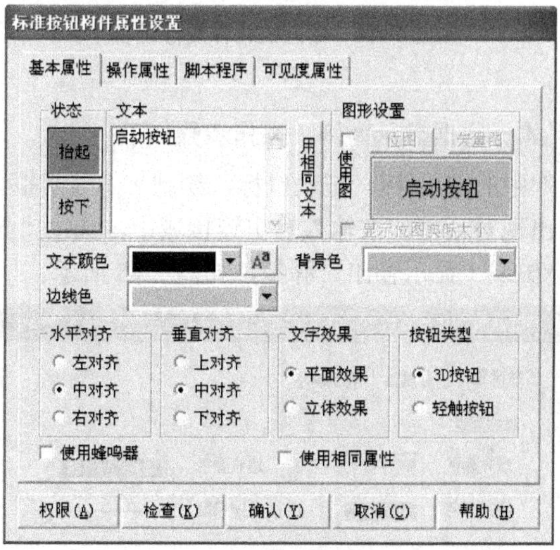

图 7-43　标准按钮构件属性设置窗口

②“基本属性”页中，无论是抬起还是按下状态，文本都设置为启动按钮；“抬起功能”属性为字体设置宋体，字体大小设置为五号，背景颜色设置为浅绿色；“按下功能”为：字体大小设置为小五号，其他同抬起功能。

③“操作属性”页中，抬起功能: 数据对象操作清 0，启动按钮；按下功能: 数据对象操作置 1，启动按钮。

④ 其他默认。单击“确认”按钮完成。

其他按钮按上述步骤制作。

数值输入框：

① 选中“工具箱”中的“输入框” 图标，拖动鼠标，绘制 1 个输入框。

② 双击 图标，进行属性设置。只需要设置操作属性，数据对象名称：最高频率设置；使用单位：Hz；最小值：40；最大值：50；小数点位：0。设置结果如图 7-44 所示。

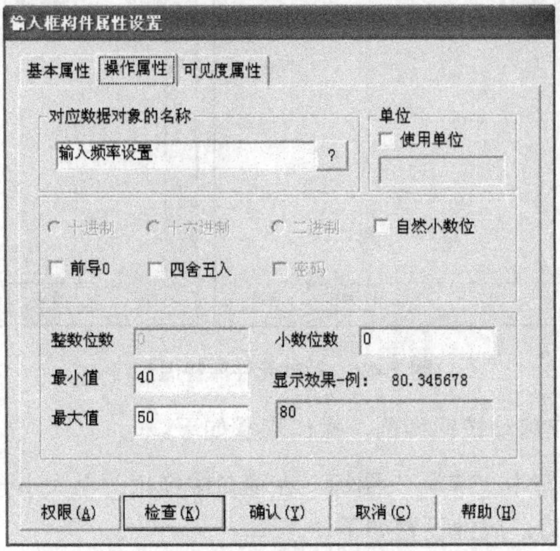

图 7-44　输入框构件属性设备

数据显示：

以制作白色金属料累计数据显示为例，操作步骤如下：

① 选中“工具箱”中的 图标，拖动鼠标，绘制 1 个显示框。

② 双击显示框，出现对话框，在输入输出连接域中，选中“显示输出” 选项，在组态属性设置窗口中则会出现“显示输出”标签，如图 7-45 所示。

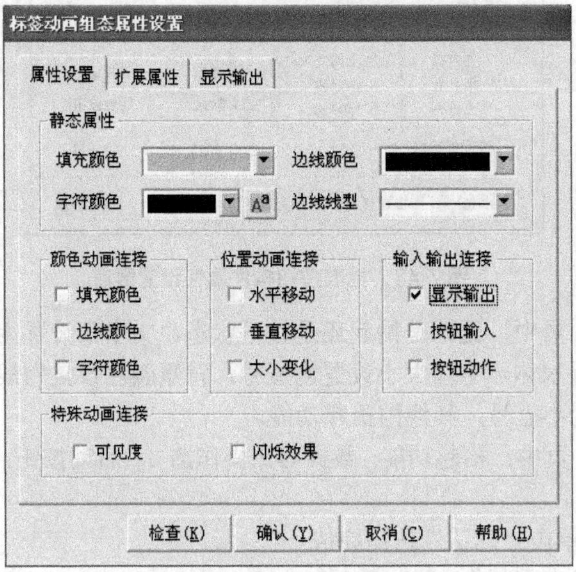

图 7-45　标签动画组态属性设置窗口

③ 单击“显示输出”标签，设置显示输出属性。参数设置如下。

表达式：白色金属料累计；单位：个；输出值类型：数值量输出；输出格式：十进制；整数位数：0；小数位数：0。

④ 单击“确认”，制作完毕。

制作矩形框：单击工具箱中的“□”图标，在窗口的左上方拖出一个大小适合的矩形，双击矩形，出现如图 7-46 所示的窗口。属性设置如下，单击工具条上的(填充色)按钮，设置矩形框的背景颜色为：没有填充；单击工具条上的(线色)按钮，设置矩形框的边线颜色为：白色；其他默认。单击“确认”按钮完成。

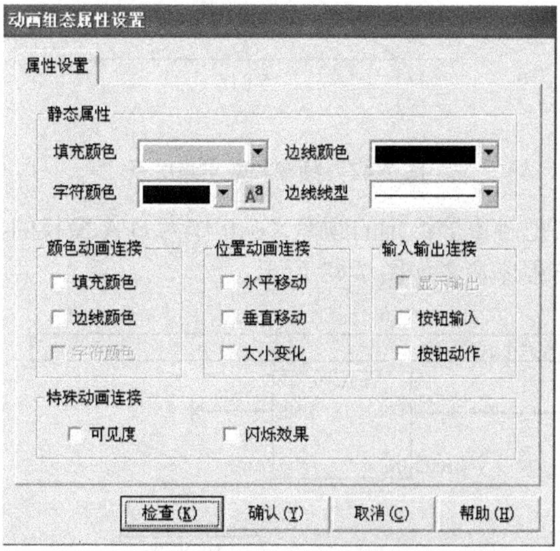

图 7-46　动画组态属性设置窗口

(5) 第 5 步：工程的下载。在 MCGS 组态软件上把资料下载到 HMI 时，在下载配置里，选择“连接运行” ，单击“工程下载”即可进行下载，如图 7-26 所示。如果工程项目要在电脑模拟测试，则选择“模拟运行”，然后下载工程。

3) 变频器输出的模拟量控制

在上述人机界面控制工作任务中，变频器的速度由 PLC 模拟量输出来调节(0～10V)，启停由外部端子来控制，在项目 5 的任务基础上，需调整变频器的参数及修改 PLC 控制程序，具体调整、修改如下。

(1) 变频器的参数调整。要调整的参数设置见表 7-6。

表 7-6　变频器参数设置

参数号	参数名称	默认值	设置值	设置值含义
P701	数字输入 1 的功能	1	1	接通正转/断开停车命令
P1000	频率设定值的选择	2	2	模拟设定值

(2) PLC 控制程序修改。S7-200 CPU 224XPCN PLC 有一路模拟量输出，信号格式有电压和电流两种。电压信号范围是 0～10V，电流信号是 0～20mA， 在 PLC 中对应的数字量满量程都是 0～32 000。如果使用输出电压模拟量则接 PLC 的 M、V 端，电流模拟量则接 M、I 端。这里采用电压信号，如图 7-30 所示分拣工作单元 PLC 的 I/O 接线原理图。

触摸屏给定的频率转化为模拟量输出的原理及过程：变频器频率和 PLC 模拟量输出电压成正比关系，模拟量输出是数字量通过 D/A 转换器转换而来，模拟量和数字量也成正比关系，因此频率和数字量是成正比关系，如图 7-47 所示。

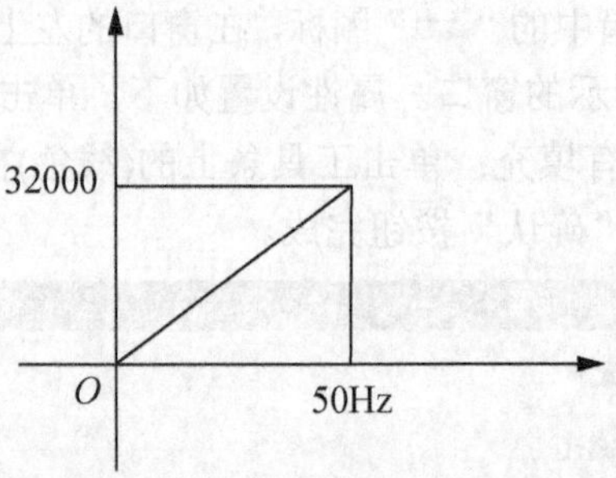

图 7-47　频率和数字量关系

由图可以知，只要把触摸屏给定的频率×640 作为 D/A 变换的数字量，经 D/A 变换为模拟输出就可。该部分程序参考如图 7-48 所示。

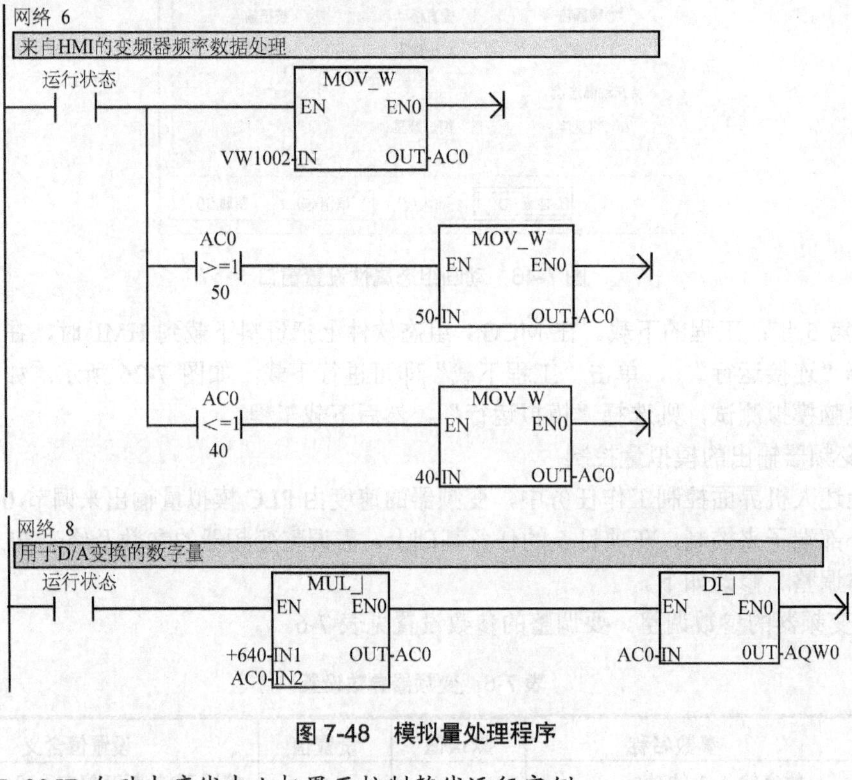

图 7-48　模拟量处理程序

4. YL-335B 自动生产线中人机界面控制整线运行实例

1) 人机界面控制整线运行实例的任务要求

在 TPC7062K 人机界面上组态画面要求用户窗口包括主界面和欢迎界面两个窗口。

(1) 欢迎界面要求。欢迎界面是启动界面，如图 7-49 所示。触摸屏上电后运行，屏幕上方的标题文字向左循环移动，循环周期不超过 15s。当触摸欢迎界面上任意部位时，都将切换到主窗口界面。

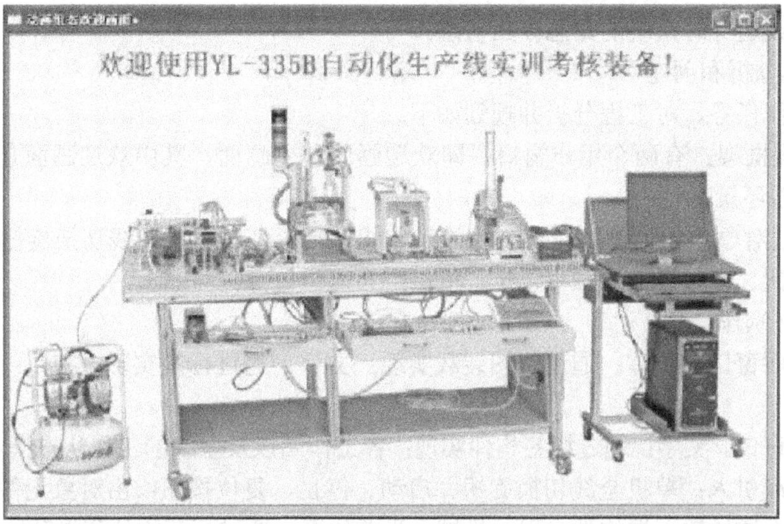

图 7-49　欢迎界面

(2) 主窗口界面组态要求。主窗口界面如图 7-50 所示。

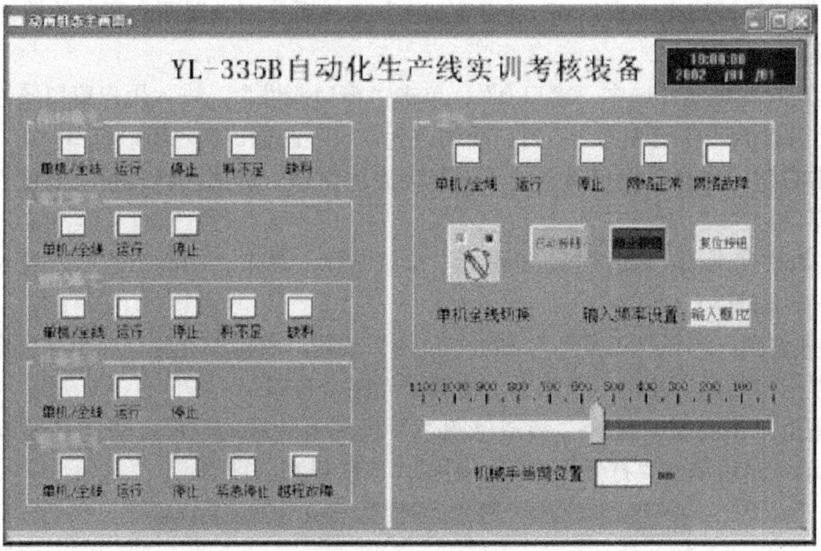

图 7-50　主窗口界

主窗口界面组态应具有下列功能：

提供系统工作方式(单站/全线)选择信号和系统复位、启动和停止信号。

在人机界面上设定分拣单元变频器的输入运行频率(40～50Hz)。

在人机界面上动态显示输送单元机械手装置当前位置(以原点位置为参考点，度量单位为毫米)。

指示网络的运行状态(正常、故障)。

指示各工作单元的运行、故障状态。其中故障状态包括：供料单元的供料不足状态和缺料状态；装配单元的供料不足状态和缺料状态；输送单元抓取机械手装置越程故障(左或右极限开关动作)。

指示全线运行时系统的紧急停止状态。

2) 工程分析和创建

根据工作任务，对工程分析并规划如下。

(1) 工程框架：有两个用户窗口，即欢迎画面和主画面，其中欢迎画面是启动界面。1 个策略：循环策略。

(2) 数据对象：各工作站以及全线的工作状态指示灯、单机全线切换旋钮、启动、停止、复位按钮、变频器输入频率设定、机械手当前位置等。

(3) 图形制作：

欢迎画面窗口，图片：通过位图装载实现；文字：通过标签实现；按钮：由对象元件库引入。

主画面窗口。文字：通过标签构件实现；各工作站以及全线的工作状态指示灯、时钟：由对象元件库引入；单机全线切换旋钮、启动、停止、复位按钮：由对象元件库引入；输入频率设置：通过输入框构件实现；机械手当前位置：通过标签构件和滑动输入器实现。

(4) 流程控制。通过循环策略中的脚本程序策略块实现。

进行上述规划后，就可以创建工程，然后进行组态。步骤是：在“用户窗口”中单击“新建窗口”按钮，建立“窗口 0”、“窗口 1”，然后分别设置两个窗口的属性。

3) 欢迎画面组态

(1) 建立欢迎画面：选中“窗口 0”，单击“窗口属性”，进入用户窗口属性设置，包括：窗口名称改为“欢迎画面”；窗口标题改为：欢迎画面。在“用户窗口”中，选中“欢迎”，单击右键，选择下拉菜单中的“设置为启动窗口”选项，将该窗口设置为运行时自动加载的窗口。

(2) 编辑欢迎画面：选中“欢迎画面”窗口图标，单击“动画组态”，进入动画组态窗口开始编辑画面。

① 装载位图。选择“工具箱”内的“位图”按钮，鼠标的光标呈“十字”形，在窗口左上角位置拖拽鼠标，拉出一个矩形，使其填充整个窗口。

在位图上单击右键，选择“装载位图”，找到要装载的位图，单击选择该位图，如图 7-51 所示。然后单击“打开”按钮，则图片该装载到了窗口。

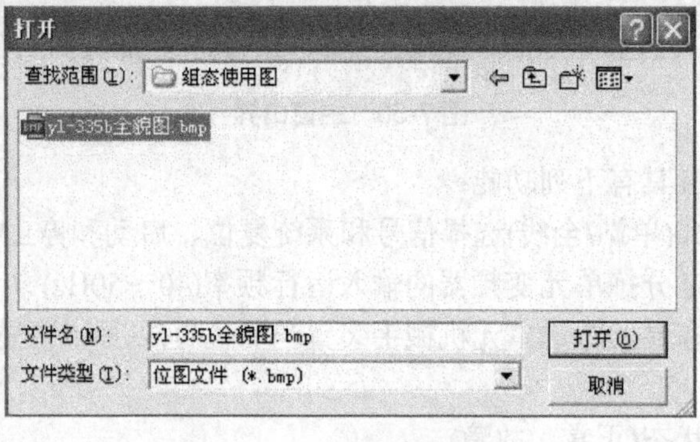

图 7-51 装载位图

② 制作按钮。单击绘图工具箱中“ ”图标，在窗口中拖出一个大小合适的按钮，双击按钮，出现如图 7-52(a)的属性设置窗口。在可见度属性页中点选“按钮不可见”；在

操作属性页中单击“按下功能”，打开用户窗口时候选择主画面，并使数据对象“HMI 就绪”的值置 1，如图 7-52(b)所示。

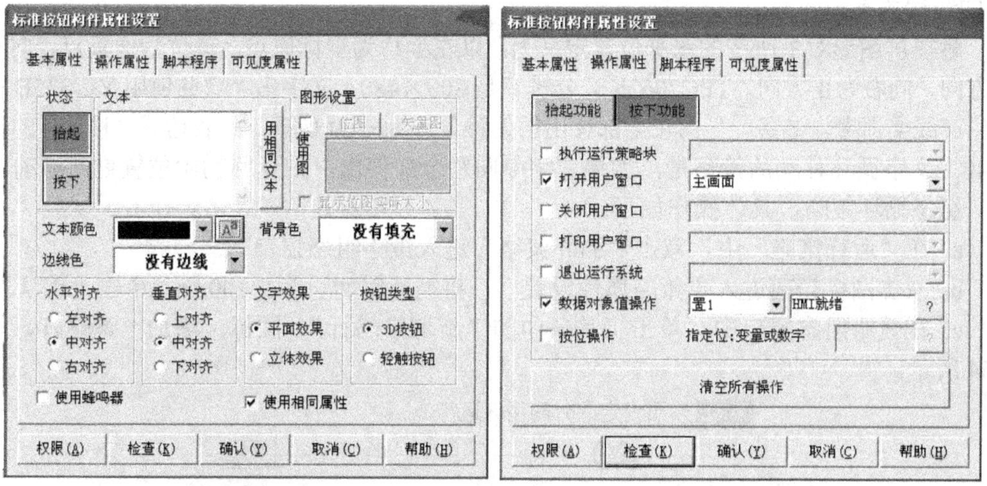

(a)基本属性页　　　　(b)操作属性页

图 7-52　标准按钮构件属性设置窗口

③ 制作循环移动的文字框图。选择“工具箱”内的“标签”按钮，拖拽到窗口上方中心位置，根据需要拉出一个大小适合的矩形。在光标闪烁位置输入文字“欢迎使用 YL-335B 自动化生产线实训考核装备！”，按回车键或在窗口任意位置单击一下，完成文字输入。

静态属性设置如下。文字框的背景颜色：没有填充；文字框的边线颜色为：没有边线；字符颜色：艳粉色；文字字体：华文细黑，字型：粗体，大小为二号。

为了使文字循环移动，在“位置动画连接”中勾选“水平移动”，这时在对话框上端就增添“水平移动”窗口标签。水平移动属性页的设置如图 7-53 所示。

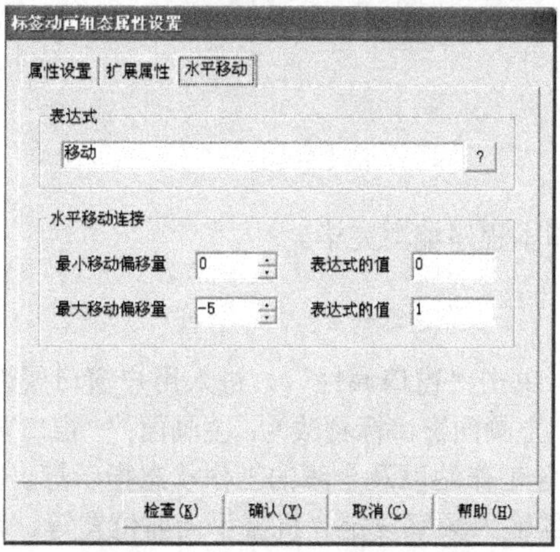

图 7-53　设置水平移动属性

设置说明如下：为了实现“水平移动”动画连接，首先要确定对应连接对象的表达式，然后再定义表达式的值所对应的位置偏移量。图 7-53 中，定义一个内部数据对象“移动”作为表达式，它是一个与文字对象的位置偏移量成比例的增量值，当表达式“移动”的值为 0 时，文字对象的位置向右移动 0 点(即不动)，当表达式“移动”的值为 1 时，对象的位置向左移动 5 点(−5) ，这就是说“移动”变量与文字对象的位置之间关系是一个斜率为−5 的线性关系。

触摸屏图形对象所在的水平位置定义为：以左上角为坐标原点，单位为像素点，向左为负方向，向右为正方向。TPC7062KS 分辨率是 800×480，文字串“欢迎使用 YL-335B 自动化生产线实训考核装备！”向左全部移出的偏移量约为−700 像素，故表达式“移动”的值为+140。文字循环移动的策略是，如果文字串向左全部移出，则返回初始位置重新移动。

组态循环策略，具体操作如下：

a. 在“运行策略”中，双击“循环策略”进入策略组态窗口。

b. 双击图标进入“策略属性设置”，将循环时间设为：100ms，单击“确认”。

c. 在策略组态窗口中，单击工具条中的“新增策略行” 图标，增加一策略行，如图 7-54 所示。

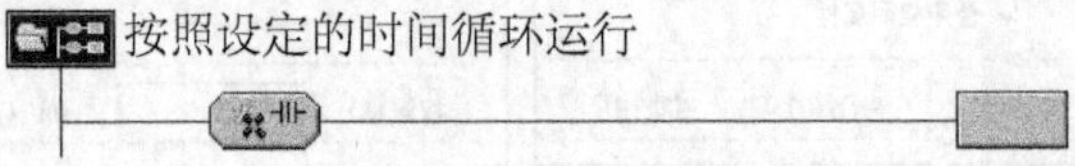

图 7-54　增加一策略行

d. 单击“策略工具箱”中的“脚本程序”，将指针移到策略块图标上，单击左键，添加脚本程序构件，如图 7-55 所示。

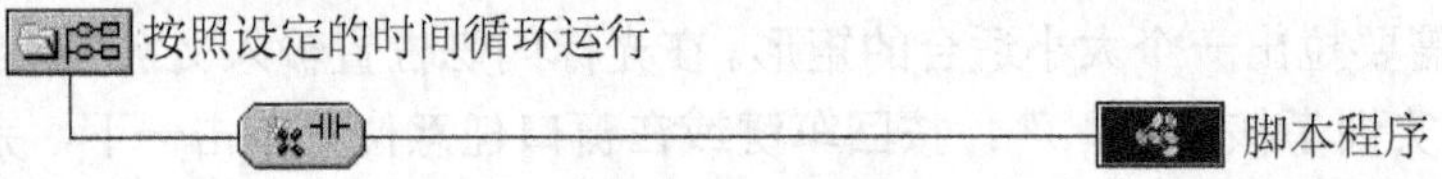

图 7-55　添加脚本程序构件

e. 双击进入策略条件设置，表达式中输入 1，即始终满足条件。

f. 双击进入脚本程序编辑环境，输入下面的程序：

```
if 移动<=140 then
移动=移动+1
else
移动=-140
endif
```

g. 单击“确认”，脚本程序编写完毕。

4) 主画面组态

(1) 建立主画面：

① 选中“窗口 1”，单击“窗口属性”，进入用户窗口属性设置。

② 将窗口名称改为：主画面窗口标题改为：主画面；“窗口背景”中，选择所需要颜色。

(2) 定义数据对象：各工作站以及全线的工作状态指示灯、单机全线切换旋钮、启动、停止 、复位按钮、变频器输入频率设定、机械手当前位置等，都是需要与 PLC 连接，进行信息交换的数据对象。定义数据对象的步骤如下。

① 单击工作台中的“实时数据库”窗口标签，进入实时数据库窗口页。

② 单击“新增对象”按钮，在窗口的数据对象列表中，增加新的数据对象。

③ 选中对象，按“对象属性”按钮，或双击选中对象，则打开“数据对象属性设置”窗口。然后编辑属性，最后加以确定。列出了全部与 PLC 连接的数据对象，见表 7-7。

表 7-7 全部与 PLC 连接的数据对象

序号	对象名称	类 型	序号	对象名称	类 型
1	HMI 就绪	开关型	15	单机全线_供料	开关型
2	越程故障_输送	开关型	16	运行_供料	开关型
3	运行_输送	开关型	17	料不足_供料	开关型
4	单机全线_输送	开关型	18	缺料_供料	开关型
5	单机全线_全线	开关型	19	单机全线_加工	开关型
6	复位按钮_全线	开关型	20	运行_加工	开关型
7	停止按钮_全线	开关型	21	单机全线_装配	开关型
8	启动按钮_全线	开关型	22	运行_装配	开关型
9	单机全线切换_全线	开关型	23	料不足_装配	开关型
10	网络正常_全线	开关型	24	缺料_装配	开关型
11	网络故障_全线	开关型	25	单机全线_分拣	开关型
12	运行_全线	开关型	26	运行_分拣	开关型
13	急停_输送	开关型	27	手爪当前位置_输送	数值型
14	变频器频率_分拣	数值型			

(3) 设备连接。使定义好的数据对象和 PLC 内部变量进行连接，步骤如下。

① 打开“设备工具箱”，在可选设备列表中，双击“通用串口父设备”，然后双击“西门子_S7200PPI”。出现“通用串口父设备”，“西门子_S7200PPI”。

② 设置通用串口父设备的基本属性，如图 7-56 所示。

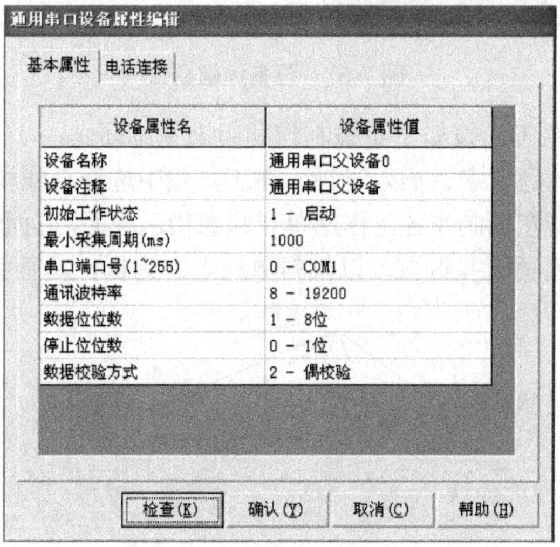

图 7-56 通用串口设备属性编辑编辑窗口

③ 双击“西门子_S7200PPI”，进入设备编辑窗口，按表 7-7 的数据，逐个“增加设备通道”，如图 7-57 所示。

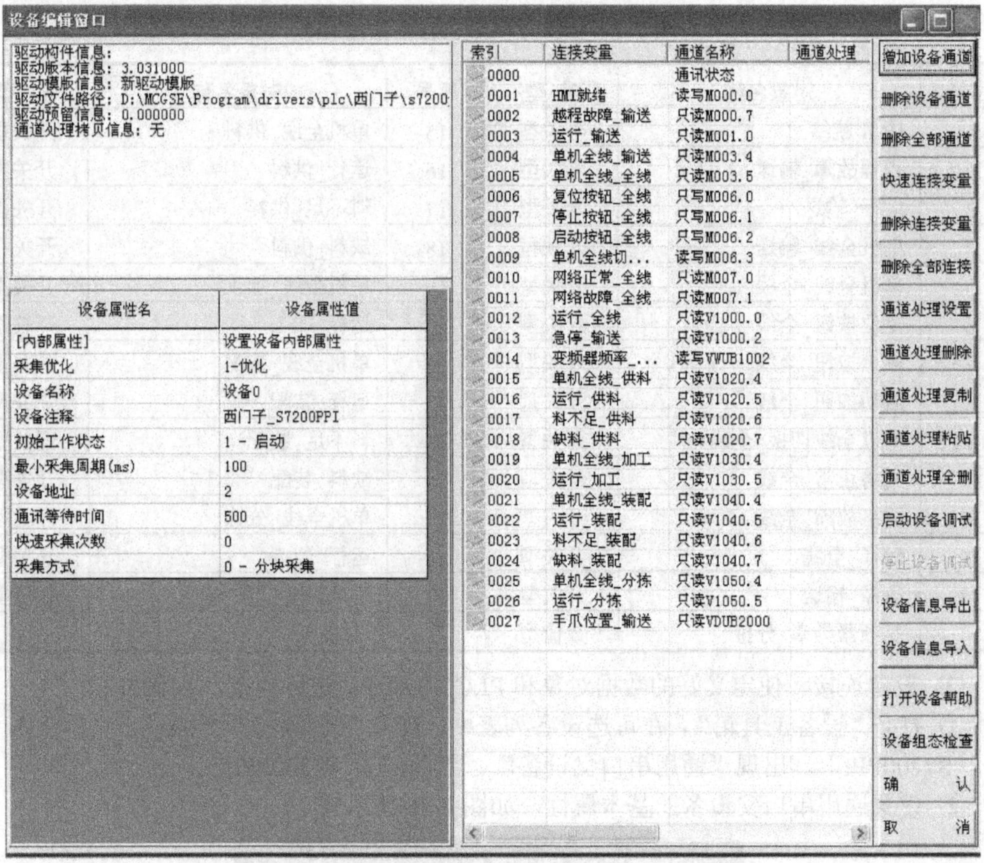

图 7-57 设备编辑窗口

(4) 主画面制作和组态。按如下步骤制作和组态主画面。

① 制作主画面的标题文字、插入时钟、在工具箱中选择直线构件，把标题文字下方的区域划分为两部分。区域左面制作各工作站单元状态指示画面，右面制作主令信号操作画面。

② 制作各从站单元画面并组态。以供料单元组态为例，其画面如图 7-58 所示。

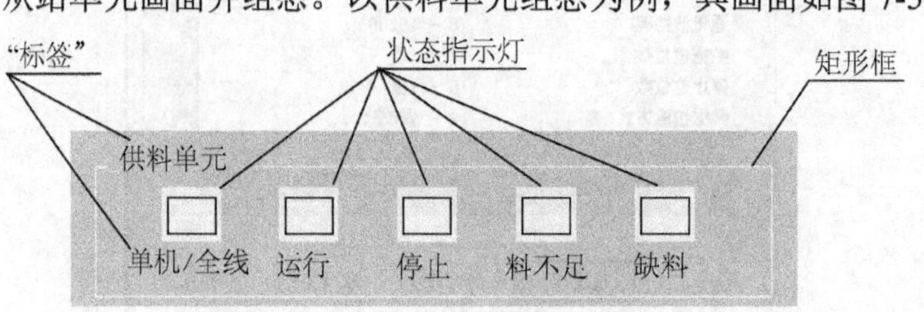

图 7-58 供料单元组态画面

在图中指出了各构件的名称，它们是“标签”、“指示灯”和“矩形框”，这些构件的制作和属性设置前面已有详细介绍，但“料不足”和“缺料”两状态指示灯有报警时闪烁功能的要求，下面通过制作供料站缺料报警指示灯着重介绍这一属性的设置方法。

组态闪烁功能的步骤是：在属性设置页的特殊动画连接框中勾选“闪烁效果”，“填充颜色”旁边就会出现“闪烁效果”页，如图 7-59(a)所示。点选 “闪烁效果”页，表达式选择为“缺料_供料”；在闪烁实现方式框中点选“用图元属性的变化实现闪烁”；填充颜色选择黄色，如图 7-59(b)所示。

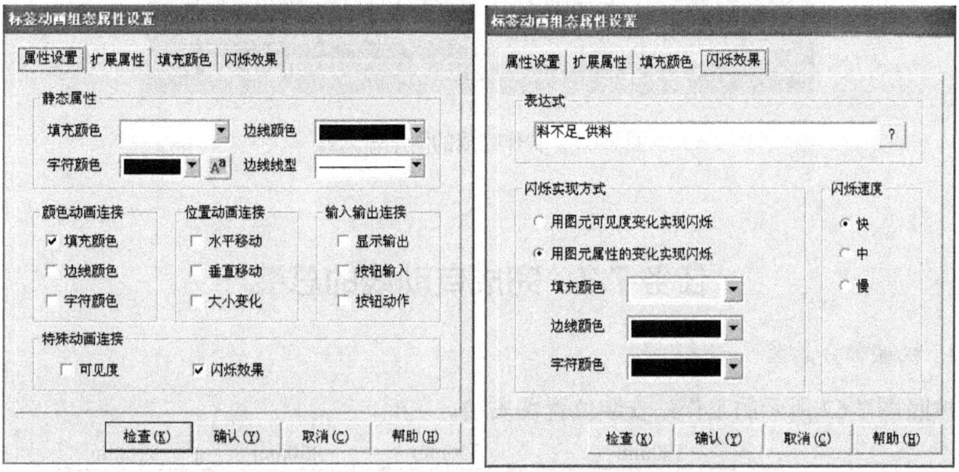

(a)　　　　　　　　　　(b)

图 7-59　组态供料站缺料报警指示灯闪烁功能

(5) 制作主站输送单元画面。这里只着重说明滑动输入器的制作方法，步骤如下：

① 选中“工具箱”中的滑动输入器图标，当鼠标呈“十”后，拖动鼠标到适当大小。调整滑动块到适当的位置。

② 双击滑动输入器构件，进入属性设置窗口，如图 7-60 所示。按照下面的值设置各个参数：

“基本属性”页中，滑块指向：指向左(上)；

“刻度与标注属性”页中，“主划线数目”：11，“次划线数目”：2；小数位数：

“操作属性”页中，对应数据对象名称：手爪当前位置_输送；滑块在最左(下)边时对应的值：1 100；滑块在最右(上)边时对应的值：0；其他为缺省值。

③ 单击“权限”按钮，进入用户权限设置对话框，选择管理员组，单击“确认”按钮完成制作。制作完成的效果图如图 7-61 所示。

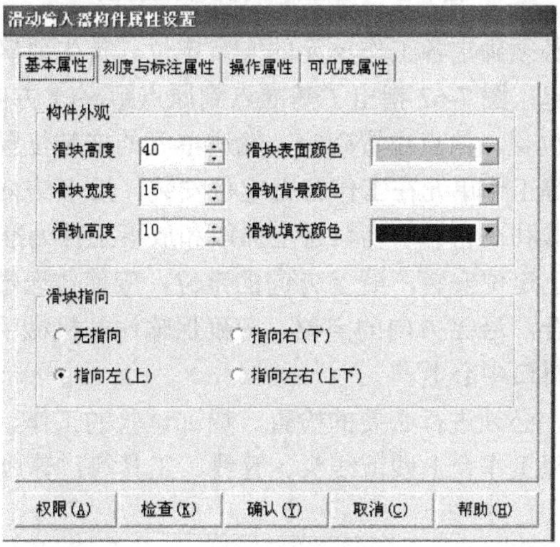

图 7-60　滑动输入器构件属性设置窗口

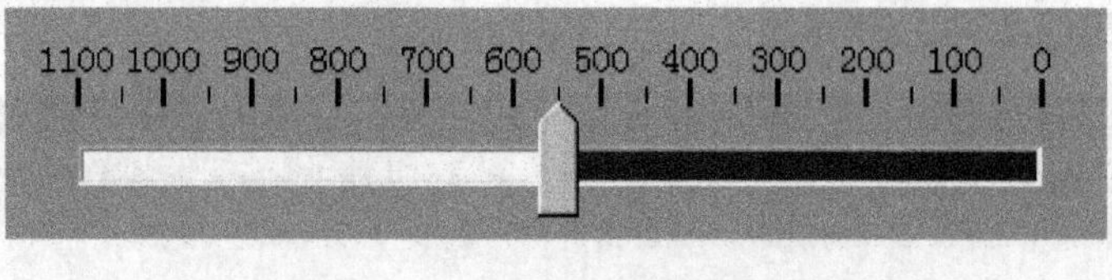

图 7-61　制作完成的滑动输入器

任务 7.3　完成自动线的总装

1. 机械部分总装

按照图 7-62 所示的工作站安装位置图安装。

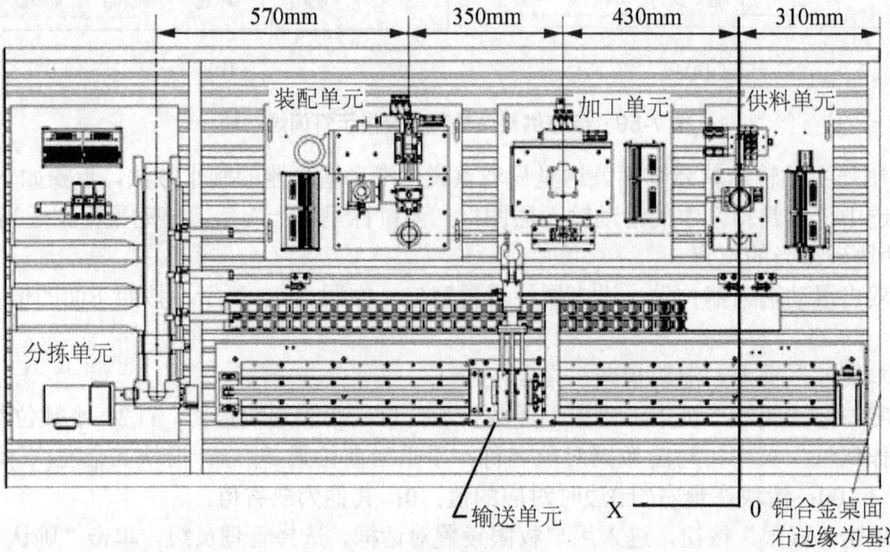

图 7-62　各工作单元安装位置图

系统整体安装时，必须确定各工作单元的安装定位。首先要确定安装的基准点，即从铝合金桌面右侧边缘算起，图 7-62 指出了基准点到原点距离(X方向)为 310mm，然后确定各工作单元在X方向的位置。原点位置确定，输送单元的安装位置也就确定。

供料、加工和装配等工作单元在工作台上定位安装，沿Y方向的定位，以输送单元机械手在伸出状态时，能顺利在它们的物料台上抓取和放下工件为准。

分拣单元在工作台上定位安装，沿Y方向的定位，应使传送带上进料口中心点与输送单元直线导轨中心线重合，沿X方向的定位，应确保输送站机械手运送工件到分拣站时，能准确地把工件放到进料口中心上。

在安装工作完成后，必须进行必要的检查、局部试验的工作，确保及时发现问题。在投入全线运行前，应清理工作台上残留线头、管线、工具等，养成良好的职业素养。

2. 气动系统连接

根据生产任务的参考工艺流程要求，完成自动生产线主气路及各工作单元气路的连接即可。

(1) 完成自动线主气路的连接。主气路的连接顺序：气源(由空气压缩机提供)→油水分离器三联件→通过专用气管和快速三通接头分别连接至各工作单元汇出流排。

特别提示

必须保证气管在接头中插紧，不能有漏气现象。

(2) 各工作单元气路连接。在项目 2～6 已完成各工作单元气路连接。在进行气路连接过程中还需要特别注意各工作单元的初始位置要求，各工作单元的初始位置要求如下。

① 供料单元的推料气缸处于缩回状态，顶料气缸均处于伸出状态。料仓内已经有足够物料。

② 加工站的滑动工件台的伸缩气缸处于伸出状态；用于夹紧工件的气动手指处于张开状态；冲压气缸处于缩回位置。

③ 装配站的推料气缸处于伸出状态，顶料气缸处于缩回状态。料仓上已经有足够物料。装配机械手的升降气缸处于提升状态，伸缩气缸处于缩回状态，气爪处于松开状态。

分拣单元的两个推料气缸均处于缩回状态。

④输送单元抓取机械手升降气缸处于下降位置；导杆气缸处于缩回状态；气爪处于松开状态。

3. 电气连接

电气连接主要工作是完成各工作单元电源接线、控制电路的接线及各工作站 PLC 组网、人机界面的连接。

(1) 电源接线。各工作单元电源接线，按系统供电电源一次回路原理图要求，完成电源接线。

(2) 控制电路的接线。在子项目 2～6 中已完成控制电路的接线连接，如工作任务及工艺流程有变化需重新设计控制电路，请重新进行连接。

(3) 各工作站 PLC 组网连接。利用网络接头和网络线把各台 PLC 中用作 PPI 通信的端口 0 连接，所使用的网络接头如图 7-63 所示。

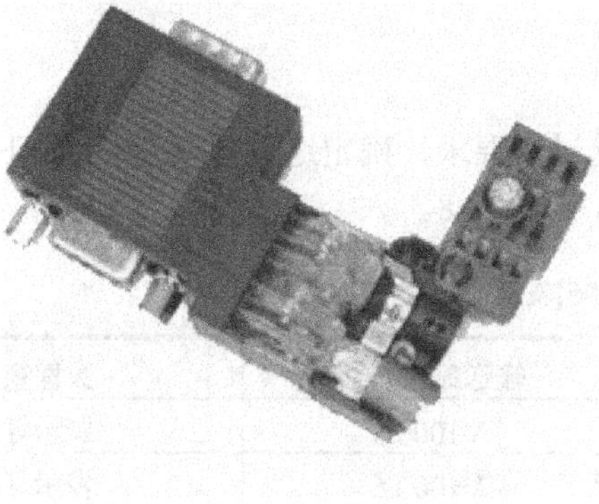

(a)1#站用的是带编程接口的连接器

(b)2#～5#站用的是标准网络连接器

图 7-63　网络接头

其中 2#～5#站用的是标准网络连接器，1#站用的是带编程接口的连接器，该编程口通过 RS-232/PPI 多主站电缆或 USB/PPI 多主站电缆与个人计算机连接。PPI 多主站通信线缆如图 7-64 所示。

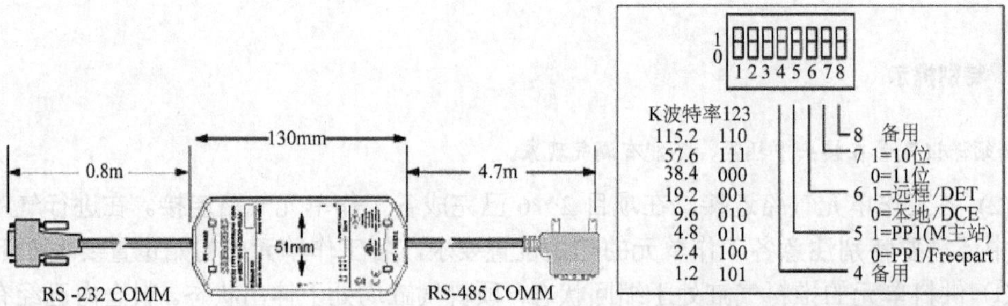

LED	颜色	描述
Tx	绿色	RS-232发送指示灯
Rx	绿色	RS-232接收指示灯
PPI	绿色	RS-485发送指示灯

图 7-64　PPI 多主站通信线缆设置

(4) 人机界面的连接。在 YL-335B 中，触摸屏通过 COM 口直接与输送站的 PLC(PORT1) 的编程口连接，如图 7-27 所示。所使用的通信线采用西门子 PC-PPI 电缆，PC-PPI 电缆把 RS232 转为 RS485。PC-PPI 电缆 9 针母头插在屏侧，9 针公头插在 PLC 侧。

特别提示

电气连接完成后要整理并捆绑好导线。

任务 7.4　编制各站 PLC 控制程序

YL-335B 自动生产线是一个分布式控制的自动生产线，在设计它的整体控制程序时，应首先从它的系统性着手，通过组建网络，规划通信数据，使系统组织起来。然后根据各工作单元的工艺任务，分别编制各工作站的控制程序。自动生产线工艺过程要求已在任务引入中给定。

1. 规划通信数据

根据任务引入中给定的自动生产线工艺过程要求，确定通信数据(参考)如下。

(1) 输送站(1#站)发送缓冲区数据定义。见表 7-8。

表 7-8　输送站(1#站)发送缓冲区数据定义

输送站位地址	数据意义	输送站位地址	数据意义
V1000.0	启动	V1000.5	警示灯绿
V1000.1	停止	V1000.6	警示灯红
V1000.2	急停	V1000.7	警示灯橙
V1000.3	到达加工站	V1001.0	加工站限制加工
V1000.4	到达装配站	V1001.1	装配站限制装配

续表

输送站位地址	数据意义	输送站位地址	数据意义
V1000.0	联机运行信号	V1001.3	允许加工信号
V1000.2	急停信号 (1=急停动作)	V1001.4	允许装配信号
V1000.4	复位标志	V1001.5	允许分拣信号
V1000.5	全线复位	V1001.6	供料站物料不足
V1000.7	触摸屏全线/单机方式 (1=全线，0=单机)	V1001.7	供料站物料没有
V1001.2	允许供料信号	VD1002	变频器最高频率输入

(2) 输送站接收供料站(2#站)缓冲区数据定义，见表 7-9。

表 7-9　输送站(1#站)接收供料站缓冲区数据定义(数据来自供料站)

输送站位地址	供料站位地址	数据意义
V1200.0	V1010.0	供料站物料不够
V1200.1	V1010.1	供料站物料有无
V1200.2	V1010.2	供料站物料台有无物料

供料站位地址	数据意义	备注
V1020.0	供料站在初始状态	
V1020.1	一次推料完成	
V1020.4	全线/单机方式	1=全线，0=单机
V1020.5	单站运行信号	
V1020.6	物料不足	
V1020.7	物料没有	

(3) 输送站接收加工站(3#站)缓冲区数据定义，见表 7-10。

表 7-10　输送站(1#站)接收加工站缓冲区数据定义(数据来自加工站)

输送站位地址	加工站位地址	数据意义
V1204.0	V1010.0	加工站物料台有无物料
V1204.1	V1010.1	加工站加工完成

加工站位地址	数据意义	备注
V1030.0	加工站在初始状态	
V1030.1	冲压完成信号	
V1030.4	全线/单机方式	1=全线，0=单机
V1030.5	单站运行信号	

(4) 输送站(1#站)接收装配站缓冲区数据定义，见表 7-11。

表 7-11　输送站(1#站)接收装配站缓冲区数据定义(数据来自装配站)

输送站位地址	装配站位地址	数据意义
V1208.0	V1010.0	装配站物料不够
V1208.1	V1010.1	装配站物料有无
V1208.2	V1010.2	装配站物料台有无物料
V1208.3	V1010.3	装配站装配完成

装配站位地址	数据意义	备注
V1040.0	装配站在初始状态	
V1040.1	装配完成信号	
V1040.4	全线/单机方式	1=全线，0=单机
V1040.5	单机运行信号	
V1040.6	料仓物料不足	
V1040.7	料仓物料没有	

(5) 输送站接收分拣站(5#站)缓冲区数据位定义，见表 7-12。

表 7-12　输送站接收分拣站(5#站)缓冲区数据位定义(数据来自分拣站)

分拣站位地址	数据意义	备注
V1050.0	分拣站在初始状态	
V1050.1	分拣完成信号	
V1050.4	全线/单机方式	1=全线，0=单机
V1050.5	单机运行信号	

2. 编制从站控制程序

1) 各工作站在联机运行情况下编程说明

YL-335B 各工作站在单站运行时的编程思路，项目 2～5 中已介绍。在联机运行情况下，自动生产线生产工艺流程要求的各从站工艺过程是基本固定的，原单站程序中工艺控制子程序基本变动不大，只需在单站程序的基础上修改、编制联机运行程序即可。

2) 各工作站在联机运行情况下编程方法

(1) 由于联机运行情况下在运行条件上有所不同，主令信号来自系统通过网络下传的信号，因此必须明确工作站当前的工作模式，以此确定当前有效的主令信号。在工作任务书明确地规定了工作模式切换的条件，目的是避免误操作的发生，确保系统可靠运行。工作模式切换条件的逻辑判断应在主程序开始时中进行，实现这一功能的梯形图如图 7-65 所示。

根据当前工作模式，确定当前有效的主令信号(启动、停止等)，以供料站的联机编程为例如图 7-66 所示。

(2) 各工作站之间通过网络不断交换信号，由此确定各站的程序流向和运行条件。

在程序中处理工作站之间通过网络交换信息的方法有以下两种。

第一种是直接使用网络下传来的信号，同时在需要上传信息时立即在程序的相应位置插入上传信息，例如直接使用系统发来的全线运行指令(V1000.0)作为联机运行的主令信号，如图 7-66 所示。

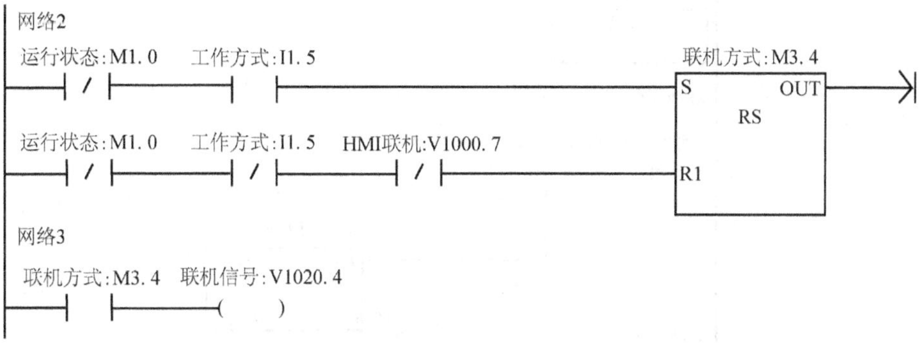

图 7-65　工作站当前工作模式的逻辑判断

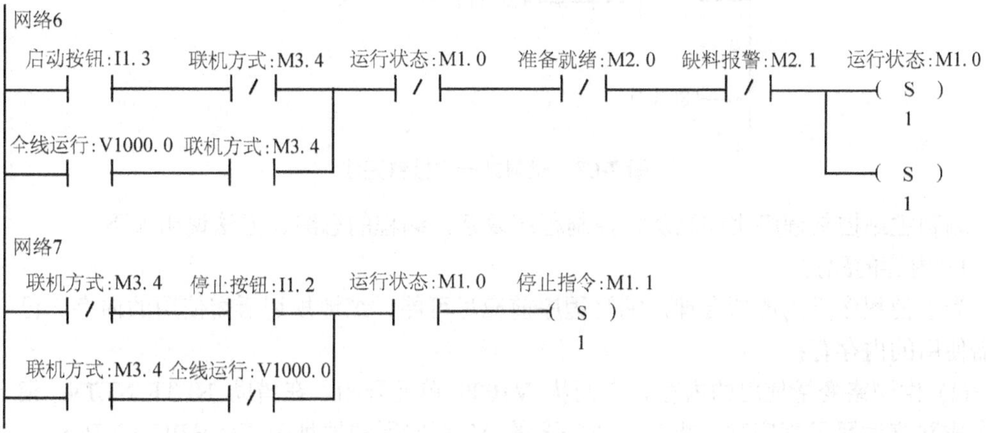

图 7-66　联机或单站方式下的启动与停止

第二种是在需要上传信息时，例如在供料控制子程序最后工步，当一次推料完成，顶料气缸缩回到位时，即向系统发出持续 1 秒的推料完成信号，然后返回初始步。系统在接收到推料完成信号后，即指令输送站机械手前来抓取工件。从而实现了网络信息交换。供料控制子程序最后工步的梯形图如图 7-67 所示。

对于网络信息交换量不大的系统，上述方法是可行的。如果网络信息交换量很大，则可采用另一种方法，即专门编写一个通信子程序，主程序在每一扫描周期调用之。这种方法使程序更清晰，更具有可移植性。

3. 编制主站控制程序

根据生产任务的要求，选择输送站为 YL-335B 自动生产线系统的主站，既是整个自动线系统控制的组织者，也是承担输送工作任务的工作单元，因此它是系统中最为重要且承担任务最为繁重的工作单元。它的主要包括以下工作任务。

① 输送站 PLC 与触摸屏相连接，接收来自触摸屏的主令信号，同时把系统状态信息回馈到触摸屏。

② 作为网络的主站，要进行大量的网络信息处理。

③ 需完成联机方式下的工艺生产任务。

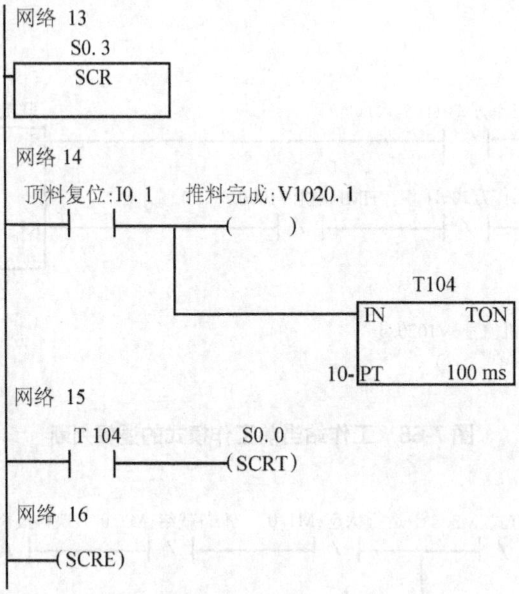

图 7-67 供料站一次推料完成

编制主站控制程序比编制从站控制程序复杂，编程的思路、方法说明如下。

1) 内存的配置

为了使程序更为清晰合理，编写程序前应尽可能详细地规划所需使用的内存。已规划所需使用的内存有：

(1) 供网络变量使用的内存。它们从 V1000 单元开始。在借助 NETR/NETW 指令向导生成网络读写子程序时，指定了所需要的 V 存储区的地址范围(VB395～VB481，共占 87 个字节的 V 存储区)。

(2) 在借助位控向导组态 PTO 时，也要指定所需要的 V 存储区的地址范围。YL-335B 出厂例程编制中，指定的输出 Q0.0 的 PTO 包络表在 V 存储区的首址为 VB524，从 VB500 至 VB523 范围内的存储区是空着的，留给位控向导所生成的几个子程序 PTO0_CTR、PTO0_RUN 等使用。

(3) 在人机界面组态中，也规划了人机界面与 PLC 的连接变量的设备通道，见表 7-13。

表 7-13 人机界面与 PLC 的连接变量的设备通道

序号	连接变量	通道名称	序号	连接变量	通道名称
1	HMI 就绪	M0.0	15	单机/全线_供料	V1020.4(只读)
2	越程故障_输送	M0.7(只读)	16	运行状态_供料	V1020.5(只读)
3	运行状态_输送	M1.0(只读)	17	工件不足_供料	V1020.6(只读)
4	单机/全线_输送	M3.4(只读)	18	工件没有_供料	V1020.7(只读)
5	单机/全线_全线	M3.5(只读)	19	单机/全线_加工	V1030.4(只读)
6	复位按钮_全线	M6.0(只写)	20	运行状态_加工	V1030.5(只读)
7	停止按钮_全线	M6.1(只写)	21	单机/全线_装配	V1040.4(只读)

续表

序号	连接变量	通道名称	序号	连接变量	通道名称
8	启动按钮_全线	M6.2(只写)	22	运行状态_装配	V1040.5(只读)
9	方式切换_全线	M6.3(读写)	23	工件不足_装配	V1040.6(只读)
10	网络正常_全线	M7.0(只读)	24	工件没有_装配	V1040.7(只读)
11	网络故障_全线	M7.1(只读)	25	单机/全线_分拣	V1050.4(只读)
12	运行状态_全线	V1000.0(只读)	26	运行状态_分拣	V1050.5(只读)
13	急停状态_输送	V1000.2(只读)	27	手爪位置_输送	VD2000(只读)
14	输入频率_全线	VW1002(读写)			

只有在配置了上面所提及的存储器后，才能考虑编程中所需用到的其他中间变量，避免非法访问内部存储器，是编程中必须注意的问题。

2) 主程序结构

由于输送站承担的任务较多，联机运行时，主程序有较大的变动。

(1) 每一扫描周期，都需调用 PTO0_CTR 子程序(使能 PTO)、网络读写子程序、通信子程序，如图 7-68 所示。

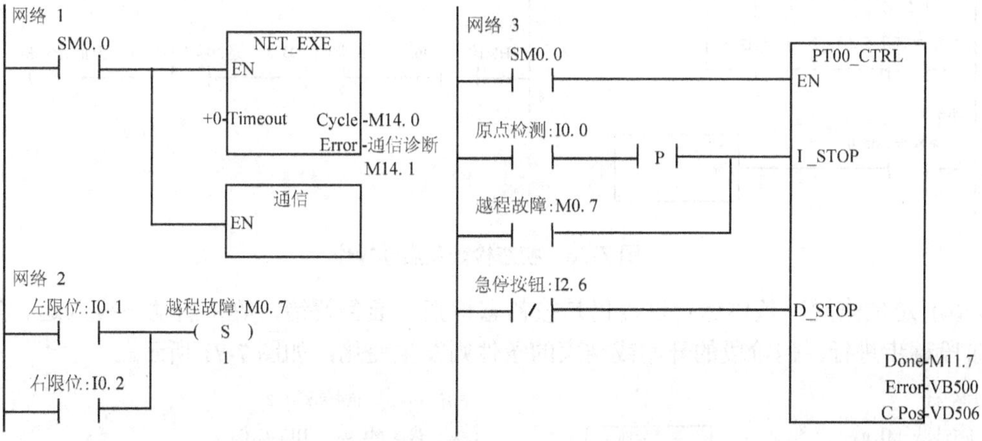

图 7-68　主程序中 PTO0_CTR 子程序、网络读写子程序、通信子程序调用

(2) 完成系统工作模式的逻辑判断，除了输送站本身要处于联机方式外，必须所有从站都处于联机方式，如图 7-69 所示。

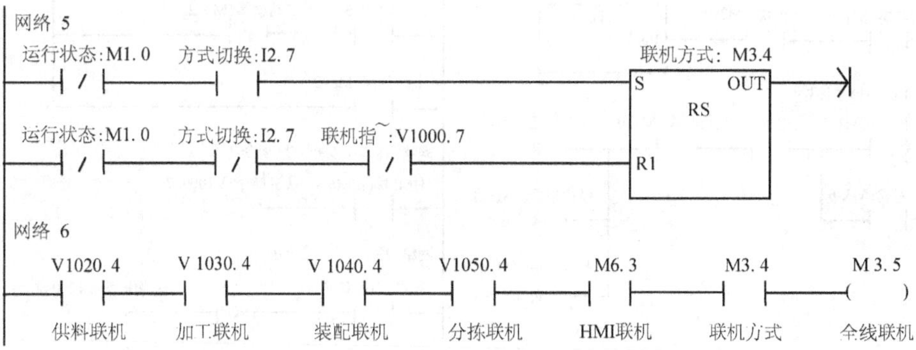

图 7-69　系统联机运行工作模式的逻辑判断

(3) 联机方式下，系统复位的主令信号，由 HMI 发出。在初始状态检查中，系统准备就绪的条件，除输送站本身要就绪外，所有从站均应准备就绪。因此，初态检查复位子程序中，除了完成输送站本站初始状态检查和复位操作外，还要通过网络读取各从站准备就绪信息，如图 7-70 所示。

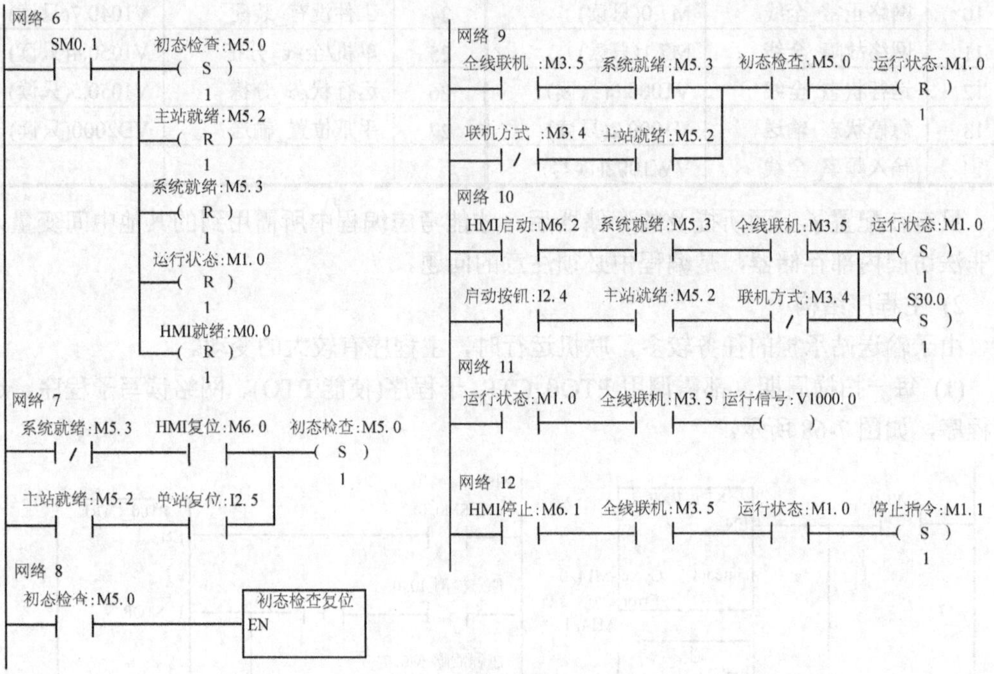

图 7-70 初态检查及启动操作

(4) 总的来说，整体运行过程仍是按初态检查→准备就绪，等待启动→投入运行等几个阶段逐步进行，但阶段的开始或结束的条件则发生变化，如图 7-71 所示。

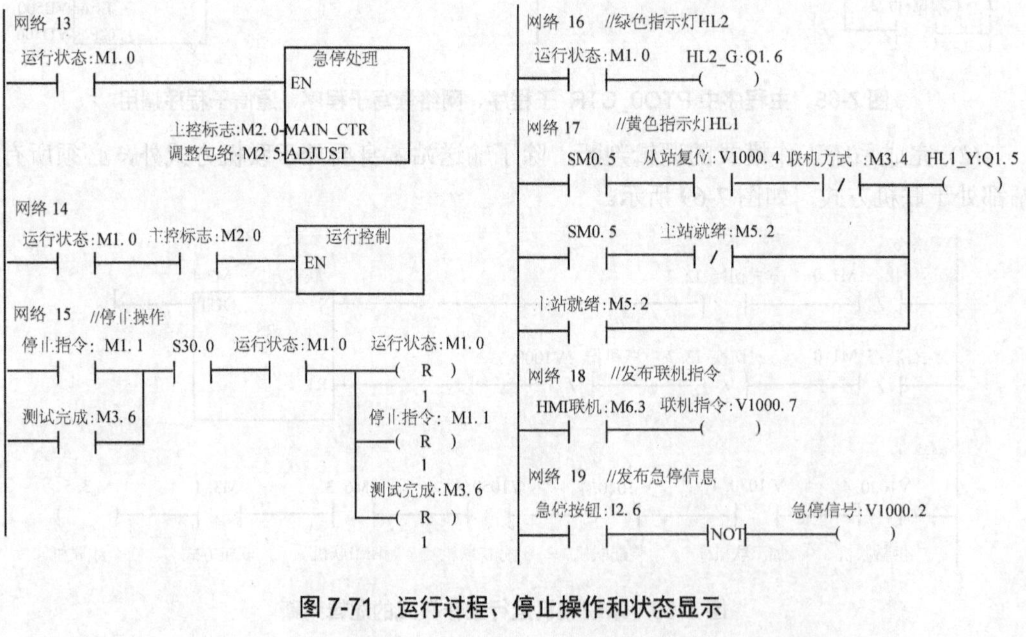

图 7-71 运行过程、停止操作和状态显示

3) 运行控制子程序的结构

输送站联机的工艺过程与单站过程仅略有不同，需修改之处主要有如下几点。

(1) 项目 6 工作任务中，传送功能测试子程序在初始步就开始执行机械手往供料站出料台抓取工件，而联机方式下，初始步的操作应为：通过网络向供料站请求供料，收到供料站供料完成信号后，如果没有停止指令，则转移下一步即执行抓取工件。

(2) 单站运行时，机械手往加工站加工台放下工件，等待 2 秒取回工件，而联机方式下，取回工件的条件是收到来自网络的加工完成信号。装配站的情况与此相同。

(3) 单站运行时，测试过程结束即退出运行状态。联机方式下，一个工作周期完成后，返回初始步，如果没有停止指令开始下一工作周期。

由此，在项目 6 传送功能测试子程序基础上修改的运行控制子程序流程说明如图 7-72 所示。

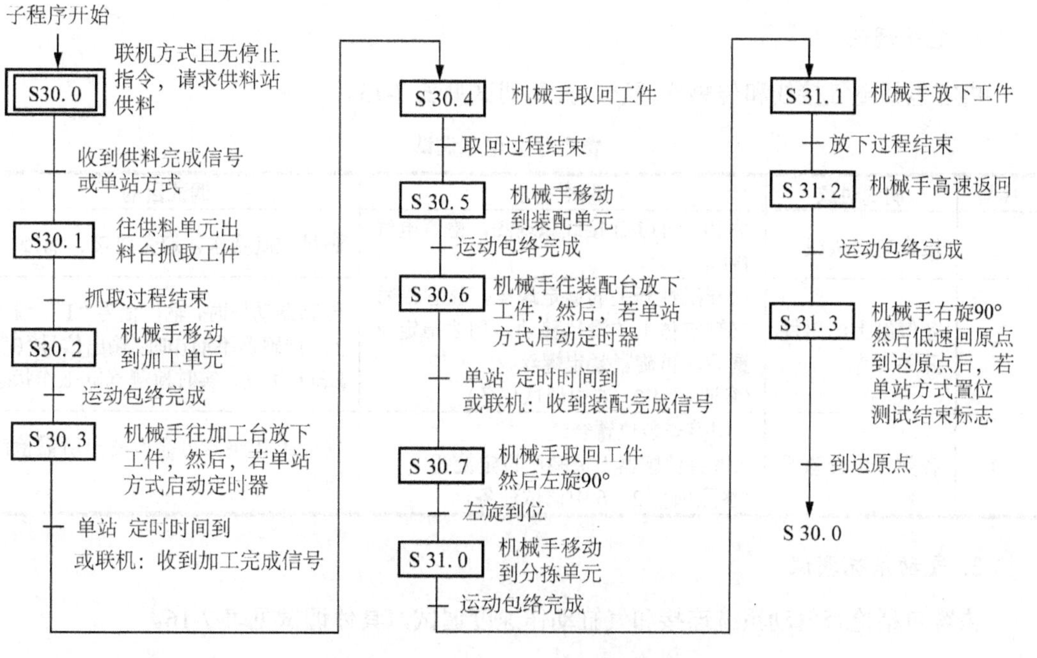

图 7-72　运行控制子程序流程说明

4) 通信子程序

主程序在每一扫描周期都调用通信子程序，通信子程序的有如下功能。

(1) 报警信号处理、转发(从站间、HMI)：

① 供料站工件不足和工件没有的报警信号转发往装配站，为警示灯工作提供信息。

② 处理供料站“工件没有”或装配站“零件没有”的报警信号。

③ 向 HMI 提供网络正常/故障信息。

(2) 向 HMI 提供输送站机械手当前位置信息：向 HMI 提供输送站机械手当前位置信息通过调用 PTO0_LDPOS 装载位置子程序实现。

① 在每一扫描周期把由 PTO0_LDPOS 输出参数 C_Pos 报告的，以脉冲数表示的当前位置转换为长度信息(mm)，转发给 HMI 的连接变量 VD2000。

② 当机械手运动方向改变时，相应改变高速计数器 HCO 的计数方式(增或减计数)。

③ 每当返回原点信号被确认后，使 PTO0_LDPOS 输出参数 C_Pos 清零。

任务 7.5 总调试

调试内容分为机械部件调试、电气调试、气动系统调试、PLC 程序调试。

1. 机械部件调试

机械部件调试见表 7-14。

表 7-14 机械部件调试

序号	调试对象	调试方法	调试目的
1	各工作单元安装位置	先拧松各工作单元底板固定螺栓，再根据实际情况进行位置调整，位置调整合适后拧紧底板紧定螺丝	使输送机械手装置抓取、放下工件动作准确

2. 电气调试

内容包括电气接线和传感器调试，具体调试见表 7-15。

表 7-15 电气调试

序号	调试对象	调试方法	调试目的
1	检查电气接线	按 PLC 的 I/O 接线原理图，检查电气接线	满足控制要求，避免错接、漏接
2	各气缸上的磁性开关	松开磁性开关的紧定螺丝，让它沿着气缸缸体上的滑轨移动，到达指定位置后，再旋紧紧定螺丝 (参照项目 2～6 中调试任务)	传感器动作时，输出信号“1”，LED 亮；传感器不动作时，输出信号“0”，LED 不亮，实时检测气缸工作状态
3	各类光电传感器	1.调整安装位置合适； 2.调整传感器上灵敏度设定旋钮 (参照项目 2～6 中调试任务)	使光电传感器可靠检测出所需检测对象

3. 气动系统调试

内容包括检查气动系统连接和气缸动作速度调试，具体调试见表 7-16。

表 7-16 气动系统调试

序号	调试对象	调试方法	调试目的
1	检查气动控制回路	按气动系统原理图，检查气动系统连接	满足控制要求，避免错接、漏接
2	各气缸上的节流阀	旋紧或旋松节流螺钉	分别调整气缸动作速度，使气缸动作平稳可靠

4. 相关参数的设置

根据生产任务的要求，正确设置变频器、伺服驱动器运行参数，具体设置参见项目 5、项目 6。

5. PLC 程序调试

1) 调试步骤

(1) 程序的运行。将 S7-200 CPU 上的状态开关拨到 RUN 位置，CPU 上的黄色 STOP

指示灯灭，绿色 RUN 指示灯点亮。当 PLC 工作方式开关在 TERM 或 RUN 位置时，操作 STEP7-Micro/WIN32 的菜单命令或快捷按钮都可以对 CPU 工作方式进行软件设置。

(2) 程序监视。程序编辑器都可以在 PLC 运行时监视程序执行的过程和各元件的状态及数据。

梯形图监视功能：拉开调试菜单，选中程序状态，这时闭合触点和通电线圈内部颜色变蓝(呈阴影状态)。在 PLC 的运行(RUN)工作状态，随输入条件的改变、定时及计数过程的运行，每个扫描周期的输出处理阶段将各个器件的状态刷新，可以动态显示各个定时、计数器的当前值，并用阴影表示触点和线圈通电状态，以便在线动态观察程序的运行。

(3) 动态调试。结合程序监视运行的动态显示，分析程序运行的结果，以及影响程序运行的因素，然后，退出程序运行和监视状态，在 STOP 状态下对程序进行修改编辑，重新编译、下载、监视运行，如此反复修改调试，直至得出正确运行结果。

2) 调试过程注意事项

(1) 下载、运行程序前的工作。必须认真检查程序，重点检查各执行机构之间是否会发生冲突，如何采取措施避免冲突，同一执行机构在不同阶段所做的动作是否能区分开。

(2) 在认真、全面检查了程序，并确保无误后，才可以运行程序，进行实际调试。否则如果程序存在问题，很容易造成设备损坏和人员伤害。

(3) 在调试过程中，仔细观察执行机构的动作，并且在调试运行记录表中做好实时记录，作为分析的依据，从而分析程序可能存在的问题。经调试，如果程序能够实现预期的控制功能，则应多运行几次，检查运行的可靠性，并进行程序优化。

(4) 在运行过程中，应该时刻注意现场设备的运行情况，一旦发生执行机构相互冲突事件，应该及时采取措施，如急停、切断执行机构控制信号、切断气源和切断总电源等，以避免造成设备损坏。

(5) 总结经验。把调试过程中遇到的问题、解决的方法记录下来。

3) 填写调试运行记录表

根据调试运行根据实际情况填写各工作单元调试运行记录表。

检查与评估

根据每个学生实际完成情况进行客观的评价，评价内容见表 7-17。

表 7-17　学习评价表

姓名：　　　　　　　　　　　　　班别：　　　　组别：

项目 7　自动线的总调试　　　　评价时间：　年　　月　　日

任务	工作内容	评价要点	配分	学生自评	学生互评	教师评分
任务 7.3 完成自动生产线的总装	1.机械部件	参照工作单元安装位置图进行安装	30			
	2.气动连接	识读气动系统原理图并按图连接气路(连接是否完成或有错气路连接；有无漏气现象；气管有无绑扎或气路连接是否规范)				
	3.电气连接	检查：是否完成各工作单元的电源及其他接线；网络连接；整理并绑扎好导线				

续表

序号	工作内容	评价要点	配分	学生自评	学生互评	教师评分
任务 7.4 编制各站 PLC 控制程序	1.写出自动线工作流程	描述清楚、正确	20			
	2.规划系统网络通信数据	规划系统网络通信数据合理				
	3.编写 PLC 程序	按控制要求，主要是编写输送单元控制程序				
任务 7.5 总调试	1.机械	满足控制要求(抓取机械手装置装配是否恰当)	30			
	2.电气(检测元件)	满足控制要求				
	3.气动系统	气动系统无漏气；动作平稳(摆动气缸摆角调整是否恰当)				
	4.相关参数设置	满足控制要求： 步进电机驱动器细分设置等于 10000 步/转； 变频器参数设置正确				
	5.PLC 程序	满足控制要求： 输送工作单元：能否完成抓取工件操作；抓取工件操作逻辑是否合理；能否完成移动操作，定位误差是否影响机械手放下工件的工作；放下工件操作逻辑是否合理。机械手装置移动过程中，手爪状态是否合理；返回过程中是否有高速段和低速段，返回时能否正确复位。 其他工作单元：动作过程是否符合工艺流程要求				
职业素养与安全意识	职业素养与安全意识	1.现场操作安全保护是否符合安全操作规程	10			
		2.工具摆放、包装物品、导线线头等的处理是否符合职业岗位的要求				
		3.是否有分工又有合作，配合紧密				
		4.遵守纪律，尊重老师，爱惜实训设备和器材，保持工位的整洁。				
		评分小计				

习 题

1. 在许多情况下，实际的自动生产线各工作单元在单站方式与联机方式下的控制过程要求可能并不相同，如某些工作单元在单站方式时仅用于调试或维护，如单站方式与联机方式下控制要求不相同，工作程序如何组织？请拟定一个工作任务并实现。

2. 如自动生产线在实际运行中出现失控状态，如何处理使系统安全退出或复位？

项目 8

自动生产线维护

项目目标

专业能力目标	掌握自动生产线的维护通用知识及维护通用技能
方法能力目标	培养查阅资料，通过自学获取新技术的能力，培养分析问题、制定工作计划的能力，评估工作结果（自我、他人）的能力
社会能力目标	培养良好的工作习惯，严谨的工作作风；培养较强的社会责任心和环境保护意识；培养自信心、自尊心和成就感；培养语言表达力

任务引入

自动生产线的工作频繁，必须对生产线实施维护保养，保证生产线正常使用。本项目的任务是完成自动生产线的维护保养。

任务分析

对自动生产线进行维护，在专业知识方面要求维护人员熟悉机电一体化技术，认真阅读、领会自动生产线《操作手册》、《维护手册》，制定相应好生产线的安全操作规程，严格执行操作规程；制订生产线的维护计划，定期与不定期相结合实施维护工作。

1. 自动生产线维护的主要任务内容

任务 8.1：自动生产线进行维护通用知识。
任务 8.2：YL-335B 自动生产线的维护。

2. 自动生产线维护的工作计划

自动生产线维护的工作计划表见表 8-1。

表 8-1　自动生产线维护工作计划表

任务	工作内容	计划时间	实际完成时间	完成情况
任务 8.1　自动生产线维护通用知识	1.制订自动生产线的安全操作规程义、发展过程、技术特点			
	2.维护与保养的内容			
	3.自动生产线主要部件维护与保养要求			
任务 8.2　YL-335B 自动生产线维护	1.安全说明			
	2.操作规程			
	3.维护			

任务 8.1　自动生产线进行维护通用知识

1. 制订自动生产线的安全操作规程

依据相关法律法规，熟读自动生产线的有关资料手册，针对自动生产线的实际情况、特点，制订自动生产线的安全操作规程，在生产中严格执行操作规程。

2. 维护与保养的内容

(1) 制定维护与保养计划。制定维护与保养计划，实施自动生产线的维护与保养。

(2) 维护与保养的内容。维护与保养的内容包括：

① 进行定期维护与保养。一般有日保养和周保养，又称日例保和周例保。不同的生产线有不同的要求，以生产线的《维护手册》要求为准。

② 保养耗材与工具。

③ 进行控制程序备份。

④ 操作系统维护。

⑤ 设计应对突发故障应急处理方案(包括程序出错恢复、设备停机处理等)。

⑥ 填写生产线维护保养记录表。

3. 生产线主要部件维护与保养要求

介绍主要组成部件的维护与保养要求，以及常见的故障处理方法。

1) 继电器

定期检查继电器的零件，要求可动部分灵活，紧固件无松动。已损坏的零件应该及时修理或更换。

(1) 保持触点表面的清洁。保持触点表面的清洁，不允许粘有油污。当触点表面因电弧烧蚀而附有金属小珠粒时，应该及时去掉。触点若已磨损，应及时调整，消除过大的超程。若触点厚度只剩下 1/3 时，应及时更换。银和银合金触点表面因电弧作用而生成黑色氧化膜时，不必锉去，因为这种氧化膜的接触电阻很低，不会造成接触不良，锉掉反而缩短触点寿命。

(2) 继电器不允许在去掉灭弧罩的情况下使用。继电器不允许在去掉灭弧罩的情况下使用，因为这样很可能发生短路事故。用陶土制成的灭弧罩易碎，拆装时应小心，避免碰撞造成损坏。

(3) 继电器的更换。若继电器已不能修复，应予更换。更换前应检查继电器的铭牌和线圈标牌上标出的参数，换上去的继电器的有关数据应符合技术要求。用于分合继电器的可动部分，看看是否灵活，并将铁心上的防锈油擦干净，以免油污粘滞造成继电器不能释放，有些继电器还需要检查和调整触点的开距、超程、压力等，使各个触点的动作同步。

(4) 常见的故障现象及处理方法。常见的故障现象及处理方法见表 8-2。

表 8-2　继电器常见的故障现象及处理方法

故障现象	产生故障的原因	处理方法
吸不上或吸不足	1.电源电压低或波动过大 2.操作回路电源容量不足或发生断线，触点接触器不良，以及接线错误 3.线圈参数不符合要求 4.继电器线圈断线，可动部分被卡住，转轴生锈歪斜等 5.触点弹簧压力与超程过大 6.继电器底盖螺钉松脱或其他原因使静、动铁心间距太大 7.继电器安装角度不合规定	1.调整电源电压 2.增大电源容量，修理线路和触点 3. 更换线圈 4.更换线圈，排除可动零件的故障 5.按要求调整触点 6.拧紧螺钉，调整间距 7.电器底板垂直水平面安装
不释放或放缓慢	1.触点弹簧压力过小 2.触点被熔焊 3.可动部分被卡住 4.铁心板表面有油污 5.反力弹簧损坏 6.用久后，铁芯截面之间的气隙消失	1.调整触点参数 2.修理或更换触点 3.拆修有关零件再装好 4.擦清铁心板面 5.更换弹簧 6.更换或修理铁心

续表

故障现象	产生故障的原因	处理方法
线圈过热或烧坏	1.电源电压过高或过低 2.线圈技术参数不符合要求 3.操作频率过高 4.线圈已损坏 5.使用环境特殊，如空气潮湿，含有腐蚀性气体或温度太高 6.运动部分卡住 7.铁心极面不平或气隙过大	1.调整电源电压 2.更换线圈或继电器 3.按使用条件选用继电器 4.更换或修理线圈 5.选用特殊设计的继电器 6.针对情况设法排除 7.修理或更换铁心
噪声较大	1.电源电压低 2.触点弹簧压力过大 3.铁芯截面生锈或粘有油污、灰尘 4.零件歪斜或卡住 5.分磁环断裂 6.铁心截面磨损过度不平	1.提高电压 2.调整触点压力 3.清理铁心表面 4.调整或修理有关零件 5.更换铁心或分磁环 6.更换铁心
触点熔焊	1.操作频率过高或负荷使用 2.负载侧短路 3.触点弹簧压力过小 4.触点表面有突起的金属颗粒或异物 5.操作回路电压过低或机械性卡住触点停顿在刚接触的位置上	1.按使用条件选用继电器 2.排除短路故障 3.调整弹簧压力 4.修整触点 5.提高操作电压，排除机械性卡住故障
触点过热或灼伤	1.触点弹簧压力过小 2.触点表面有油污或不平，铜触点氧化 3.环境温度过高，或使用于密闭箱中 4.操作频率过高或工作电流过大 5.触点的超程太小	1.调整触点压力 2.清理触点 3.继电器降容量使用 4.调换合适的继电器 5.调整或更换触点
触点过度磨损	1.继电器选用欠妥，在某些场合容量不足 2.三相触点不同步 3.负载侧短路	1.继电器降容或改用合适的 2.调整使之同步 3.排除短路故障
相间短路	1.可逆继电器互锁不可靠 2.灰尘、水气、污垢等使绝缘材料导电 3.某些零部件损坏(如灭弧室)	1.检修互锁装置 2.经常清理，保持清洁 3.更换损坏的零部件

2) PLC 的维护

PLC 的可靠性很高，但由于环境的影响及内部元件老化等因素，也造成 PLC 不能正常工作，如果等到 PLC 报警或故障发生后再去检查、修理，总是要影响正常生产，事后处理总归是被动的，如果能经常定期地做好维护、维修，就可以使系统始终工作在最佳状态下，以免对企业造成经济损失。因此定期检修与做好日常维护是非常重要的。一般情况下检修时间以每六个月至一年为宜，当外部环境较差时，可根据具体情况缩短检修间隔时间。

PLC 维护检修项目、内容见表 8-3。

PLC 具有自诊断功能，发生异常时应充分利用自诊断功能分析故障，在实际应用中必须熟读 PLC 说明书，以便对故障进行正确的分析。

表 8-3　PLC 维护检修项目、内容

序号	维护检修项目	维护检修内容
1	供电电源	在电源端子处测量电压是否在标准范围内
		环境温度(控制柜内)是否在规定范围
2	外部环境	环境温度(控制柜内)是否在规定范围
		积尘情况(控制柜内)
3	输入输出电源	在输入输出端子处测量电压变化是否在标准范围内
		各单元是否可靠固定、有无松动
4	安装状态	连接电缆的连接器是否完全插入旋紧
		外部配件的螺钉是否松动
5	电池	锂电池寿命等

3) 气动系统

气动系统的使用与维护保养是保证系统正常工作，减少故障发生，延长使用寿命的一项十分重要的工作。维护保养应及早进行，不应拖延到故障已发生，需要修理时才进行，也就是要进行预防性的维护保养。

(1) 气动系统的使用注意事项。

① 日常维护需对冷凝水和系统润滑进行管理。

② 开车前后要放掉系统中的冷凝水。

③ 定期给油雾器加油。

④ 随时注意压缩空气的清洁度，对分水滤气器的滤芯要定期清洗。

⑤ 开车前检查各调节旋钮是否在正确位置，行程阀、行程开关、挡块的位置是否正确、牢固。对活塞杆、导轨等外露部分的配合表面进行擦拭后方能开车。

⑥ 长期不使用时，应将各旋钮放松，以免弹簧失效而影响元件的性能。

⑦ 间隔三个月需定期检修，一年应进行一次大修。

⑧ 对受压容器应定期检验，漏气、漏油、噪声等要进行防治。

(2) 气动系统的日常维护保养。

① 对冷凝水的管理：空气压缩机吸入的是含有水分的湿空气，经压缩后提高了压力，当再度冷却时就要析出冷凝水，侵入到压缩空气中，使管道和元件锈蚀。防止的方法就是要及时的排除系统各排水阀中积存的冷凝水，经常检查自动排水器、干燥器是否正常，定期清洗分水滤气器、自动排水器。

② 对系统润滑的管理：气动系统中从控制元件到执行元件凡有相对运动的表面都需要润滑。如果润滑不当，会使摩擦力增大，导致元件动作不灵敏，因密封磨损会引起泄漏，润滑油的性质将直接影响润滑的效果。通常，高温环境下使用高黏度的润滑油，低温则使用低黏度的润滑油。在系统工作过程中，要经常检查油雾器是否正常，如发现油杯中油量没有减少，需要及时调整滴油量。

(3) 气缸维护保养。

使用中应定期检查气缸各部位有无异常现象，各连接部位有无松动等，轴销、耳环式安装的气缸活动部分定期加润滑油。

气缸检修重新装配时，零件必须清洗平净，特别需防止密封圈剪切、损坏，注意唇形密封圈的安装方向。

气缸拆下长时间不使用时，所有加工表面应涂防锈油，进排气口加防尘堵塞。

(4) 气动系统的故障种类。由于故障发生的时期不同，故障的内容和原因也不同。因此，可将故障分为初期故障、突发故障和老化故障。

① 初期故障：在调试阶段和开始运转的两、三个月内发生的故障称为初期故障。

② 突发故障：系统在稳定运行时期内突然发生的故障称为突发故障。

③ 老化故障：个别或少数元件达到使用寿命后发生的故障称为老化故障。

(5) 气动系统常见故障、原因及排除方法。

① 气缸常见故障及其对策见表 8-4。

表 8-4 气缸常见故障及其对策

故障	原因	对策
输出力不足	1.压力不足 2.推力不足够	检查检查气压 气缸之推力及缸径的确认
破损	负载速度过大 缓冲故障	更换气缸
动作不稳定	1.爬行现象(进气节流、速度在 50mm/s 以下) 2.偏芯	使用低速气缸(10～200mm/s) 使用微速气缸(1～200mm) 使用万向节 采用耐横向负载气缸 检查安装方式
泄漏(内泄漏、外泄漏)	活塞密封圈、活塞杆密封圈磨损	更换密封圈

② 换向阀。方向控制阀的故障主要有：动作不良、线圈烧损、漏气、嗡鸣、震动。其中动作不良的原因主要有：异物嵌入、密封件膨胀、压力过低、没有切换信号。其他故障的分析及对策见表 8-5。

表 8-5 方向控制阀的故障的分析及对策

线圈烧损	○环境温度过高 ○过载电流	○调整到正常范围 ○为直动电磁阀的 AC 线圈时，线圈没有吸附。检查线圈、阀并调整到正常 电压过高 为双线圈时，检查两侧的线圈是否通相同的电，并调整到正常
漏气	○阀部位卡进了污物 切屑、密封材 ○密封圈破损 切口、损伤 ○高温导致密封圈变形 ○密封不严 ○阀体切换不足、电压、压力	○拆卸、清扫 ○拆卸、清扫、更换密封圈 ○调整到容许范围内，更换橡胶材质(氟橡胶) ○规范密封 ○调整到规格范围内
蜂鸣音、振动	○线圈破损、脱落 ○线圈的吸附面卡进了污物 ○吸引力不足 电压低、线圈短路	○更换线圈 ○去除污物 ○调整到规格范围内 更换线圈

③ 气动辅助元件。空气过滤器未经维护的后果如图 8-1 所示。空气过滤器的故障原因及对策见表 8-6。

图 8-1　空气过滤器未经维护的后果

表 8-6　空气过滤器的故障原因及对策

故障	原因	对策
压力降增	○滤芯筛眼堵塞 ○流量增大，超出正常范围	○清洗或更换滤芯 ○将流量调整至正常范围或更换大容量的过滤器
出口侧排出冷凝水	○冷凝水溢流 (a)忘记排水 (b)自动排水装置发生故障 ○流量增大，超出正常范围	○排出冷凝水 (a)定期排出冷凝水 (b)拆卸、清扫或修理 ○将流量调整至正常范围或更换大容量的过滤器
出口侧排出污物、杂质	○滤芯破损 ○滤芯不密封	○更换滤芯 ○将滤芯调整到正常状态
向外漏气	○密封件的密封不良 ○合成树脂制外壳产生裂纹 ○排水阀发生故障	○更换密封件 ○更换外壳 ○拆卸、清扫或修理
合成树脂制外壳产生裂纹、破损	○在有机溶剂的环境中使用 ○空压机润滑油中的特殊添加剂的影响 ○空压机吸入的空气中，含有对树脂有害的物质 ○用有机溶剂清洗外壳	○使用金属外壳 ○更换别的空压机润滑油 ○使用金属外壳 ○更换外壳 (清洗时使用中性洗涤剂)

④ 减压阀的故障原因及对策见表 8-7。

表 8-7　减压阀的故障原因及对策

故障	原因	地策
二次侧压力升高	○阀弹簧折损 ○阀体密封部损伤 ○阀体密封部卡进了杂质 ○阀体滑动部吸附有杂质	○更换弹簧 ○更换阀体 ○清扫、检查一次侧过滤器 ○更换阀体 ○清扫、检查一次侧过滤器
外部泄漏	○膜片破损 ○二次侧压力升高 ○溢流阀密封圈损伤(溢流式) ○二次侧施加背压 ○密封件损伤 ○阀帽止动螺丝松动	○更换膜片 ○参照“二次侧压力上升”栏 ○更换溢流阀密封圈 ○检查二次侧装置及回路 ○更换密封件 ○拧紧螺丝

续表

故障	原因	地策
压力降过大	○阀口径小 ○阀内堆积杂质	○换口径大的型号 ○清扫、检查过滤器
松动手柄也无法减压(不溢流)	○溢流阀密封圈筛眼堵塞 ○使用了非溢流式	○清扫、检查过滤器 ○换为溢流式，或安装解除二次侧压力的切换阀
阀振动异常	○螺丝位置产生偏差	○调整到正常位置
不能调整压力	○调节弹簧折损	○更换调节弹簧

⑤ 油雾器的故障原因及对策见表 8-8。

表 8-8　油雾器的故障原因及对策

故障	原因	地策
不滴油	○使用了不适当的油 ○有污物等杂质堵塞油路 ○油面没有加压 ○油老化，导致流动性差 ○环境温度过低导致油黏性增大 ○油量调整螺丝不良 ○油雾器装安装时反向 ○流量还不能达到油雾器的最小滴油流量	○分解、清扫后使用正常的透平油(相当于 ISO VG32) ○拆卸、清扫油路 ○拆卸、清扫通向外壳的空气导入部位 ○拆卸、清扫后注入新油 ○将环境温度提高到适当温度 ○拆卸、清扫油量调整螺丝 ○改变安装方向 ○根据需要流量选择油雾器并更换 ○追加安装空转气抿，使之能达到油雾器的最少滴油量
冷凝水混入了滤杯的油中	○过滤器滤杯中积水，水溢出	○排出冷凝水 ○定期排放过滤器中的冷凝水
往外漏气	○密封件密封不好 ○合成树脂做的滤杯产生裂纹 ○滴液窗产生裂纹	○更换密封件 ○更换滤杯 ○更换滴液窗
合成树脂滤杯及滴液窗破损	○在有机溶剂环境中使用 ○空压机润滑油中特殊物质影响 ○空压机吸入的空气中，含有对树脂有害的物质 ○滤杯及滴液窗用有机溶剂清洗	○使用金属及玻璃制滴液窗 ○更换为别的空压机润滑油 ○使用金属滤杯 ○更换滤杯 (使用中性洗涤清洗)

气动系统的安装和调试应按照规定要求进行，只有对气动系统进行正确地使用与维护保养，才能保证其正常工作。

4) 触摸屏

由于技术上的局限性和环境适应能力较差，尤其是表面声波屏，屏幕上会由于水滴、灰尘等污染而无法正常使用，所以触摸屏幕也同普通机器一样需要定期保养维护。并且由于触摸屏是多种电器设备高度集成的触控一体机，所以在使用和维护时应注意以下的一些问题。

(1) 每天在开机之前，用干布擦拭屏幕。

(2) 水滴或饮料落在屏幕上，会使软件停止反应，这是由于水滴和手指具有相似的特性，需把水滴擦去。

(3) 触摸屏控制器能自动判断灰尘，但积尘太多会降低触摸屏的敏感性，只需用干布把屏幕擦拭干净。

(4) 应用玻璃清洁剂清洗触摸屏上的脏指印和油污。

(5) 视环境恶劣情况，定期打开机头清洁触摸屏的反射条纹和内表面。

任务 8.2　YL-335B 自动生产线的维护

1. 安全说明

(1) 通常。

① 操作人员必须穿安全鞋，女性还要戴安全帽，长发者要盘起头发。

② 学生必须在指导教师的监督下操作工作站。

③ 阅读数据表中每个元件的特性数据，尤其是安全规则。

(2) 机械。

① 安装过程轻拿轻放，安装拆卸不要用蛮力，从桌子抬上或搬下各单元最好有两个人完成。

② 各组合件要对准螺丝孔、摆放水平，然后紧螺丝。

③ 安装步进电动机、伺服电动机时，必须严格按照产品说明的要求进行。步进电动机、伺服电动机是精密装置，安装时注意不要敲打它的轴端，更千万不要拆卸电机。

④ 设备拆卸程度请严格按照设备说明书的要求，否则可能会损坏设备器件。

(3) 电气。

① 按照原理图安装接线、安装中注意传感器的极性不要搞反。

② 插针不要垂直放入接线端子安装，否则可能损坏接线端子。

③ 紧松接线端子不要用蛮力。

④ 带电情况下，不允许安装或拆卸元件器、也不允许接线或拆线。

⑤ 变频器的电源线必须连接至 R/L1，S/L2 、T/L3。绝对不能连接 U、V、W，否则会损坏变频器。

⑥ 设备上电前先检查是否存在短路问题。

(4) 气动。

① 不要超过最大允许压力 8×10^5Pa。

② 将所有元件连接完并检查无误后再打开气源。

特别提示

各气缸元件，在通气实验前先手动实验，是否正常(例如回转气缸是否摆动到位)。

③ 不要在有压力的情况下拆卸气动系统连接。

④ 当打开气泵时要特别小心。气缸可能会在接通气源的一瞬间伸出或缩回。

2. 操作规程

(1) 系统通电前。系统通电前，移除各工作单元各工位上的工件。

(2) 系统通电运行。

① 请按如下顺序操作上电：先合上总电源开关，然后在才合上各工作单元电源开关。

② 在系统通电后，先执行复位操作。待系统复位操作完成后，方可启动系统运行。在设备运行过程中，除给供料工作单元料仓、装配工作单元料仓添加工件外，请不要进入设备运行区域。如遇紧急情况，立刻按下系统急停按钮，待急停事件处理完毕，方可急停复位。

(3) 系统断电。系统运行结束，应该及时断电。请按如下顺序操作断电：先断开各工作单元电源开关，然后才断开总电源开关。

(4) 气源处理组件。应注意经常检查过滤器中凝结水的水位，在超过最高标线以前，必须排放，以免被重新吸入。

3. 维护

(1) 常规单元(站)的维护。使用软布或刷子对以下部分进行清洁：

① 光电式传感器的镜头，光纤和反射器。

② 接近式传感器的工作面。

③ 整个工作站。

特别提示

不要使用过硬或表面粗糙的工具进行清理。

(2) 设备运行过程中出现故障的维护。设备运行过程中出现故障，应根据故障现象进行判断，采取相应的办法解决。

① 出现短路，没有查清短路原因，请不要更换保险丝、再次上电。

② 出现卡料情况，要先关闭气源，再处理。

③ 变频器出现故障，先查明故障代码含义，才可以断电重新上电。

④ 伺服驱动器出现故障，先查明故障代码含义，才可以断电重新上电。如果伺服驱动器出现越界故障，切断电源手动推输送站机械手到安全位置。

⑤ 在通气实验前，各气缸截流阀要旋到较小的位置。在通气调试的时候，截流阀逐渐旋大，直到满足要求。

⑥ 光纤传感器的放大器、光电传感器，调整距离时注意逐步轻微旋转，调整到最小或最大位置时，则不要再向减小或增大的位置。

⑦ 双电控电磁阀的两个电控信号不能同时为“1” ，即在控制过程中不允许两个线圈同时得电，否则，可能会造成电磁线圈烧毁，当然，在这种情况下阀芯的位置是不确定的。

检查与评估

根据每个学生实际完成情况进行客观的评价，评价内容见表 8-9。

表 8-9　学习评价表

姓名：　　　　　　　　　　　　　　　班别：　　　　组别：

项目 8：自动生产线维护　　　　评价时间：　年　　月　　日

任务	工作内容	评价要点	配分	学生自评	学生互评	教师评分
任务 8.2 YL-335B 自动生产线的维护	1. 安全说明	能否清晰地说出安全说明中通常、机械、电气、气动的要求要点	20			
	2. 操作规程	操作过程是否严格按操作规程进行操作	30			
	3. 维护	常规维护的完成情况； 设备运行过程中出现故障的维护	40			
职业素养与安全意识	职业素养与安全意识	1.现场操作安全保护是否符合安全操作规程；	10			
		2.工具摆放、包装物品、导线线头等的处理是否符合职业岗位的要求；				
		3.是否有分工又有合作，配合紧密；				
		4.遵守纪律，尊重老师，爱惜实训设备和器材，保持工位的整洁。				
评分小计						

习　　题

请通过 INTERNET 搜索一条实际的自动生产线资料，整理出它的安全操作规程、维护及保养规程，提交工作视频及电子文档。

参 考 文 献

[1] 鲍风雨．典型自动化设备及生产线应用与维护[M]．北京：机械工业出版社，2004．

[2] 徐益清．气压传动控制技术[M]．北京：机械工业出版社．2008．

[3] 俞国亮．PLC 原理及应用[M]．北京：清华大学出版社，2005．

[4] 孙平．可编程控制器原理及应用[M]．北京：高等教育出版社，2010．

[5] 西门子(中国)有限公司自动化与驱动集团．深入浅出西门子 S7-200 PLC[M]．2 版．北京：北京航空航天大学出版社，2003．

北京大学出版社高职高专机电系列规划教材

序号	书号	书名	编著者	定价	印次	出版日期	配套情况
“十二五”职业教育国家规划教材							
1	978-7-301-24455-5	电力系统自动装置(第2版)	王　伟	26.00	1	2014.8	ppt/pdf
2	978-7-301-24506-4	电子技术项目教程(第2版)	徐超明	42.00	1	2014.7	ppt/pdf
3	978-7-301-24475-3	零件加工信息分析(第2版)	谢　蕾	52.00	2	2015.1	ppt/pdf
4	978-7-301-24227-8	汽车电气系统检修(第2版)	宋作军	30.00	1	2014.8	ppt/pdf
5	978-7-301-24507-1	电工技术与技能	王　平	42.00	1	2014.8	ppt/pdf
6	978-7-301-17398-5	数控加工技术项目教程	李东君	48.00	1	2010.8	ppt/pdf
7	978-7-301-25341-0	汽车构造(上册)——发动机构造(第2版)	罗灯明	35.00	1	2015.5	ppt/pdf
8	978-7-301-25529-2	汽车构造(下册)——底盘构造(第2版)	鲍远通	36.00	1	2015.5	ppt/pdf
9	978-7-301-25650-3	光伏发电技术简明教程	静国梁	29.00	1	2015.6	ppt/pdf
10	978-7-301-24589-7	光伏发电系统的运行与维护	付新春	33.00	1	2015.7	ppt/pdf
11	978-7-301-18322-9	电子EDA技术(Multisim)	刘训非	30.00	2	2012.7	ppt/pdf
机械类基础课							
8	978-7-301-25479-0	机械制图——基于工作过程(第2版)	徐连孝	62.00	1	2015.5	ppt/pdf
9	978-7-301-18143-0	机械制图习题集	徐连孝	20.00	2	2013.4	ppt/pdf
10	978-7-301-15692-6	机械制图	吴百中	26.00	2	2012.7	ppt/pdf
11	978-7-301-27234-3	机械制图	陈世芳	42.00	1	2016.8	ppt/pdf/素材
12	978-7-301-27233-6	机械制图习题集	陈世芳	38.00	1	2016.8	pdf
13	978-7-301-22916-3	机械图样的识读与绘制	刘永强	36.00	1	2013.8	ppt/pdf
14	978-7-301-23354-2	AutoCAD应用项目化实训教程	王利华	42.00	1	2014.1	ppt/pdf
15	978-7-301-17122-6	AutoCAD机械绘图项目教程	张海鹏	36.00	3	2013.8	ppt/pdf
16	978-7-301-17573-6	AutoCAD机械绘图基础教程	王长忠	32.00	2	2013.8	ppt/pdf
17	978-7-301-19010-4	AutoCAD机械绘图基础教程与实训(第2版)	欧阳全会	36.00	3	2014.1	ppt/pdf
18	978-7-301-22185-3	AutoCAD 2014机械应用项目教程	陈善岭	32.00	1	2016.1	ppt/pdf
19	978-7-301-26591-8	AutoCAD 2014机械绘图项目教程	朱　昱	40.00	1	2016.2	ppt/pdf
20	978-7-301-24536-1	三维机械设计项目教程(UG版)	龚肖新	45.00	1	2014.9	ppt/pdf
21	978-7-301-20752-9	液压传动与气动技术(第2版)	曹建东	40.00	2	2014.1	ppt/pdf/素材
22	978-7-301-13582-2	液压与气压传动技术	袁　广	24.00	5	2013.8	ppt/pdf
23	978-7-301-24381-7	液压与气动技术项目教程	武　威	30.00	1	2014.8	ppt/pdf
24	978-7-301-19436-2	公差与测量技术	余　键	25.00	1	2011.9	ppt/pdf
25	978-7-5038-4861-2	公差配合与测量技术	南秀蓉	23.00	4	2011.12	ppt/pdf
26	978-7-301-19374-7	公差配合与技术测量	庄佃霞	26.00	2	2013.8	ppt/pdf
27	978-7-301-25614-5	公差配合与测量技术项目教程	王丽丽	26.00	1	2015.4	ppt/pdf
28	978-7-301-25953-5	金工实训(第2版)	柴增田	38.00	1	2015.6	ppt/pdf
29	978-7-301-13651-5	金属工艺学	柴增田	27.00	2	2011.6	ppt/pdf
30	978-7-301-23868-4	机械加工工艺编制与实施(上册)	于爱武	42.00	1	2014.3	ppt/pdf/素材
31	978-7-301-24546-0	机械加工工艺编制与实施(下册)	于爱武	42.00	1	2014.7	ppt/pdf/素材
32	978-7-301-21988-1	普通机床的检修与维护	宋亚林	33.00	1	2013.1	ppt/pdf
33	978-7-5038-4869-8	设备状态监测与故障诊断技术	林英志	22.00	3	2011.8	ppt/pdf
34	978-7-301-22116-7	机械工程专业英语图解教程(第2版)	朱派龙	48.00	2	2015.5	ppt/pdf
35	978-7-301-23198-2	生产现场管理	金建华	38.00	1	2013.9	ppt/pdf
36	978-7-301-24788-4	机械CAD绘图基础及实训	杜　洁	30.00	1	2014.9	ppt/pdf
电气自动化类							
1	978-7-301-18519-3	电工技术应用	孙建领	26.00	1	2011.3	ppt/pdf

序号	书号	书名	编著者	定价	印次	出版日期	配套情况
2	978-7-301-25670-1	电工电子技术项目教程（第 2 版）	杨德明	49.00	1	2016.2	ppt/pdf
3	978-7-301-22546-2	电工技能实训教程	韩亚军	22.00	1	2013.6	ppt/pdf
4	978-7-301-22923-1	电工技术项目教程	徐超明	38.00	1	2013.8	ppt/pdf
5	978-7-301-12390-4	电力电子技术	梁南丁	29.00	3	2013.5	ppt/pdf
6	978-7-301-17730-3	电力电子技术	崔　红	23.00	1	2010.9	ppt/pdf
7	978-7-301-19525-3	电工电子技术	倪　涛	38.00	1	2011.9	ppt/pdf
8	978-7-301-24765-5	电子电路分析与调试	毛玉青	35.00	1	2015.3	ppt/pdf
9	978-7-301-16830-1	维修电工技能与实训	陈学平	37.00	1	2010.7	ppt/pdf
10	978-7-301-12180-1	单片机开发应用技术	李国兴	21.00	2	2010.9	ppt/pdf
11	978-7-301-20000-1	单片机应用技术教程	罗国荣	40.00	1	2012.2	ppt/pdf
12	978-7-301-21055-0	单片机应用项目化教程	顾亚文	32.00	1	2012.8	ppt/pdf
13	978-7-301-17489-0	单片机原理及应用	陈高锋	32.00	1	2012.9	ppt/pdf
14	978-7-301-24281-0	单片机技术及应用	黄贻培	30.00	1	2014.7	ppt/pdf
15	978-7-301-22390-1	单片机开发与实践教程	宋玲玲	24.00	1	2013.6	ppt/pdf
16	978-7-301-17958-1	单片机开发入门及应用实例	熊华波	30.00	1	2011.1	ppt/pdf
17	978-7-301-16898-1	单片机设计应用与仿真	陆旭明	26.00	2	2012.4	ppt/pdf
18	978-7-301-19302-0	基于汇编语言的单片机仿真教程与实训	张秀国	32.00	1	2011.8	ppt/pdf
19	978-7-301-12181-8	自动控制原理与应用	梁南丁	23.00	3	2012.1	ppt/pdf
20	978-7-301-19638-0	电气控制与 PLC 应用技术	郭　燕	24.00	1	2012.1	ppt/pdf
21	978-7-301-18622-0	PLC 与变频器控制系统设计与调试	姜永华	34.00	1	2011.6	ppt/pdf
22	978-7-301-19272-6	电气控制与 PLC 程序设计(松下系列)	姜秀玲	36.00	1	2011.8	ppt/pdf
23	978-7-301-12383-6	电气控制与 PLC(西门子系列)	李　伟	26.00	2	2012.3	ppt/pdf
24	978-7-301-18188-1	可编程控制器应用技术项目教程(西门子)	崔维群	38.00	2	2013.6	ppt/pdf
25	978-7-301-23432-7	机电传动控制项目教程	杨德明	40.00	1	2014.1	ppt/pdf
26	978-7-301-12382-9	电气控制及 PLC 应用(三菱系列)	华满香	24.00	2	2012.5	ppt/pdf
27	978-7-301-22315-4	低压电气控制安装与调试实训教程	张　郭	24.00	1	2013.4	ppt/pdf
28	978-7-301-24433-3	低压电器控制技术	肖朋生	34.00	1	2014.7	ppt/pdf
29	978-7-301-22672-8	机电设备控制基础	王本轶	32.00	1	2013.7	ppt/pdf
30	978-7-301-18770-8	电机应用技术	郭宝宁	33.00	1	2011.5	ppt/pdf
31	978-7-301-23822-6	电机与电气控制	郭夕琴	34.00	1	2014.8	ppt/pdf
32	978-7-301-17324-4	电机控制与应用	魏润仙	34.00	1	2010.8	ppt/pdf
33	978-7-301-21269-1	电机控制与实践	徐　锋	34.00	1	2012.9	ppt/pdf
34	978-7-301-12389-8	电机与拖动	梁南丁	32.00	2	2011.12	ppt/pdf
35	978-7-301-18630-5	电机与电力拖动	孙英伟	33.00	1	2011.3	ppt/pdf
36	978-7-301-16770-0	电机拖动与应用实训教程	任娟平	36.00	1	2012.11	ppt/pdf
37	978-7-301-22632-2	机床电气控制与维修	崔兴艳	28.00	1	2013.7	ppt/pdf
38	978-7-301-22917-0	机床电气控制与 PLC 技术	林盛昌	36.00	1	2013.8	ppt/pdf
39	978-7-301-26499-7	传感器检测技术及应用(第 2 版)	王晓敏	45.00	1	2015.11	ppt/pdf
40	978-7-301-20654-6	自动生产线调试与维护	吴有明	28.00	1	2013.1	ppt/pdf
41	978-7-301-21239-4	自动生产线安装与调试实训教程	周　洋	30.00	1	2012.9	ppt/pdf
42	978-7-301-18852-1	机电专业英语	戴正阳	28.00	2	2013.8	ppt/pdf
43	978-7-301-24764-8	FPGA 应用技术教程(VHDL 版)	王真富	38.00	1	2015.2	ppt/pdf
44	978-7-301-26201-6	电气安装与调试技术	卢　艳	38.00	1	2015.8	ppt/pdf
45	978-7-301-26215-3	可编程控制器编程及应用(欧姆龙机型)	姜凤武	27.00	1	2015.8	ppt/pdf
46	978-7-301-26481-2	PLC 与变频器控制系统设计与高度(第 2 版)	姜永华	44.00	1	2016.9	ppt/pdf